Roland Baumhauer
Physische Geographie 1
Geomorphologie

Geowissen kompakt

Herausgegeben von
Bernd Cyffka und Jürgen Schmude

Begründet von
Hans-Dieter Haas

Roland Baumhauer

Physische Geographie 1

Geomorphologie

3. Auflage

Die Deutsche Nationalbibliothek verzeichnet diese Publikation
in der Deutschen Nationalbibliografie;
detaillierte bibliografische Daten sind im Internet über
http://dnb.d-nb.de abrufbar.

3., bibliografisch aktualisierte Auflage 2013

1. Auflage 2006
Die Herausgabe des Werkes wurde durch
die Vereinsmitglieder der WBG ermöglicht.
Satz: Lichtsatz Michael Glaese GmbH, Hemsbach
Umschlaggestaltung: schreiber VIS, Seeheim
Gedruckt auf säurefreiem und alterungsbeständigem Papier
Printed in Germany

www.wbg-wissenverbindet.de

ISBN 978-3-534-25634-1

Elekronisch sind folgende Ausgaben erhältlich:
eBook (pdf): 978-3-534-73415-3
eBook (epub): 978-3-534-73416-0

Inhalt

Vorwort

Mit der vorliegenden dritten, durchgesehenen Auflage des Bandes zur Geomorphologie liegt zusammen mit dem ebenfalls in der Reihe GEOWISSEN KOMPAKT 2008 erschienenen Band zur Klima-, Hydro-, Boden- und Vegetationsgeographie eine komplette Einführung in die Physische Geographie vor.

Zielsetzung dieses Bandes ist eine erste Einführung in das unbestritten wichtigste Teilgebiet der Physischen Geographie. Der begrenzte Umfang der Einführung erfordert eine Fokussierung auf die wichtigsten geomorphologischen Prozesse und Formen sowie einer knappen Darstellung der geomorphologischen Entwicklung Deutschlands. Da für viele Teile der Geomorphologie Kenntnisse von geologisch-tektonischen und mineralogischen Grundlagen notwendig sind, wurde diesen ein breiterer Raum gewidmet. Der Band wendet sich insbesondere an Studierende der Geographie und Geowissenschaften zu Beginn ihres Studiums und an geographisch-geowissenschaftlich Interessierte benachbarter Disziplinen.

Allen, die am Gelingen dieses Bandes mitgewirkt haben, sei hier gedankt. Ganz besonderer Dank gilt Frau Julia Breunig (Würzburg), die die kartographischen Arbeiten hervorragend durchgeführt hat.

Würzburg, im Sommer 2012 — Roland Baumhauer

1 Geomorphologie, Grundanschauungen und Gliederung

Definition

Die Geomorphologie, unbestritten eines der Kerngebiete der Geographie, beschäftigt sich mit der wissenschaftlichen Untersuchung der Formen der Erdoberfläche, dem Relief der festen Erde. Neben der systematischen Beschreibung und Ordnung der einzelnen Oberflächenformen, den unterschiedlichen Formentypen, den charakteristischen Formengesellschaften und ihrer räumlichen Verbreitung sind die Entwicklung der Landformen im Raum und in der Zeit und die Prozesse, die dazu geführt haben, ebenso Forschungsgegenstand der Geomorphologie, wie die Prozesse, die heute beobachtbar sind. Obwohl auch die Oberflächenformen des Meeresbodens Gegenstand geomorphologischer Forschung sind, stehen die Landgebiete im Vordergrund des wissenschaftlichen Interesses.

Im Relief der Erde als Grenzraum zwischen Atmosphäre einerseits und Lithosphäre andererseits überlagern sich in komplexen Wirkungsgefügen die Lebensräume der Pflanzen- und Tierwelt und die des Menschen. Dadurch spielen die Reliefverhältnisse als Steuerungskomponente in den Geoökosystemen eine maßgebliche Rolle und geomorphologische Forschung (und Anwendung) erfolgt daher a priori in **interdisziplinärer Zusammenarbeit** mit geowissenschaftlichen und naturwissenschaftlichen Nachbarwissenschaften (Geologie, Klimatologie, Bodenkunde, Hydrologie, Biologie). In jüngerer Zeit haben zahlreiche **regionale Untersuchungen** über aktuelle geomorphologische Formen und Prozesse das Wissen differenziert und damit nicht nur die theoretischen und methodischen Ansätze grundlegend weiterentwickelt, sondern vermehrt Schnittstellen auch mit nicht-naturwissenschaftlichen Disziplinen aufgezeigt.

1.1 Entwicklungen und Forschungsansätze in der Geomorphologie

Historisch-genetische Geomorphologie

Betrachtet man Methode und Forschungsentwicklung, hat sich als Teilgebiet der Erd- und Landschaftsgeschichte die historisch-genetische Geomorphologie (**Geomorphogenese**) entwickelt, d. h. die langzeitliche Entwicklung der Formen der Erdoberfläche unter der Einbeziehung von Ereignissen, die außerhalb des engeren Systems der Reliefentwicklung liegen, wie Klimaentwicklung oder Vulkanismus. Die geologischen Verhältnisse wie Gesteinsuntergrund und Tektonik führten zunächst zur Entwicklung der **Strukturgeomorphologie**. Davis (1912) entwarf daran anknüpfend seine „Zyklustheorie“. Danach lassen sich nach dem allgemeinen Reliefcharakter Stadien des Abbaus der „Reliefenergie“, d. h. der relativen Höhenunterschiede, unterscheiden: die Reliefentwicklung vom Hochgebirge zur Abtragungs- und Sedimentationsfläche, dem Endrumpf, auf dem Niveau des Meeresspiegels als absolute Erosionsbasis. Diese Entwicklung wird lediglich durch jeweils unterschiedliche Gesteine und deren Verwitterung und Abtragung modifiziert.

Mit dem zunehmenden Wissen um die unterschiedliche Steuerung der geomorphologischen Prozesse durch die klimatischen Verhältnisse entwickelte sich die **Klimageomorphologie**. Weltweite Klimaschwankungen haben vielfach weit verbreitet Reste von Oberflächenformen als Spuren hinterlassen, die mit den aktuellen Formungskräften nicht zu erklären sind. So sind beispielsweise im Relief der mittleren, kühlgemäßigten Breiten Spuren glazialer und periglazialer Formen und Prozesse (s. Kap. 7.8) festzustellen, bei denen es sich um Vorzeitformen aus den quartären Eiszeiten handelt. Diesen reliefhistorisch-prozessualen Ansatz, der die Zusammensetzung unseres Reliefs aus **Reliefgenerationen** ableitet, verfolgt die **klimagenetische Geomorphologie**. Sowohl Klimageomorphologie als auch klimagenetische Geomorphologie leiten aus der Untersuchung repräsentativer und regional begrenzter Ausschnitte der Erdoberfläche, die als Langzeitversuchsanordnungen der Natur aufgefasst werden, übertragbare qualitative Modellvorstellungen ab. Versuche zur Quantifizierung stecken insbesondere aufgrund der vielfältigen regionalen Besonderheiten noch in den Kinderschuhen.

Funktionale Geomorphologie

Im Gegensatz zu den historisch-genetischen Ansätzen in der Geomorphologie geht die funktionale Geomorphologie (**Prozessgeomorphologie**) von aktuell beobachtbaren Ereignissen aus. Mit Messungen, dem Versuch, die Randbedingungen quantitativ zu bestimmen, sowie Gelände- und Laborexperimenten wurde ein unmittelbarer Bezug zur gängigen naturwissenschaftlichen Methodik hergestellt. Jedoch stehen die Ergebnisse stets unter einem zeitlichen und räumlichen Vorbehalt, d.h. im Verhältnis zur Reliefgeschichte sind die empirischen Messreihen und die daraus abgeleiteten Modelle, die notwendigerweise nur zum geringsten Teil durch die aktuell zu beobachtenden (und zu messenden) Prozesse entstanden sind, kaum in andere zeitliche und räumliche Maßstäbe zu übertragen. Dennoch haben sich gerade in den letzten Jahren innerhalb der funktionalen Geomorphologie die **methodisch-theoretische** und die **angewandte Geomorphologie** (z.B. auch die Ingenieurgeomorphologie) insbesondere in den angelsächsischen Ländern sehr stark weiterentwickelt. Auf der lokalen und regionalen Maßstabsebene geht es dabei um Gefahren- und Risikoabschätzungen wie Bodenerosionsschutz oder Untersuchungen zur Hangstabilität.

Methodischer Ansatz

Grundlegender methodischer Ansatz geomorphologischer Forschung ist die systematisierende Beobachtung durch Geländearbeit. Im Vordergrund steht dabei stets der Vergleich der unmittelbaren komplexen Formen der Erdoberfläche. Theoretische Ableitungen aus naturwissenschaftlichen Einzelgesetzen und Experimenten dagegen sind von nachrangiger Bedeutung. Grundlegend für die Geomorphologie ist der methodische Ansatz, dass die Gegenwart der Schlüssel zur Vergangenheit ist. Dieses Prinzip des **Aktualismus** geht davon aus, dass die aktuellen geomorphologischen Prozesse prinzipiell auch in der Vergangenheit wirksam waren und führt zu der Möglichkeit, über eine vergleichende Beobachtung durch eine einfache Ortsänderung eine andere geomorphologische Entwicklungsstufe kennen zu lernen. Durch diese „Zeitreise" („**Raum-Zeit-Analogie**") werden beispielsweise die Polarzonen zu Regionen, in denen die Eiszeit noch stattfindet und die entsprechenden geomorphologischen Prozesse zu beobachten sind.

Eine weitere Grundanschauung in der Geomorphologie ist die Aktivierung von Prozessen zur Formung der Erdoberfläche durch **katastrophale Ereignisse** wie Erdbeben, Hochwässer oder Bergstürze. Damit wird auch deutlich, dass die geomorphologische Entwicklung nicht kontinuierlich erfolgt, sondern diskontinuierlich über Schwellenwerte, die durch Stärke (**Magnitude**) und Häufigkeit (**Frequenz**) von Ereignissen gekennzeichnet sind: Stärke und Häufigkeit von Niederschlägen in einem Flusseinzugsgebiet bestimmen die Talbildung und Talentwicklung. Obwohl zwischen Größe und Entwicklungs- bzw. Existenzdauer unterschiedlicher Formen der Landoberfläche ein zeitlicher Zusammenhang besteht, lassen sich die Fragen nach der Zeit und damit der Geschwindigkeit der Entwicklung nicht allgemein beantworten. Hintergrund hierfür ist, dass im Rahmen der in Jahrmillionen gemessenen erdgeschichtlichen Zyklen andere Systemänderungen zu berücksichtigen sind, als auf der in Jahrhunderten rechnenden säkularen Zeitschiene oder gar aktuell über einige Jahre oder Tage. So wird die Höhe der Schichtstufe der Schwäbischen Alb im Laufe eines Zyklus stark abgebaut, in säkularer Betrachtung wird die relative Höhe schwanken und in aktueller Zeitbetrachtung werden keinerlei Änderungen zu konstatieren sein (vgl. Abb. 1).

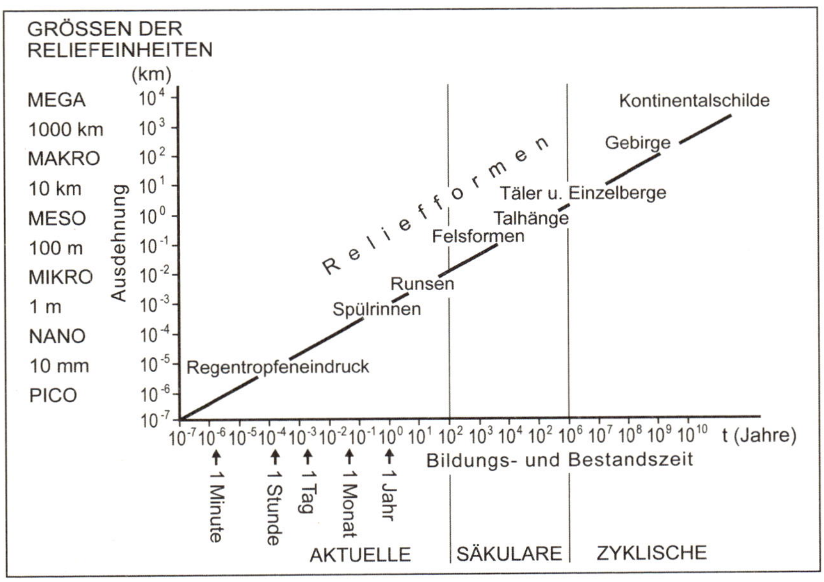

Abb. 1: Größe, Bildungs- und Bestandszeit ausgewählter Reliefformen (nach AHNERT 1981, S. 9)

Systemgleichgewicht

Dadurch wird deutlich, dass das Relief ein komplexes System ist, in dem es nicht nur zur Überschneidung der Wechselwirkungen ökologischer Phänomene mit der Vielskaligkeit von Prozessen kommt. Die Betrachtung von Systemen in unterschiedlichen Maßstäben erfordert darüber hinaus stets eine skalenabhängige Gewichtung der Faktoren, da sich auch die räumlichen Verteilungsmuster skalenabhängig verhalten. Das Relief lässt sich daher durch sein Systemgleichgewicht beschreiben. Auf dieser Grundlage entspricht das Relief einem gemittelten Entwicklungszustand der einzelnen messbaren Reliefparameter z.B. Hangneigung oder absolute Höhe. Entwicklungsrichtungen, die aus den Messwerten von Systemparametern ableitbar sind, können verschiedenen Gleichgewichtstypen zugeordnet werden (vgl. Abb. 2).

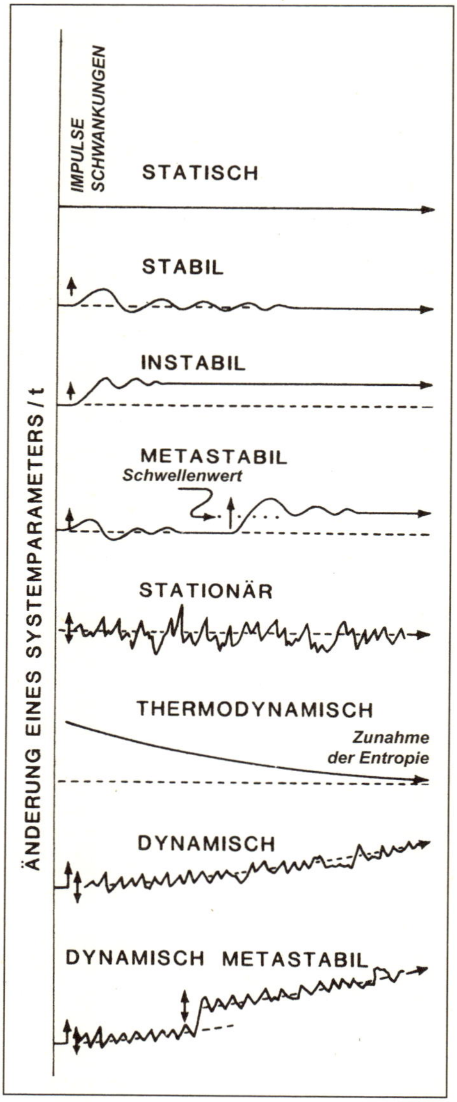

Abb. 2: Gleichgewichtstypen von Geosystemen (verändert nach CHORLEY/KENNEDY 1971)

Systemzustände

Ob sich ein gegebener Systemzustand nach der Überschreitung eines Schwellenwertes und einer Relaxationszeit wieder einstellt oder ob er sich ändert, kennzeichnet die Flexibilität, die Belastbarkeit oder das Pufferungsvermögen des Systems. Im Allgemeinen unterscheidet man zwischen offenen Systemen und geschlossenen Systemen. Ein **abgeschlossenes System** erhält keine Energiezufuhr von außen und gibt keine Energie nach außen ab, während **offene Systeme** Energie von außen beziehen und Energie an ihre Umwelt abgeben. Die erkennbare, d.h. wissenschaftlich erfassbare Umwelt und damit auch das Relief bestehen ausschließlich aus offenen Systemen. Offene Systeme können temporär bei vorübergehendem Ausbleiben der Energiezufuhr den Charakter geschlossener Systeme übernehmen. Jedes offene System ist zugleich Bestandteil größerer Systeme, indem es Energie von jenen empfängt und Energie an sie abgibt. Die Zufuhr und Abgabe von Materie ist dabei als Form des Energieaustausches zu verstehen. Bei den Merkmalen, die einen Raum bzw. ein System kennzeichnen, wird unterschieden zwischen **Formvariablen**, d.h. statischen Eigenschaften, und **Prozessvariablen**, d.h. dynamischen Komponenten. In der Geomorphologie gehören Formen (z.B. Flusstäler oder Schichtstufen), Formeigenschaften wie die Hangneigung, Materialarten wie Gesteine und Böden sowie Materialeigenschaften (z.B. Korngröße oder Klüftung eines Gesteins) zu den statischen Komponenten. Verwitterung, Flusserosion oder Rutschungen und Erosionsraten oder die Abflusshäufigkeit kennzeichnen Prozesse und Prozesseigenschaften. Je nachdem welche Komponenten im System betrachtet werden sollen, sind drei Systemtypen zu unterscheiden:

- **Statische Systeme** lassen sich in Form- und Materialsysteme (d.h. regelhafte Assoziationen von Formeigenschaften mit Materialeigenschaften) untergliedern und stellen Zustände dar. Der Faktor Zeit bleibt dabei unberücksichtigt. Die Zuverlässigkeit der jeweiligen Aussage beruht auf der Häufigkeit der beobachteten Assoziation der Werte. Die Funktionalbeziehungen zwischen Form- und Materialeigenschaften sind nicht kausal, da zur Kausalität die Identifikation der verursachenden Prozesse gehört.
- **Prozesssysteme** bestehen aus regelhaften Assoziationen zwischen Prozessen und Prozesseigenschaften untereinander. Da vielfach Materialien von einem Prozesssystem zum nächsten „weitergereicht“ werden, können Prozesssysteme auch als Cascade-Systems bezeichnet werden.
- Aufgrund der häufigen Rückkopplungseffekte in Prozesssystemen wurde von AHNERT der Begriff des **Process-Response-Systems** eingeführt. Hierbei sind die einzelnen Komponenten durch negative Rückkopplung miteinander verknüpft, die als Mechanismen der Selbstregulierung wirken und das System in Richtung eines Gleichgewichtszustands lenken. So führt die Erosion eines in das Meer mündenden Flusses zu einer Verminderung des Gefälles des Flusslaufs. Da die Gefällsabnahme wiederum zu einer Abnahme der Erosionsrate führt, die ja eine Funktion des Gefälles ist, besteht eine negative, intensitätsdämpfende Rückkopplung, die idealerweise zu einem ausgeglichenen Flusslängsprofil führt.

1.2 Teilgebiete der Geomorphologie

Die Gliederung der inhaltlichen Teilgebiete der Geomorphologie orientiert sich an ihrem Forschungsgegenstand, der Erklärung der Einzelformen, der Formtypen, der Formengesellschaften, ihrer Verbreitung, Entstehung und Weiterentwicklung aus Prozessen und der Landschaftsgeschichte der Landformen der festen Erde und erfolgt sowohl nach den dominierenden Formungskräften als auch den jeweils vorherrschenden Gesteinen, aus denen sich die Landformen entwickelt haben. Die einzelnen Bereiche können sich teilweise überlagern und wechselseitig beeinflussen.

Endogene und exogene Dynamik

Medium und determinierender Faktor zugleich sind die Lithosphäre mit ihren tektonischen Prozessen sowie den Gesteinen einerseits und die atmosphärischen Prozesse andererseits. Tektonische Kräfte aus dem Erdinneren, die als **endogene Prozesse** bezeichnet werden, bestimmen die Struktur und die Beschaffenheit der Erdkruste und führen zu ständigen Veränderungen der Landformen. Endogene Vorgänge bestimmen den Großbau der Formen der Erdoberfläche. Formen, die durch endogene Prozesse entstanden sind, werden als **Strukturformen** bezeichnet. **Exogene Prozesse**, die maßgeblich von den klimatischen Bedingungen gesteuert werden, finden an der Erdoberfläche statt und schaffen dort die Detailformen des Reliefs (**Skulpturformen**), dessen weites Spektrum an Einzelformen von den unterschiedlichen Gesteinen bedingt wird.

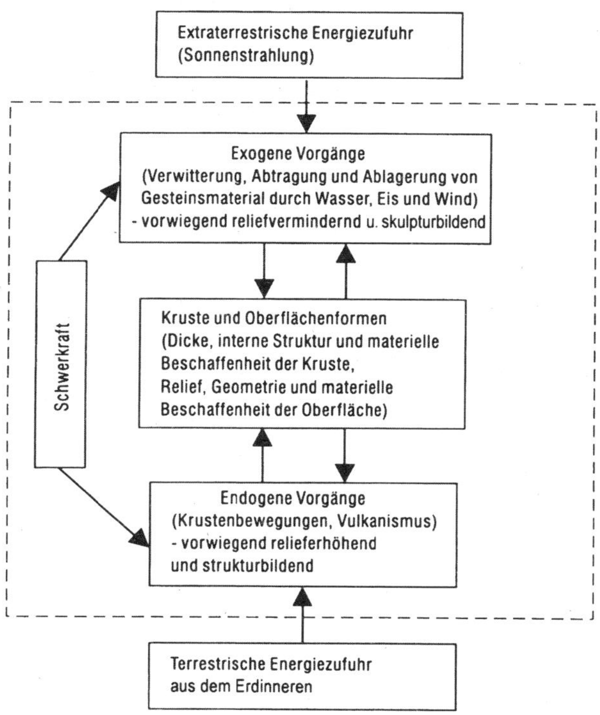

Abb. 3: Wirkungsgefüge endogener und exogener Prozesse (nach AHNERT 1996, S. 35, verändert)

Exogene Vorgänge sind immer durch Materialumlagerungen, entweder Abfuhr (Abtragung) und/oder Zufuhr (Ablagerung) von Gesteinssubstanz, gekennzeichnet. Dadurch wird eine bestehende Abtragungsform zu einer neuen, veränderten Ablagerungsform, die dem jeweiligen reliefbildenden oder morphogenetischen Prozess entspricht. Natürlich können auch Strukturformen auf Abtragungsprozesse zurückzuführen sein, z. B. wenn durch die entsprechenden Vorgänge härtere Gesteine gegenüber weniger widerständigen Gesteinen herauspräpariert werden. Letztlich sind die Oberflächenformen der Erde stets das Ergebnis einer Wechselbeziehung von endogenen und exogenen Prozessen.

Gliederung der Geomorphologie

Gravitative Massenbewegungen werden bei ausreichend steilen Reliefverhältnissen und lockerem, fließ- oder rutschfähigem Material allein durch die Schwerkraft ausgelöst (Felsstürze, Rutschungen). Fließendes Wasser, Eis und Wind als vorherrschende Formungskräfte bilden die Voraussetzung für die fluviale, glaziale und äolische Geomorphodynamik mit ihren jeweils charakteristischen Prozessen und Formenschätzen.

Die **fluviale Formung** (**Fluvialmorphologie**) umfasst alle Prozesse, die unmittelbar oder mittelbar auf die Arbeit des fließenden Wassers zurückzuführen sind, d. h. auch die Täler mit ihren Talhängen gehören zum fluvialen Formungsbereich. Fließendes Gletschereis ist die wesentliche morphodynamische Kraft der **glazialen Formung** (**Glazialmorphologie**). Allerdings kommt es bei der Formung durch Schmelzwasser in den Gletschervorfeldern zu Überschneidungen mit der Fluvialmorphologie. Diese glazifluviale Formung ist Teil der Glazialmorphologie. **Periglaziale Prozesse** sind an die Wechselwirkung von Wasser und (Boden)eis und an die Schwerkraft gebunden.

Der **litorale Formenschatz** umfasst jene Vorgänge der Abtragung und der Akkumulation, die mit den Wellenbewegungen und Strömungen des Meeres an den Küsten zusammenhängen und sich dort mit den geomorphologischen Prozessen des Festlandes wechselseitig beeinflussen.

Morphodynamische Kräfte der **Karstformung** schließlich sind gesteinsabhängige chemisch-physikalische Lösungsprozesse, die sowohl an der Erdoberfläche als auch im Gesteinsuntergrund stattfinden können. Die Überschneidungsmöglichkeiten der hier nach den dominierenden Formungskräften dargestellten Teilgebiete der Geomorphologie werden offensichtlich, wenn man sich verdeutlicht, dass endogene und exogene Prozesse nicht nur eine regionale Differenzierung aufweisen, sondern auch zeitlichen Wandlungen unterliegen und dadurch ständig veränderte Bedingungen für die Reliefformung entstehen. Hinzu kommt bei bestimmten Formungsbereichen, z. B. bei der Karstformung, dass unterschiedliche klimatische Bedingungen zur Ausbildung von differenzierten Formen und Formengruppen führen.

2 Geologische Grundlagen, endogene Dynamik und Strukturformen

Die endogene Dynamik umfasst all jene Prozesse, die sich auf Kräfte (Energiezufuhr) aus dem Erdinneren zurückführen lassen und in das plattentektonische Gesamtkonzept eingebettet sind. Zu den endogenen Prozessen zählen lang andauernde und großräumige, als Epirogenese (s. Kap. 2.4) bezeichnete Hebungen und Senkungen von Krustenteilen, die Kontinentaldrift mit der Öffnung und Schließung von Ozeanen, Erdbeben und magmatische Erscheinungen (Vulkanismus und Plutonismus, s. Kap. 2.5) sowie die Orogenese (s. Kap. 2.4).

2.1 Hypsographische Kurve

Höhenverteilung auf der Erdoberfläche

Durch die hypsographische Kurve wird die auf der Erdoberfläche vorhandene Höhenverteilung dargestellt. Die mittlere Höhe der Kontinente beträgt 875 m über NN, die mittlere Tiefe der Ozeane etwa 3800 m unter NN. **Tiefseeebenen** (4000 bis 6000 m u. NN) und **Kontinentalplattformen** (200 m u. NN bis 2000 m ü. NN) nehmen die anteilsmäßig größten Flächen ein. Der Kontinentalschelf und damit auch die Flachseebereiche zwischen dem Meeresspiegel und 200 m u. NN werden noch dem Kontinentalbereich zugerechnet, so dass die strukturelle Grenze der Kontinente nicht vom variablen Meeresniveau, sondern vom **Kontinentalhang** gebildet wird. Von Meeresspiegelschwankungen sind besonders die Kontinentalschelfbereiche und die Tiefebenen der Kontinente betroffen. So lagen weite Teile des heutigen Kontinentalschelfs während der Kaltzeiten des Pleistozän über dem Meeresspiegel. **Hochgebirge** und **Tiefseegräben** umfassen nur geringe Flächenanteile. Hier finden sich allerdings mit knapp 8867 m ü. NN der Mt. Everest als höchste und der Marianengraben im westlichen Pazifik mit 11 034 m unter dem Meeresspiegel als tiefstgelegene Stellen des Planeten.

2.2 Schalenbau der Erde

Erdentstehung und -entwicklung

Heute geht man davon aus, dass sich vor ca. 4,6 Mrd. Jahren durch Akkretion von meteoritischem Material eine **Urerde** bildete, ein willkürliches Gemisch von Materieklumpen. Bei der fortdauernden Kollision des frühen Erdkörpers mit Planetesimalen (aus Materie bestehende Vorläufer und Bausteine der Planeten unterschiedlicher Größe) und größeren extraterrestrischen Körpern wurde deren Bewegungsenergie zu einem Großteil in Wärme umgewandelt. Aufgrund der zunehmenden Größe dieses frühen

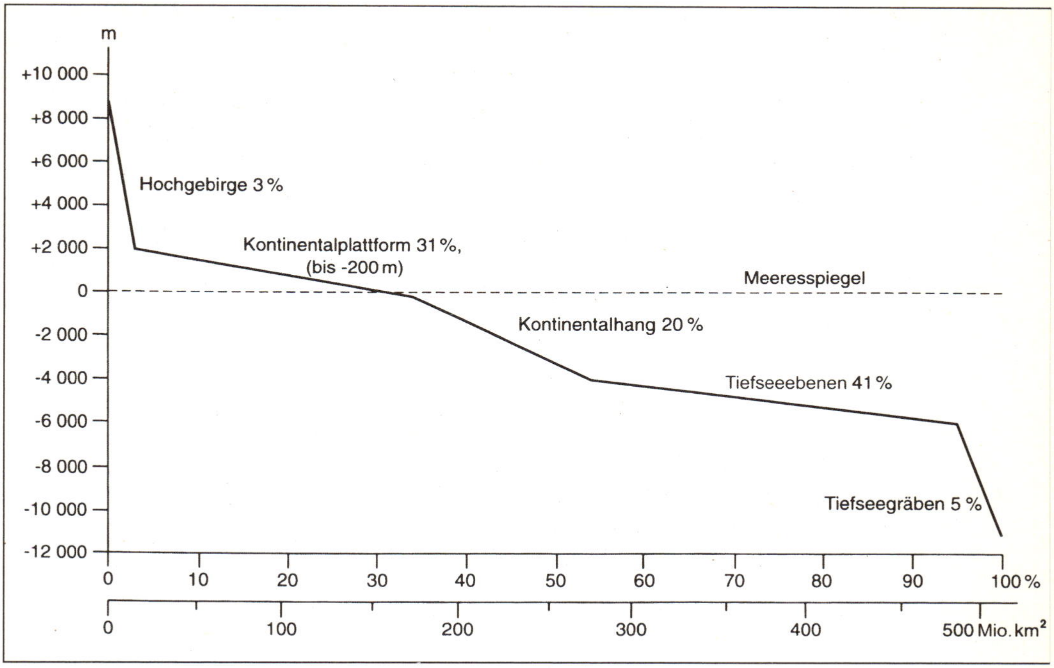

Abb. 4: Hypsographische Kurve (eigener Entwurf)

Erdkörpers erhöhten sich Druck und Temperatur in seinem Inneren. Eine weitere Hypothese geht davon aus, dass auch die Wärmeabgabe durch Kernspaltung eine Rolle bei der Aufheizung des Planeten gespielt hat. Die genannten Prozesse führten zu einem tiefgründigen bis vollständigen **Aufschmelzen der Erde**. Einige Wissenschaftler führen das Aufschmelzen auch auf einen gigantischen Impakt in der Frühzeit des Planeten zurück, bei dem ein Körper von der doppelten Größe des Mars mit der Erde kollidierte. Gleichzeitig soll nach dieser Hypothese auch der Mond durch Abspaltung von der Erde entstanden sein.

Beim Aufschmelzen konnten **gravitative Differenzierungsprozesse** wirksam werden: Schwere Elemente wie Eisen und Nickel sammelten sich im Zentrum und bildeten den Kern, leichtere Elemente wie Silizium, Magnesium oder Aluminium reicherten sich dagegen im peripheren Bereich an. Durch Aufschmelzen, gravitative Entmischung und anschließende Abkühlung entwickelte sich die Erde also von einem homogenen Körper zu einem **schalenartig aufgebauten Planeten**.

Aufbau der Erde

Die Kenntnisse um den Aufbau der Erde resultieren im Wesentlichen aus geophysikalischen Untersuchungen, insbesondere dem Ausbreitungsverhalten seismischer Wellen, d. h. Erdbebenwellen, im Erdinneren. Die wichtigsten seismischen Wellen sind die P-Wellen (**Primärwellen**), die sich entlang der Fortpflanzungsrichtung in Form einer periodischen Verdichtung und Verdünnung des Mediums ausbreiten (und deshalb auch als Longitudinal- oder Kompressionswellen bezeichnet werden) und die S-Wellen (**Sekundärwellen**). Letztgenannte schwingen senkrecht zur Ausbreitungsrichtung und werden auch als Transversalwellen bezeichnet. Sprunghafte Veränderungen der Ausbreitungsgeschwindigkeit der Wellen in bestimmten Tiefen des Erdkörpers werden auf Änderungen der chemischen Zusammensetzung der Erdmaterie bzw. auf Modifikationen ihres Phasenzustandes zurückgeführt. Im Wesentlichen aufgrund dieser Unstetigkeitsflächen innerhalb des Erdkörpers, die auch **Diskontinuitäten** genannt werden, nimmt man heute an, dass die Erde aus konzentrischen Schalen aufgebaut ist. Diese bezeichnet man als **Erdkern**, **Erdmantel** und **Erdkruste**, die aufgrund weiterer Unstetigkeitsflächen in Obere und Untere Erdkruste, Oberen Mantel, Übergangszone, Unteren Mantel, Äußeren Kern und Inneren Kern untergliedert werden (vgl. Abb. 5).

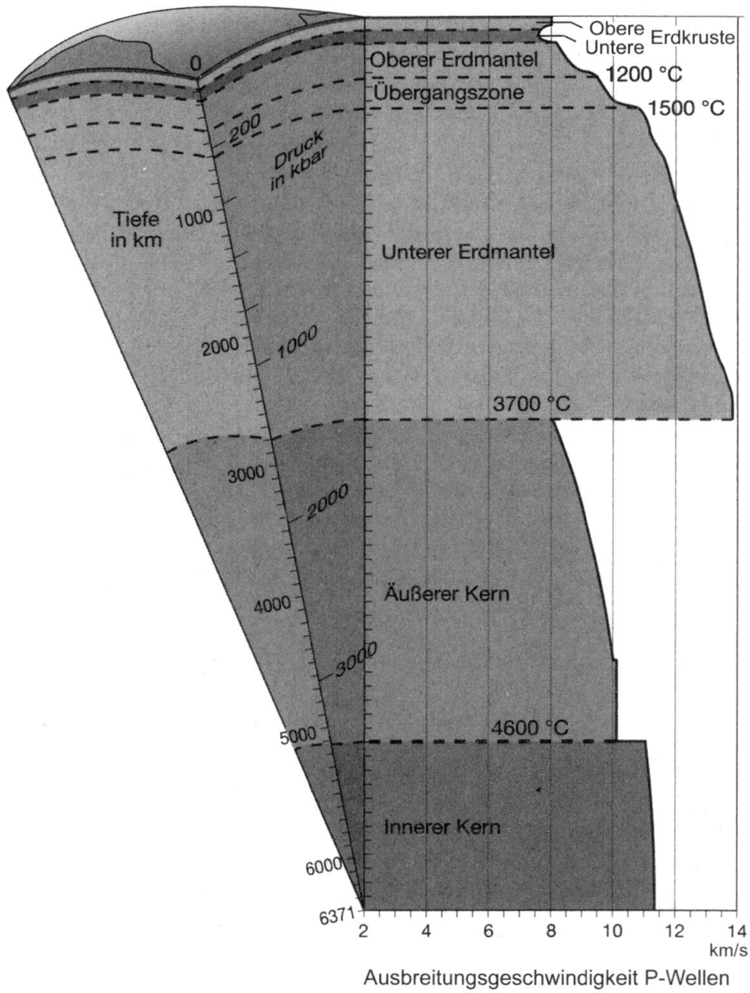

Abb. 5: Schalenbau der Erde und Ausbreitungsgeschwindigkeit der Primärwellen (P-Wellen) (nach BAUER et al. 2001, S. 14, verändert)

Erdkruste

Die Erdkruste ist die äußerste Schale des Planeten. Sie reicht von der Erdoberfläche bis zur Mohorovičić-Diskontinuität, die Unstetigkeitsfläche, die die Kruste gegen den darunter liegenden Erdmantel abgrenzt. Grundsätzlich unterscheidet man zwischen **kontinentaler** und **ozeanischer Kruste**. Die mittlere Mächtigkeit der kontinentalen Kruste beträgt 35–40 km. Im Bereich junger Orogenesen (Gebirgsbildungen) liegen die größten Mächtigkeiten mit 50–80 km vor. Dort führt die Kollision von Lithosphärenplatten zu Krustenverdickungen. Geringe Mächtigkeiten weist die kontinentale Kruste dagegen unter jungen Riftzonen auf. Dort ist sie nur 20–25 km mächtig. Die mittlere Dichte der kontinentalen Kruste beträgt 2,7–2,8 g/cm^3. In ihrem oberen Bereich besteht die kontinentale Kruste überwiegend aus sauren Magmatiten und Sedimentgesteinen (s. Kap. 3.2), während in den tieferen Abschnitten der Anteil an metamorphen Gesteinen (s. Kap. 3.2) zunimmt. Die ozeanische Kruste unterscheidet sich grundlegend von der kontinentalen Kruste. Ihre Mächtigkeit schwankt zwischen 3 und 15 km. Sie besteht überwiegend aus basischen Magmatiten (Basalt und Gabbro), die von Tiefseesedimenten überlagert werden. Ihre mittlere Dichte beträgt 3,0 g/cm^3. Die ozeanische Kruste ist jünger als die kontinentale Kruste. Sie wird an den Mittelozeanischen Rücken ständig neu gebildet und im Bereich von Subduktionszonen (s. Kap. 2.3) dem oberen Erdmantel zugeführt und dort wieder aufgeschmolzen.

Erdmantel

Der Erdmantel erstreckt sich von der **Mohorovičić-Diskontinuität** bis in eine Tiefe von 2900 km und umfasst damit etwa 84 Vol.-% (68 Gew.-%) des Erdkörpers. Der Erdmantel wird durch Übergangszonen – gekennzeichnet durch Laufzeitdiskontinuitäten der seismischen Wellen – in 400 und 670 km Tiefe untergliedert. Als Ursache für die Übergangszonen werden druck- und temperaturbedingte Veränderungen der Struktur der Mantelminerale angenommen, wobei mit zunehmender Tiefe Minerale mit größerer Dichte und kleinerem Volumen entstehen. Die in 670 km Tiefe gelegene Übergangszone trennt den **Oberen** vom **Unteren Mantel**. Aufgrund seismischer Untersuchungen nimmt man an, dass der Mantel zwar weitgehend fest ist, dass unter den bestehenden Drücken und Temperaturen aber eine **gewisse Fließfähigkeit** (einige cm/a) als Voraussetzung für die Mantelkonvektion gegeben ist.

Erdkern

Der Erdkern wird vom Erdmantel durch eine etwa 200 Kilometer mächtige thermische Grenzschicht mit stark ansteigenden Temperaturen getrennt. Ebenso wie der Mantel wird auch der Erdkern in einen äußeren und einen inneren Kern gegliedert. An der Grenze zum **Äußeren Erdkern**, in einer Tiefe von 5140 km, kommt es zu einer plötzlichen Geschwindigkeitsabnahme der P-Wellen, die Ausbreitung der S-Wellen kommt völlig zum Erliegen. Das Verschwinden der S-Wellen zeigt den flüssigen Zustand des äußeren Kerns an, da sich S-Wellen in derartigen Medien nicht ausbreiten können. Man vermutet heute, dass der Erdkern aus einer metallischen Legierung aus Eisen, Silizium, Nickel und weiteren leichten Zusätzen aufgebaut ist. Am Übergang vom äußeren zum **Inneren Erdkern** lässt sich eine erneute Zunahme der Ausbreitungsgeschwindigkeit von P-Wellen beobachten, ein Hinweis auf einen – aufgrund der hohen Drücke in diesem Bereich – festen inneren Kern.

Lithosphäre

Die mechanisch relativ steife und spröde „Außenhaut" der Erde wird als **Lithosphäre** bezeichnet. Die Lithosphäre umfasst sowohl die Erdkruste als auch den äußersten, festen Bereich des Oberen Mantels und reicht bis in eine Tiefe von etwa 100–250 km. Die Lithosphäre „schwimmt" auf der unterlagernden **Asthenosphäre**, einem partiell aufgeschmolzenen, zähplastischen Bereich, der sich in Tiefen bis rund 500 km erstreckt. Wenn sich die Lithosphäre in einem stabilen „Schwimmgleichgewicht" befindet, spricht man von **Isostasie**. Das heißt, dass nach dem archimedischen Prinzip die Masse im Oberen Mantel verdrängt wird. Sie entspricht der Masse der aufschwimmenden Kruste. Somit muss die kontinentale Kruste, die, im Gegensatz zur ozeanischen Kruste, mit einer mittleren Dichte von 3,2 g/cm^3, eine mittlere Dichte von 2,7 g/cm^3 besitzt, an Stellen, an denen sie höher emporragt, gleichzeitig auch mächtiger sein und weiter in den Mantel reichen. Veränderungen der Auflast können isostatische Ausgleichsbewegungen in Form von Hebungen oder Senkungen hervorrufen. Dabei wird die Lithosphäre durch Erhöhung der Auflast tiefer in die Asthenosphäre „eingedrückt"; umgekehrt wird durch Entlastung ein „Auftauchen" hervorgerufen. Als Ursache kommen Veränderungen der Verteilung von Gesteinsmassen im Zuge der Gebirgsbildung, die Ablagerung großer Sedimentmassen, Abtragungsprozesse oder der Aufbau bzw. das Abschmelzen großer Eismassen in Frage. Skandinavien oder Teile Kanadas, die bis vor rund 10 000 Jahren mit mehreren tausend Meter mächtigen Eisschilden bedeckt waren, unterliegen aufgrund der Gewichtsentlastung durch das Abschmelzen der Eismassen auch heute noch **glazialisostatischer Hebung**, teilweise um mehrere Zentimeter pro Jahr.

2.3 Plattentektonik

Theorieentwicklung

Als Vorläufer der Theorie der Plattentektonik gilt die **Kontinentalverschiebungstheorie** des deutschen Geophysikers und Meteorologen ALFRED WEGENER (1880–1930). Er erkannte, dass die Küstenlinien zu beiden Seiten des Atlantiks sehr gut zusammenpassen und dass darüber hinaus die Fortsetzung gleicher geologischer Strukturen, gleicher Sedimentgesteine sowie gleicher terrestrischer Fossilien zu beiden Seiten des Ozeans auf eine ehemalige Verbindung der Kontinente hindeuten. Daraufhin postulierte er die Existenz eines Superkontinents **Pangäa**, der vor rund 200 Mio. Jahren auseinandergebrochen ist. Nachdem WEGENERS Hypothese zunächst kaum Beachtung fand, wurde seine Theorie in der zweiten Hälfte des 20. Jahrhunderts durch die Entdeckung des **Sea Floor Spreading** (s. u.) zu einer der Grundlagen der modernen Plattentektonik. Sie liefert die theoretischen Grundlagen für das Verständnis der größten Formanlagen. Die häufig bemühten Vergleiche mit der Relativitätstheorie in der Physik oder der Entdeckung des genetischen Codes in Form der DNA unterstreichen die Bedeutung der sich erst in den 1960er Jahren etablierenden Theorie der Plattentektonik für die Geowissenschaften. Vor dem Hintergrund der plattentektonischen Vorstellungen lassen sich Gebirge, Mittelozeanische Rücken, Tiefseegräben, Inselbögen sowie die globale Verteilung von Erdbeben und Vulkanismus plausibel erklären.

Theoriegrundlagen

Nach den Vorstellungen der Plattentektonik besteht die Lithosphäre aus einem Mosaik tektonischer Platten unterschiedlichster Größe. Neben Großplatten (afrikanische Platte, eurasische Platte, indisch-australische Platte, pazifische Platte, amerikanische Platte und antarktische Platte) existiert eine Reihe kleinerer Platten wie z. B. die karibische Platte, die Cocosplatte, die philippinische oder die arabische Platte. Einige bestehen nahezu ausschließlich aus ozeanischer Kruste, während andere sowohl kontinentale als auch ozeanische Kruste umfassen. Die Platten bewegen sich mit unterschiedlichen Geschwindigkeiten relativ zueinander, indem sie passiv auf der mehr oder minder beweglichen Asthenosphäre driften. Die typischen Bewegungsraten liegen bei etwa 0,1 – 10 cm/a. Die Kontinente sind – von wenigen Randbereichen abgesehen – Bestandteile der Platten und werden mit diesen bewegt.

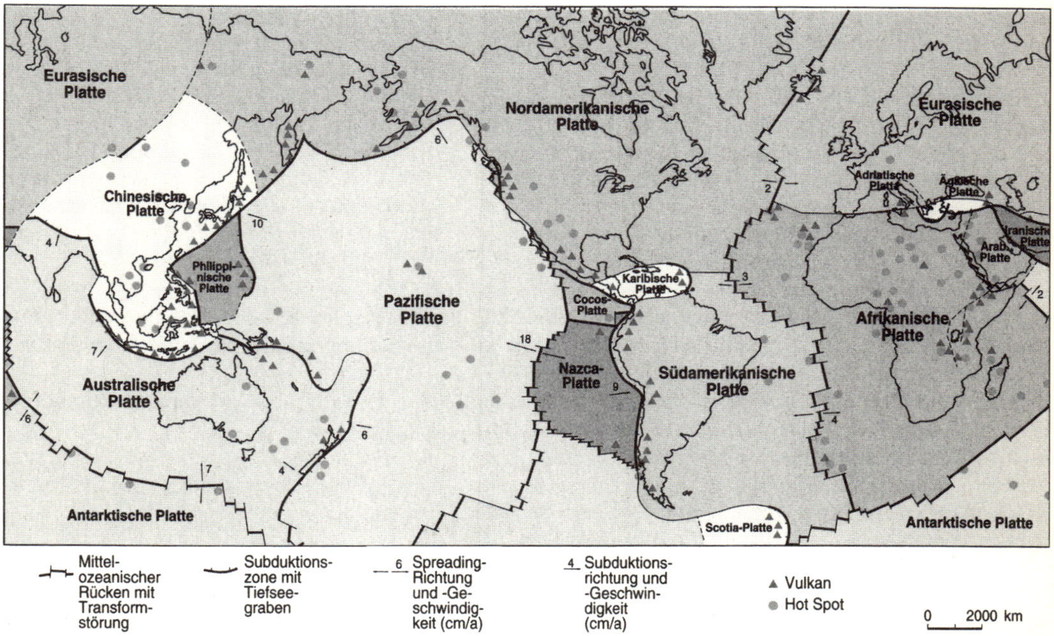

Abb. 6: Lithosphärenplatten (aus BAUER et al. 2001, S. 16)

Plattenränder

Die Relativbewegungen an den Grenzen der Lithosphärenplatten können unterschiedlicher Natur sein. Im Allgemeinen unterscheidet man drei Typen von Plattengrenzen:

- Im Zuge der Dehnung ozeanischer oder kontinentaler Lithosphäre kann diese an Schwächezonen aufreißen, und zwischen den auseinander driftenden Plattenstücken bildet sich neue Lithosphäre. Bewegen sich zwei Platten voneinander weg, spricht man von **divergenten** (auch: **divergierenden**) Plattengrenzen. Auf dem Meeresboden finden sich diese typischerweise an den **Mittelozeanischen Rücken** (MOR), die in nahezu allen

Weltmeeren vorhanden sind. Morphologisch treten sie als untermeerische Gebirgsketten mit einer zentralen Grabenstruktur, dem so genannten **Rift**, in Erscheinung. An der Plattengrenze wird Magma gefördert und es bildet sich neue ozeanische Lithosphäre. Aus diesem Grund wird diese Art der Plattengrenze auch als **konstruktive Plattengrenze** bezeichnet, an der Sea Floor Spreading stattfindet. Dehnungskräfte beim Auseinanderdriften der Platten verursachen aktiven basaltischen Vulkanismus, Flachherdbeben und Abschiebungen. Ein charakteristisches Beispiel für diesen Typ von Plattengrenze ist der Mittelatlantische Rücken, der im Bereich von Island sogar über den Meeresspiegel hinausragt. Im kontinentalen Bereich, beispielsweise in Ostafrika, existieren ausgeprägte Grabensysteme mit Erdbeben und Vulkanismus, die als ein Frühstadium von Plattendivergenz betrachtet werden und „Rift Valleys" genannt werden. Bei fortschreitender Entwicklung des „Rifting" kann die kontinentale Lithosphäre schließlich völlig aufreißen. So lässt sich das Rote Meer als Folge der Auseinanderbewegung Afrikas und Südwestasiens interpretieren. Belege für das Sea Floor Spreading finden sich in der Magnetisierung der Gesteinsserien am Meeresboden. Wenn ozeanische Kruste an Mittelozeanischen Rücken neu gebildet wird, werden die Gesteine entsprechend dem gerade herrschenden Erdmagnetfeld magnetisiert. Die derzeitige Polarisation wird als „normal" bezeichnet. Allerdings wechselte die Ausrichtung des irdischen Magnetfeldes in der Vergangenheit immer wieder in unregelmäßigen Abständen zwischen normal und „invers". Das magnetische Muster der Meeresbodengesteine entspricht der zeitlichen Abfolge der magnetischen Umpolungen des Erdmagnetfeldes. Aus der Korrelation zwischen der Magnetisierung der ozeanischen Kruste mit der magnetischen Zeitskala lassen sich Rückschlüsse ziehen auf Spreading-Raten und das Alter der Ozeanböden. Wie das Magnetfeld der Erde entsteht, ist bis heute unklar. Ein dauerhafter Magnet im Erdmittelpunkt ist kaum vorstellbar, da bei Temperaturen über dem Curie-Punkt (etwa 500 °C) keine Polung magnetischen Materials mehr erfolgt. Aus diesem Grund wird vermutet, dass das Magnetfeld nach dem Prinzip eines Dynamos durch Fließbewegungen im flüssigen Erdkern entsteht.

- **Konvergente** (auch: **konvergierende**) Plattenränder treten dann auf, wenn sich zwei Platten aufeinander zu bewegen. Grundsätzlich können ozeanische und ozeanische, ozeanische und kontinentale oder kontinentale und kontinentale Ränder aufeinander treffen. Wenn ozeanische Kruste beteiligt ist, findet bei dieser aufgrund der vergleichsweise hohen Dichte im Normalfall **Subduktion** statt, ansonsten – also beim Zusammentreffen zweier kontinentaler Platten – **Kollision**. Bei der Subduktion taucht eine Platte unter die andere in den Erdmantel ab, wobei dort Lithosphärenmaterial der abtauchenden Platte aufgeschmolzen und assimiliert wird. Man spricht hier von **destruktiven Plattenrändern**. Da durch die Subduktion Lithosphäre zerstört wird, erfolgt durch diesen Vorgang die Kompensation der im Bereich der Mittelozeanischen Rücken neu gebildeten Lithosphäre. Bei der Subduktion von Lithosphärenplatten können die „Eintauchwinkel" beträchtlich variieren. So taucht die Pazifische Platte bei den Marianen-Inseln mit einem Winkel von fast 90° unter die Philippinische Platte ab, während an der Westküste Südamerikas unter den peruanischen

Anden teilweise Subduktionswinkel von nur 1° auftreten. Der Abtauchwinkel der subduzierten Platte ist u. a. vom Alter der Lithosphäre abhängig. Je älter eine Platte ist, umso kälter ist sie und weist dementsprechend eine höhere Dichte auf. Darüber hinaus wird vermutet, dass auch die Richtung der regionalen Mantelkonvektion den Abtauchwinkel beeinflusst. Eine Subduktionszone gliedert sich in Tiefseerinne (trench), Fore Arc, Magmatischer Bogen (Arc) und Back Arc. Die **Tiefseerinne** ist als verhältnismäßig schmale Eintiefung der Küste des Kontinents beziehungsweise des Inselbogens, unter den die ozeanische Kruste subduziert wird, vorgelagert. Sie markiert die Kontaktlinie der konvergierenden Platten an der Oberfläche. Der Bereich zwischen Tiefseerinne und Arc wird **Fore Arc** genannt. Am Übergang zwischen Trench und Fore Arc kann ein Akkretionskeil (auch: Akkretionsprisma) ausgebildet sein. Akkretionskeile sind komplexe Gebilde aus Sedimenten und Krustenmaterial, das im Zuge der Subduktion von der ozeanischen Unterplatte abgeschürft wird. Der **Magmatische Bogen** als Hauptzone der magmatischen Aktivität ist durch Plutonismus und Vulkanismus geprägt und findet sich sowohl an aktiven Kontinentalrändern als auch an Inselbögen am Rande ozeanischer Oberplatten. An den magmatischen Bogen schließt sich rückseitig, also zum Platteninneren hin, der **Back Arc** an. Da der Magmatismus jedoch häufig bis in den Back-Arc-Bereich hineinreichen kann, ist dieser nicht in jedem Fall deutlich vom Magmatischen Bogen zu trennen. Typisch für Subduktionszonen ist eine hohe seismische und vulkanische Aktivität. Die meisten Erdbeben mit einer Herdtiefe von mehr als 100 km (**Tiefherdbeben**) sind an Subduktionszonen gebunden. Dieser seismisch hoch aktive Bereich wird als Wadati-Benioff-Zone bezeichnet. Die vulkanische Aktivität beruht darauf, dass aus den Gesteinen der subduzierten Lithosphärenplatte Wasser in den Mantelbereich eindringt und dort wegen der den Schmelzpunkt erniedrigenden Eigenschaft des Wassers zu partiellem Aufschmelzen führt. Diese Schmelzen steigen durch die Kruste auf, wobei sie durch verschiedene Prozesse (magmatische Differenzierungen, Assimilation von Nebengestein) Veränderungen ihrer chemischen Zusammensetzung erfahren. Die meist kieselsäurereichen Schmelzen speisen die Vulkane der Inselbögen bzw. der Gebirgsketten. Ozeanische Kruste kann, wie bereits erwähnt, entweder unter ozeanische oder unter kontinentale Kruste subduziert werden. Ein charakteristisches Beispiel einer **Ozean-Kontinent-Kollision** findet sich an der Westküste Südamerikas. Dort taucht die Nazca-Platte unter die Südamerikanische Platte ab. Vor der Küste befindet sich die Atacama-Tiefseerinne, auf dem Kontinent schließt sich das junge Faltengebirge der Anden mit seinen Vulkanen und der starken seismischen Aktivität an. Vulkanische Inselbögen wie z. B. Japan oder die Aleuten haben ihre Ursache in der Kollision und **Subduktion ozeanischer unter ozeanische Lithosphäre**. Auch hier kommt es zu starken Erdbeben. Kleine kontinentale Krustenfragmente, die als Bestandteil der Unterplatte an die Subduktionszone herangeführt, aufgrund ihrer geringen Dichte aber nicht subduziert werden können, gliedern sich der Oberplatte an und werden als Terranes bezeichnet. Unter bestimmten Umständen kann es dazu kommen, dass ozeanische Kruste bei einer Plattenkollision über den Meeresspiegel herausgehoben und auf einen Kontinent überschoben wird. Derartige durch Obduktion auf kontinentale Kruste aufgebrachte Fragmente ozeanischer Lithosphäre werden als Ophiolithe bezeichnet. Ein bekanntes Beispiel für einen Ophiolithkomplex findet sich in der Semail-Decke in Oman. Wenn wie bei der Kollision der indischen Platte mit der eurasischen Platte kontinentale auf kontinentale Kruste trifft, kann keine der beiden Platten aufgrund ihrer ähnlichen, geringen Dichte subduzieren. Diese **Kontinent-Kontinent-Kollision** führt daher zu teilweise mächtigen Krustenverdickungen (Himalaya).

- An **Transformstörungen** bewegen sich Platten aneinander vorbei, ohne dass Lithosphäre gebildet oder zerstört wird. In diesem Fall spricht man von **konservativen** Plattenrändern. Allerdings kann aufgrund der Reibung keine kontinuierliche Bewegung stattfinden. Es kommt zum Aufbau einer Scherspannung (s. Kap. 2.4), die so lange zunimmt, bis der Reibungswiderstand überwunden wird und ein Bruch erfolgt. In diesem Moment wird die Spannung, die sich über lange Zeit aufgebaut hat, binnen kurzer Zeit in Form seismischer Wellen freigesetzt und es kommt zu einem Erdbeben, während die Platten ruckartig horizontal gegeneinander versetzt werden. Ein Beispiel für eine Transformstörung ist die San-Andreas-Spalte in Kalifornien, an der die Nordamerikanische und die Pazifische Platte aneinander vorbei gleiten.

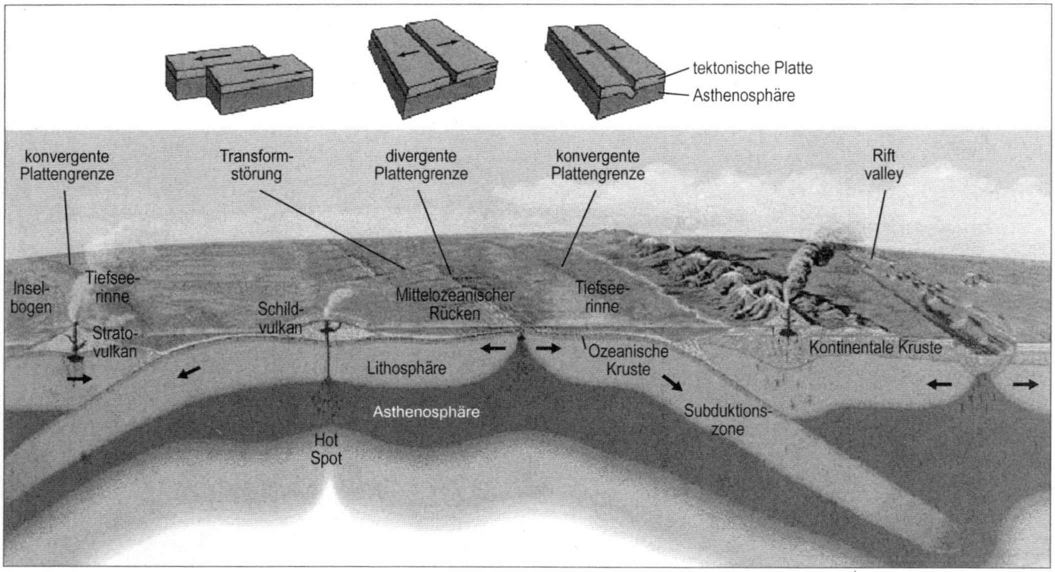

Abb. 7: Plattentektonische Grundstrukturen (verändert nach PRESS/SIEVER 1998)

Wenn drei Plattengrenzen an einem Ort zusammentreffen, spricht man von einer **Triple Junction**. Dabei spielt der Typus der Plattengrenze keine Rolle, d. h. es können drei Mittelozeanische Rücken wie an der Galapagos-Triple-Junction zusammentreffen oder Plattengrenzen unterschiedlichen Typs, beispielsweise zwei Mittelozeanische Rücken mit einer Transformstörung bei der Azoren-Triple-Junction.

Erdbeben und Vulkane sind nicht zufällig auf der Erde verteilt, sondern sie sind zum überwiegenden Teil an Plattengrenzen gebunden. Etwa 80% der aktiven Vulkane sind an Subduktionszonen gelegen sowie 15% an divergierenden Rändern. Aufgrund der Vulkan-Konzentration rund um den Pazifischen Ozean spricht man in diesem Zusammenhang auch vom **zirkumpazifischen Feuerring** – von Seismologen aufgrund der Verteilung der Erdbeben-Epizentren auch als zirkumpazifischer Erdbebengürtel bezeichnet.

Kontinentalränder

Plattengrenzen sind nicht identisch mit Kontinentalrändern. Kontinentalränder umfassen den Übergangsbereich vom Kontinent zum Ozean und können sehr weit entfernt von Plattengrenzen liegen. In diesem Fall bildet der Kontinentalrand lediglich den Übergang von kontinentaler zu ozeanischer Lithosphäre innerhalb einer aus beiden Krustentypen zusammengesetzten Platte. Er wird **passiver Kontinentalrand** genannt, da hier – abgesehen von einer Ausdünnung der Kruste mit Dehnungsstörungen – tektonische Ruhe herrscht. Passive Kontinentalränder finden sich beispielsweise an der Ostküste Nord- und Südamerikas oder der Westküste Afrikas. Im Gegensatz dazu sind die **aktiven Kontinentalränder** direkt an konvergente Plattengrenzen mit Erdbeben und Vulkanismus gebunden, wie z. B. vor der Westküste Südamerikas.

Antriebskräfte

Als Antriebsmechanismus der Plattenbewegungen werden verschiedene Prozesse und Mechanismen diskutiert, so Konvektionsströmungen im Oberen Mantel zum Ausgleich der Temperaturdifferenz zwischen Kern und Erdoberfläche. Der Vorgang der Konvektion wird verständlich, wenn man sich einen mit Wasser gefüllten Topf vorstellt. Wird dieser erhitzt, so strömt das erwärmte Wasser unmittelbar über der Wärmequelle nach oben, da seine Dichte geringer ist als die des kühleren Wassers darüber. An der Oberfläche angekommen kühlt das Wasser wieder ab, seine Dichte nimmt zu und es sinkt an den Wänden des Topfes wieder nach unten. Analog werden einerseits die Zonen unter den Mittelozeanischen Rücken mit ihren divergierenden Plattengrenzen sowie andererseits die Manteldiapire (mantle plumes) als Lokalitäten aufsteigenden heißen Materials interpretiert, während an den Subduktionszonen kälteres und somit schwereres, weil dichteres Material absinkt. **Manteldiapire** sind aus großen Tiefen (Kern-Mantel-Grenze) aufsteigende Säulen heißen Mantelmaterials von mehreren hundert Kilometern Durchmesser, die regional begrenzte Aufschmelzungszonen im Oberen Erdmantel verursachen und sich an der Erdoberfläche durch hohen Wärmefluss und basischen Vulkanismus (s. Kap. 2.5) äußern (**Hot Spot**).

Obwohl der **Bewegungsmechanismus** noch nicht gänzlich verstanden ist, wird derzeit ein gravitativ bedingtes Gleiten der Lithosphärenplatten über die Asthenosphäre für wahrscheinlich halten, d.h. die Lithosphäre gleitet von der aufgewölbten Asthenosphäre an den Mittelozeanischen Rücken ab, während sie gleichzeitig an den Subduktionszonen von ihrem eigenen Gewicht in den Mantel gezogen wird. Auch Manteldiapire und Hot Spots könnten bei der Bewegung der Lithosphärenplatten eine Schlüsselrolle spielen. Sie lassen sich als Teil eines den gesamten Erdmantel umfassenden Konvektionssystems interpretieren, bei dem die Lithosphärensubduktion den nach unten gerichteten Rückstrom repräsentiert.

„Wilson-Zyklus"

Eine auf den Geophysiker WILSON zurückgehende Hypothese geht von einer Zyklizität des Entstehens und Vergehens von Kontinenten und Ozeanen aus („Wilson-Zyklus"): Aus einer kontinentalen Riftzone über die Bildung erster ozeanischer Kruste entwickelt sich ein Ozean mit passiven Kontinentalrändern, der schließlich in einen Ozean mit Subduktionszonen und aktiven Kontinentalrändern übergeht (z. B. Rift Valley – Rotes Meer – Atlantik – Pazifik) und durch Kollision seiner Ränder (Himalaya) letztlich wieder zu einem Megakontinet (Pangäa) wird. Ein Wärmestau unter der isolierenden kontinentalen Kruste von Pangäa sowie die gleichzeitig stattfindende Auskühlung und das daran gekoppelte Einsinken der ozeanischen Randbereiche führen dann wieder zum Aufbrechen des Megakontinents und ein neuer Zyklus mit neuen Kontinenten beginnt. Man geht davon aus, dass ein Zyklus 300–500 Mio. Jahre dauert.

2.4 Tektonik und tektonische Strukturen

Die Tektonik befasst sich mit den Deformationen in der äußeren Gesteinshülle der Erde, der Lithosphäre. Diese Deformationen sind das Ergebnis mechanischer Belastungen und Beanspruchungen, denen das Gestein im Zuge plattentektonischer Vorgänge unterliegt.

Epirogenese

Die tektonischen Großstrukturen der Erde sind sehr eng mit plattentektonischen Vorgängen verknüpft. Die tektonisch stabilen Kernbereiche der Kontinente werden als **Kratone** bezeichnet. Ihre Stabilität ist durch weitgehendes Fehlen von seismischer und vulkanischer Aktivität seit dem **Präkambrium** (s. Kap. 2.6) vor mehr als 500 Mio. Jahren gekennzeichnet. Sie besitzen aktuell ein relativ ausgeglichenes Relief. Die tektonische Aktivität im Bereich der Kratone beschränkt sich auf epirogenetische Deformation. Unter Epirogenese versteht man lang andauernde Aufwölbungen oder Einsenkungen der Erdkruste, deren Ausdehnung zwischen einigen hunderten und mehreren tausend Kilometern liegen kann. Im Bereich der Kratone wird die epirogenetische Aufwölbung von Abtragungsvorgängen begleitet, so dass häufig das **kristalline Grundgebirge** zutage tritt. Das Grundgebirge kann aber auch von Sedimentgesteinen, dem **Deckgebirge**, überlagert sein.

Orogenese

Im Gegensatz zur Epirogenese bezeichnen Orogenesen kleinräumigere und zeitlich erheblich kürzere Gebirgsbildungsphasen im geologischen Sinne von Krustendeformationen. Junge Orogene treten aktuell als lang gestreckte Gebirgsketten in Erscheinung (z. B. die Anden). Sie sind gleichzeitig die morphostrukturellen Einheiten mit den derzeit höchsten Erhebungen der Erde. Sie entstehen als Verdickungen der Erdkruste an aktiven Kontinentalrändern durch tektonische Einengung bzw. durch magmatische Prozesse. Als Folge der Einengung bilden sich durch interne Deformation charakteristische Strukturformen wie Falten, Überschiebungen und Decken. Orogene haben häufig einen bogenförmigen Verlauf. Das Vorland ist im kontinentalen Bereich dem konvexen Teil vorgelagert, während die konkave Seite des Bogens als Rückland bezeichnet wird. Im Fall der Alpen ist das Vorland demzufolge auf der Nordseite (z. B. Bayerisches Alpenvorland), das Rückland in Oberitalien gelegen.

Nach ihrer Lage unterscheidet man **marginale Orogene** von **intrakontinentalen Orogenen**. Beide Typen differieren aber nicht nur durch ihre Position, sondern auch in Struktur und Entstehung. Marginale Orogene befinden sich an den Rändern der Kontinente (Anden), oder sie sind diesen als Inselbögen vorgelagert (Japanischer Inselbogen, Aleuten). Ihre Entstehung lässt sich zum Großteil auf die Subduktion ozeanischer Lithosphäre zurückführen. Typisch für diesen Gebirgstyp sind **magmatische Prozesse**, mäßige Einengung und damit auch geringe interne Deformation. Die intrakontinentalen Orogene finden sich innerhalb von Kontinenten (z. B. Himalaya) und trennen Kratone voneinander, weshalb man sie auch als intrakratonische Orogene bezeichnet. Sie sind durch Kontinent-Kontinent-Kollision entstanden und durch sehr starke tektonische Einengung geprägt. Vielfach findet sich Deckenbau, wobei die Vergenzen – als Vergenz wird die Richtung, in die eine geneigte Falte verkippt ist, bezeichnet – der Falten und die Überschiebungen zum Vorland hin ausgerichtet sind. Charakteristisch sind darüber hinaus **Metamorphose-Prozesse** (s. Kap. 3.2) bis hin zur Aufschmelzung und Intrusion von Granitoiden. Vulkanismus kann ebenfalls stattfinden, allerdings in unterschiedlich starker Ausprägung bei generell geringerer Intensität als im Bereich der marginalen Orogene. Als Hochgebirge treten heute lediglich die jungen Orogene in Erscheinung, während die Gebirge früherer Bildungsphasen bereits abgetragen sind.

Großräumige **tektonische Dehnungsprozesse**, die auf Störungen des thermischen Gleichgewichts im Erdmantel zurückgeführt werden, können eine Ausdünnung der Kruste, auch im Bereich der Kratone, verursachen. Die Folge sind Bruchstrukturen mit Abschiebungsformen und häufig beträchtlicher linearer Erstreckung. Derartige Grabenstrukturen werden als Rift, Riftzonen oder Rift Valleys bezeichnet, die ein Initialstadium plattentektonischer Bewegungen darstellen und durch seismische und vulkanische Aktivität gekennzeichnet sind. Die größte kontinentale Grabenzone der Erde mit einer Längserstreckung von mehr als 5000 km ist das ostafrikanische Rift Valley. Es trifft im Norden auf die Spreizungszone des Roten Meeres und den Golf von Aden. In Europa erstreckt sich mit der Mittelmeer-Mjösen-Zone (Oslograben – Oberrheingraben – Rhônetalgraben) ebenfalls ein großes Grabensystem von der Nordsee bis zum Mittelmeer.

Gesteinsdeformation

Im Gesteinskörper kommt es durch die einwirkenden tektonischen Kräfte zum Aufbau von Spannungen. Spannung ist definiert als Kraft/Fläche. Die Kräfte lassen sich auf drei grundlegende Erscheinungsformen zurückführen. Durch **Kompression** oder Einengung wird ein Körper zusammengedrückt. **Extension** bedingt eine Dehnung des Körpers, die letztlich zu seinem Zerreißen führen kann. Bei der **Scherung** entstehen zwei aneinander vorbeigleitende Teilkörper. Die jeweils dominierenden Kräfte stehen in engem Zusammenhang zur Plattentektonik und den verschiedenen Typen von Plattengrenzen. Kompressionskräfte treten überwiegend im Zusammenhang mit Lithosphärenplattenkollisionen an konvergierenden Grenzen auf. An divergierenden Lithosphärenplattengrenzen driften Platten auseinander und es herrschen Extensionskräfte vor. An Transformstörungen entstehen in erster Linie Scherkräfte. Kompression und Extension äußern sich in senkrecht auf eine Fläche wirkenden Normalspannungen, Scherung durch die parallel zu einer Fläche wirkende Scherspannung. Eine Spannungsänderung im Gestein kann zu dessen Deformation führen. Deformationen sind Veränderungen der Gestalt oder des Volumens, mit denen ein Körper auf das Einwirken einer äußeren Kraft reagiert. Sie können bruchartig oder bruchlos erfolgen.

Streichen und Fallen

Tektonische Prozesse verändern die Raumlage von Gesteinen. Die dreidimensionale Raumlage aller geologischen Flächen ist durch das **Streichen** und **Fallen** eindeutig festgelegt. Das Streichen ist die Schnittlinie mit einer gedachten Horizontalebene. Sie wird als Winkel gegen die Nordrichtung zwischen 0° und 180° beschrieben. Stellt man sich das Dach eines Hauses vor, so wäre das Streichen durch den Verlauf des Dachfirstes bzw. der Regenrinne gekennzeichnet. Das Dach eines NE-SW-orientierten Hauses hätte demnach eine Streichrichtung von 45°. Das Fallen oder Einfallen ist der Betrag der Verkippung. Es ist durch die Fallrichtung und den Fallwinkel, um den die Schicht gegen die Horizontale geneigt ist, festgelegt. Betrachtet man wieder das Dach eines Hauses, so würde vom Dach abfließendes Regenwasser dem Fallen folgen. Eine SE-exponierte Dachfläche hätte eine Fallrichtung von 135°, eine NW-exponierte von 315°. Der Fallwinkel bewegt sich zwischen 0° und 90°. Streichen und Fallen stehen stets im rechten Winkel zueinander.

Faltung

Wird eine ursprünglich normal, d.h. horizontal abgelagerte Sedimentschicht (bergmännisch: **söhlige Lagerung**) durch tektonische Beanspruchung verstellt, kann dieses von der geneigten Lagerung über die senkrechte Aufstellung (**saigere Lagerung**) und Überkippung bis zur Faltung – der Verbiegung durch bruchlose Deformation – reichen. Die meisten Falten entstehen durch Einengung und lassen sich durch Wellenlänge, Amplitude, Faltenhöhe und Faltenbreite beschreiben. Analog einem Blatt Papier, das sich sowohl durch Zusammenschieben als auch durch Aufwölbung in Falten legen lässt, können die auslösenden Kräfte der Faltenbildung horizontal oder vertikal wirken. Darüber hinaus kann die Raumlage der Achsenfläche als Unterscheidungsmerkmal dienen. Ist diese vertikal ausgebildet, spricht man von einer aufrechten, stehenden oder symmetrischen Falte. Falten können bei geneigter Achsenfläche auch asymmetrisch ausgebildet sein und heißen dann „vergent“. Die Vergenz kennzeichnet die Richtung der Verkippung.

Zur Beschreibung der Vielzahl möglicher Faltenformen und deren Teile hat sich eine eigene Terminologie etabliert. Eine Aufwölbung von Gesteinsschichten wird Sattel oder Antiklinale genannt, eine nach unten durchgebogene Einwölbung heißt Mulde oder Synklinale. Während sich bei **Antiklinalstrukturen** die ältesten Gesteine im Zentrum und die jüngsten im Randbereich befinden, bilden bei **Synklinalstrukturen** die jüngsten Schichten den Zentralbereich. Bei einer **Flexur** wird eine Schichtfolge durch Verbiegung vertikal gegeneinander versetzt. Größere Brüche treten dabei nicht auf, lediglich lateral oder in die Tiefe können sich die Deformationen in Verwerfungen fortsetzen. Geländestufen, die auf Flexuren beruhen, werden – analog zu den durch Bruchtektonik entstandenen Bruchstufen – als Flexurstufen bezeichnet. Gesteinsschichten können nicht nur entlang einer Achse, sondern auch um ein Zentrum herum auf- bzw. eingewölbt sein.

Die Ausstrichlinien haben in diesem Fall runde oder ovale Formen. Großräumige Aufwölbungen mit von einem Zentrum nach außen einfallenden Schichten werden als **Dome** bezeichnet. Wenn die Gesteinsschichten dagegen schüsselförmig zu einem Mittelpunkt hin einfallen, spricht man von einem **Becken**.

Bruchtektonik

In den oberflächennahen Bereichen der Erdkruste verhalten sich die Gesteine bei niedrigen Drücken und Temperaturen überwiegend spröde, so dass sie auf mechanische Beanspruchung mit schneller, bruchhafter Deformation reagieren. Durch das Zerbrechen wird in den betroffenen Lithosphärenteilen ein Spannungsabbau hervorgerufen. Tiefer im Erdinneren reagieren die Gesteine auf Drücke nicht mehr durch Brechen, sondern sie werden kontinuierlich (duktil) deformiert. Grundsätzlich lassen sich zwei Arten von Brüchen unterscheiden:

- **Klüfte** sind feine Fugen oder Trennflächen im Gestein. Dislokationen, also Lageveränderungen der ursprünglich zusammenhängenden Gesteinspartien, finden nicht oder nur in sehr geringem Umfang statt. Klüfte treten meist an Stellen stärkerer mechanischer Beanspruchung im Gestein auf. **Tektonische Klüfte** werden durch Spannungen aufgrund von Krustenbewegungen verursacht und kennzeichnen die Auswirkungen lokaler Spannungskonzentrationen. Klüfte können aber auch nicht-tektonische Ursachen haben. **Druckentlastungsklüfte** entstehen beispielsweise nach Abtragung der überlagernden Schichten durch den Wegfall des Auflastdruckes. Bei der Abkühlung von Magma können sich durch die damit einhergehende Volumenverminderung Kontraktionsklüfte bilden. Besonders bei basaltischen Laven ist die Absonderung hexagonaler Säulen häufig zu beobachten. Sie führen zur Ausbildung eines entsprechenden Kluftnetzes. Verlaufen mehrere Klüfte parallel oder subparallel zueinander, spricht man von einer Kluftschar. **Spalten** sind durch Zug geöffnete Klüfte. Neben tektonischer Entstehung durch Extension können sie auch atektonisch (z.B. durch abkühlungs- oder austrocknungsbedingte Kontraktion oder als Abrissspalte bei Massenbewegungen) geöffnet werden. Klüfte und Spalten sind von großer Bedeutung für die Gesteinsverwitterung. Sie schwächen einerseits die Gesteinsstruktur und fungieren darüber hinaus als Ansatzstellen exogener Kräfte, insbesondere Wasser und Luft.
- An **Verwerfungen** (Verschiebungsbrüche) werden Gesteinskörper entlang von Bruchflächen gegeneinander versetzt. In Abhängigkeit von der zugrunde liegenden Deformation entstehen Abschiebungen bei Extension, Aufschiebungen bei Kompression und Seitenverschiebungen bei Scherung. Durch die Kombination von Kräften können sich schließlich Schrägauf- bzw. Schrägabschiebungen als Mischformen von Verwerfungen bilden. Die Verschiebungen vollziehen sich parallel zum Bruch. Die Bewegung auf der Bruchfläche erfolgt im Fallen (Auf- und Abschiebung), im Streichen (Seitenverschiebung) oder schräg zum Fallen und Streichen (Schrägabschiebung, Schrägaufschiebung). Bei **Abschiebungen** bewegen sich die Gesteine auf der Störungsfläche nach unten, wobei im Normalfall nicht nur ein vertikaler Versatz, der als Sprunghöhe bezeichnet wird, festzustellen ist, sondern zusätzlich ein durch die Krustendehnung verursachtes laterales Auseinanderweichen der Gesteinspakete (Abschiebungsbetrag), dessen Folge Raumgewinn ist. Bei **Aufschiebungen** bewegt sich ein

Gesteinspaket aufgrund von Einengung auf der Störungsfläche nach oben (Raumverlust). Die dabei erzielte horizontale Krustenverkürzung ist die Förder- oder Schubweite. Wenn die Störungsfläche mit einem Winkel von weniger als 45° einfällt, spricht man von einer **Überschiebung**. Häufig haben größere Überschiebungen einen gestuften Verlauf mit mehr oder weniger horizontalen Flachbahnen und steilen Rampen. Deckenüberschiebungen können Förderweiten von mehreren 100 km erreichen. Bei **Horizontal-, Seiten- oder Blattverschiebungen** gleiten die Bruchschollen an einer steil stehenden oder vertikalen Störungsfläche seitlich aneinander vorbei. Entsprechend der Bewegung der gegenüberliegenden Scholle unterscheidet man dextrale oder rechtshändige von sinistralen oder linkshändigen Seitenverschiebungen. An Seitenverschiebungen können Versatzbeträge von mehr als 100 km erreicht werden. Große, derzeit aktive Seitenverschiebungen finden sich beispielsweise in Kalifornien mit der San-Andreas-Verwerfung oder in Europa im Norden der Türkei mit der Nordanatolischen Blattverschiebung. Groß dimensionierte Seitenverschiebungen weisen häufig Krümmungen in ihrem Verlauf auf, so dass in diesen Bereichen zusätzlich Einengung oder Dehnung auftreten können. Man spricht dann von **Transpression** und **Transtension**.

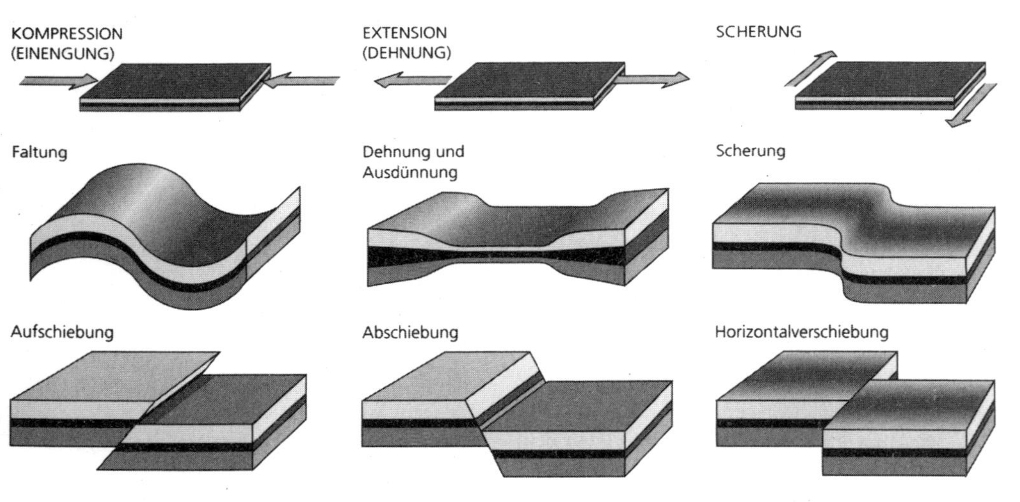

Abb. 8: Formen der Gesteinsdeformation (nach PRESS/SIEVER 1998)

Abschiebung und Aufschiebung

Die bei Verwerfungen mit horizontalem Versatz relativ gehobenen bzw. abgesenkten Krustenteile werden mitunter auch als Hoch- und Tiefscholle bezeichnet. Wird im Zuge der Dehnung der Erdkruste ein lang gestrecktes Krustensegment als Tiefscholle an zwei annähernd parallel verlaufenden Abschiebungen gegenüber seiner Umgebung abgesenkt, entsteht ein **Graben**. Neben kleineren Gräben existieren groß dimensionierte Grabensysteme von kontinentalem Ausmaß und häufig komplexem Aufbau. Diese

Rift Valleys oder Riftzonen kennzeichnen Spannungsbereiche der Erdkruste. Bekannte Beispiele sind der Oberrheingraben, das Ostafrikanische Grabensystem, das Rote Meer oder der Baikalsee. Am Ozeanboden finden sich Gräben bzw. Rift Valleys an den Mittelozeanischen Rücken. Halbgräben werden im Gegensatz zu Gräben nur an einer Seite von einer Verwerfung begrenzt.

Horste entstehen in der Regel wie Gräben durch Extension. Allerdings bildet bei Horsten das zentrale Krustensegment die Hochscholle, die durch Abschiebungen gegenüber den beiden begleitenden Tiefschollen abgegrenzt wird. Während sich die Randverwerfungen von Gräben mit zunehmender Tiefe dem Grabeninneren annähern, sind sie bei Horsten nach außen orientiert. Häufig finden sich am Übergang von der Hoch- zur Tiefscholle **Staffelbrüche**. Dabei werden an mehreren hintereinander liegenden, parallelen Störungen die einzelnen Teilschollen treppenartig gegeneinander versetzt. Gräben und Horste müssen morphologisch nicht zwangsläufig als Senken oder Hochgebiete in Erscheinung treten, denn sie können durch Abtragungsprozesse eingeebnet sein, was bis zu einer **Reliefumkehr** führen kann: Steht im Bereich der Hochscholle weniger widerständiges Gestein an als an den Tiefschollen, wird dieses leichter erodiert und ausgeräumt, so dass das eigentliche Hochgebiet schließlich als Senke in Erscheinung tritt. Umgekehrt können bei einem Graben die Hochschollen abgetragen werden, so dass das Grabeninnere als Hochgebiet herauspräpariert wird. Reliefumkehr wird also letztlich durch die unterschiedliche Abtragungsresistenz der beiderseits der Verwerfung anstehenden Gesteine verursacht. Dabei muss im Bereich der Tiefscholle das im Vergleich zur Hochscholle härtere, gegenüber der Abtragung widerständigere Gestein anstehen.

Kipp- und Pultschollen

Kipp- oder Pultschollen sind schräg gestellte Krustenblöcke, die auf der einen Seite entlang einer Verwerfung gehoben wurden. Ein Beispiel für eine Pultscholle ist der Schwarzwald, der bei flacher Abdachung nach Osten im Westen steil zum Oberrheingraben hin abfällt, oder das Erzgebirge mit seiner nach Nordwesten gerichteten Abdachung. **Bruchstufen** sind Geländestufen, die an Verwerfungen mit horizontalem Versatz gebunden sind. Sie treten im Relief als deutlich sichtbare, steil ansteigende Böschungen in Erscheinung, die eine große Ähnlichkeit zu Schichtstufen aufweisen. Im Kartenbild sind sie im Allgemeinen jedoch gut zu unterscheiden: Bruchstufen weisen einen weniger stark zerlappten Verlauf auf und sind einer tektonischen Hauptrichtung untergeordnet. Die Höhe von Bruchstufen ist stets an die Sprunghöhe der Verwerfung gebunden. In der Realität ist sie jedoch deutlich geringer, da im Bereich der Hochscholle syngenetisch, also bereits während der Hebung, die Abtragung einsetzt und gleichzeitig Sedimentation auf der Tiefscholle stattfindet. Bruchschollengebirge wie der Harz, das Rheinische Schiefergebirge oder der Thüringer Wald haben meist Mittelgebirgscharakter. Sie sind dadurch gekennzeichnet, dass sie durch Bruchstufen begrenzt und durch Verwerfungen in ein Bruchschollenmosaik zerlegt sind. Der durch präalpidische Faltung (s. Kap. 11), metamorphe Überprägung und Abtragung starre und spröde Untergrund reagiert auf Beanspruchung mit Bruchtektonik. Im Fall der deutschen Bruchschollengebirge resultierte diese Beanspruchung aus dem

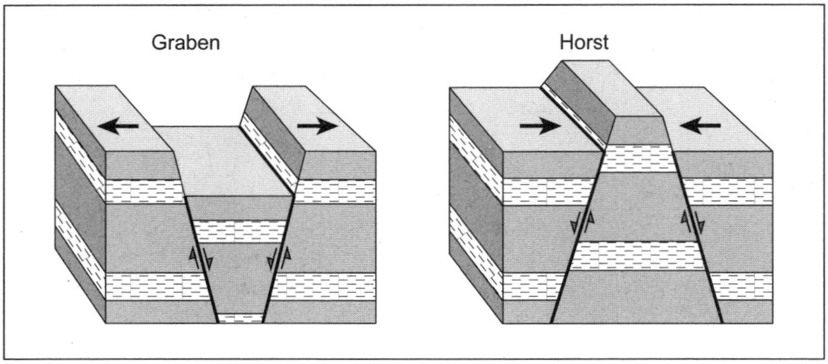

Abb. 9: Graben und Horst (eigener Entwurf)

Druck der sich nach Norden bewegenden Afrikanischen Platte und der daran gekoppelten alpidischen Orogenese. Bedingt durch Zerbrechen und lokale Hebungs- bzw. Senkungsprozesse werden die Schollen gegeneinander versetzt und bilden je nach Bewegung der Schollen zueinander unterschiedliche Oberflächenformen mit den oben angeführten Elementen.

2.5 Vulkanismus und Plutonismus

Vulkanismus und Plutonismus führen durch die Förderung von Gesteinsschmelze aus dem Erdinneren zu Strukturformen. Diese natürlich entstandene Gesteinsschmelze wird als **Magma** bezeichnet. Gesteine, die sich aus Magma bilden, heißen entsprechend Magmatite (s. Kap. 3.2). Wenn Magma durch vulkanische Prozesse an der Erdoberfläche ausströmt, spricht man von **Lava**. Als Intrusion (Plutonismus) bezeichnet man das Eindringen von Magma in die Lithosphäre, ohne dass dabei die Erdoberfläche erreicht wird. Augenscheinlichster Unterschied zwischen magmatischen Gesteinen, die in der Tiefe entstehen (**Plutonite**, **Intrusivgesteine**) und den Gesteinen, die sich beim Erkalten von Lava an der Erdoberfläche bilden (**Vulkanite**, **Effusivgesteine**), ist ihre unterschiedliche Struktur (s. Kap. 3.2).

Magmatite

Magmen und magmatische Gesteine können entsprechend ihrem Gehalt an SiO_2 in sauer (> 65% SiO_2), intermediär (65–52% SiO_2) und basisch (< 52% SiO_2) untergliedert werden. Rhyolith (**sauer**), Andesit (**intermediär**) und Basalt (**basisch**) sind die wichtigsten Effusivgesteine, ihr jeweiliges intrusives Analogon ist Granit, Diorit und Gabbro. Das bedeutet, aus einer basischen Schmelze mit entsprechender chemischer Zusammensetzung entsteht bei der Auskristallisation in der Lithosphäre als Gestein Gabbro. Erfolgt die Erstarrung dieser Schmelze an der Erdoberfläche, bildet sich Basalt. Gabbro und Basalt besitzen die gleiche chemische Zusammensetzung und unterscheiden sich nur dadurch, dass die effusive Basaltschmelze auf dem Weg an die Oberfläche stärker entgast und an der Erdoberfläche schneller abkühlt als die Gabbroschmelze und damit auskristallisiert. Die

Eigenschaften der Gesteinsschmelzen hängen wesentlich vom **Chemismus**, dem **Gasgehalt** sowie der **Temperatur** ab. So sind rhyolithische Laven extrem sauer. Sie haben einen niedrigeren Schmelzpunkt als Basalt und werden mit Temperaturen von 800–1000 °C gefördert. Ihre Fließgeschwindigkeit ist im Allgemeinen deutlich geringer als die Geschwindigkeit basaltischer Laven, sie sind zähflüssig. Die hohe Viskosität resultiert aus den niedrigen Temperaturen bei hohen Kieselsäuregehalten. Im Gegensatz dazu sind basaltische Laven mit geringen Kieselsäuregehalten und hohen Fördertemperaturen von 1000 bis 1200°C dünnflüssig. Wenn basaltische Schmelzen rasch abkühlen, können sich aufgrund von Kontraktion und Volumenverlust fünf- oder sechseckige Säulen bilden. Die Eigenschaften andesitischer Lava bewegen sich entsprechend ihrem intermediären Chemismus zwischen Basalt und Rhyolith.

Vulkanische Eruptionsformen

Nicht alle vulkanischen Eruptionen verlaufen gleich: Bei **magmatischen Eruptionen** ist die Explosion und die Fragmentierung ausschließlich auf das Magma und seine flüchtigen Bestandteilen zurückzuführen; im Gegensatz dazu spielt bei phreatomagmatischen Eruptionen der Kontakt der Schmelze mit Wasser eine wichtige Rolle. Bei den magmatischen Eruptionsformen ist die hawaiianische von der strombolianischen und der plinianischen zu unterscheiden. Beim **hawaiianischen** Typ fließen dünnflüssige, volatilarme (mit wenigen flüchtigen Bestandteilen) basaltische Magmen ohne nennenswerte explosive Tätigkeit als Lavaströme aus. **Strombolianische** Tätigkeit wird durch kieselsäure- und volatilreichere und damit zähflüssigere basaltische Magmen hervorgerufen. Dabei kommt es zu Eruptionen mit rhythmischem Auswurf von Schlacken und Lavafetzen, die durch das Zerplatzen großer Gasblasen am Top der Magmasäule entstehen. Sie werden aus dem Schlot herausgeschleudert und können zu Vulkan- oder Schlackenkegeln aufgeschichtet werden. Strombolianische Eruptionen werden von Eruptionssäulen von wenigen Kilometern Höhe begleitet. Die **plinianische** Eruptionsform ist durch ihren hoch explosiven Charakter gekennzeichnet. Sie entsteht bei äußerst viskosen, kieselsäurereichen Magmen mit einem großen Anteil an flüchtigen Bestandteilen und kann von Eruptionssäulen von mehr als 60 km Höhe begleitet sein.

Heftige Explosionen treten auch im Zuge von **phreatomagmatischen Eruptionen** auf. Dabei kommt aufsteigendes Magma mit Grund-, See-, Meer- oder Schmelzwasser oder dem durch das Magma erhitzten Gestein in Kontakt und verdampft explosionsartig. **Flutbasalte** (auch: Plateau- oder Trapp-Basalte) entstehen aus extrem dünnflüssiger basaltischer Lava, deren Förderung entlang von Spalten (Spalteneruptionen) erfolgt und auf Manteldiapire zurückgeführt wird, wobei die Förderung subaerisch auf dem Land oder subaquatisch erfolgen kann. Wenn sie auf ebenem Gelände im kontinentalen Bereich ausfließen (Continental-Flood-Basalt), entstehen Lavadecken, die bei entsprechender Konstanz und zeitlicher Dauer der Förderung vulkanische Plateaus aus übereinander liegenden Lavadecken aufbauen. **Vulkanische Plateaus** können Mächtigkeiten von 1000 m und mehr erreichen und sehr weiträumig ausgebildet sein. Bekannte Beispiele für Flutbasalte sind das Columbia-Plateau in den USA, das Dekkan-Plateau in Indien oder die Karoo-Basalte Südafrikas. In Europa sind Flutbasalte auf Island, in Irland oder in Südschweden zu finden.

Lavatypen

Fließende Lava tritt in drei Grundformen auf. Strick- oder seilartig geformte Lava entsteht, wenn die Oberfläche dünnflüssiger basaltischer Lava beim hangabwärtigen Fließen abkühlt und zu einer dünnen, glasigen Haut erstarrt. Die Schmelze fließt unter der Haut weiter und schiebt jene zu strickartigen Wülsten zusammen. Dieser Lavatyp wird nach einem polynesischen Ausdruck für „strick-" oder „seilartig" als **Pahoehoe-Lava** bezeichnet. Wenn die ausfließende Schmelze weniger heiß und weitgehend entgast ist, wird sie zäher und bewegt sich langsamer als Pahoehoe-Lava. Dabei entsteht eine dicke Kruste an ihrer Oberfläche, die bei der weiteren Bewegung im Inneren in raue und scharfkantige Fragmente zerbricht. Man nennt diesen Vorgang der Fragmentierung auch Autobrecciierung. Der zugehörige Lavatyp wird **Aa-Lava** genannt – nach den Geräuschen, die man von sich gibt, wenn man barfuß über die Lava läuft. Ein einziger Lavastrom kann in der Nähe des Ausbruchsortes die Form von Pahoehoe-Lava haben und in größerer Entfernung mit zunehmender Abkühlung und Krustendicke schließlich als Aa-Lava in Erscheinung treten. Der dritte Lavatyp ist die **Pillow-** oder **Kissenlava**. Sie bildet rundliche bis elliptische, kissenförmige Gesteinspakete und entsteht, wenn basaltische Lava subaquatisch bei niedriger Effusionsrate austritt. Dabei wird die Oberfläche der Lava durch den Kontakt zum kalten Wasser zu vulkanischem Glas abgeschreckt. Pillow-Lava ist eine typische Erscheinung an Mittelozeanischen Rücken (s. Kap. 2.3).

Vulkanogene Lockerstoffe

Insbesondere beim explosiveren Vulkanismus wird neben Lava auch vulkanisches Lockermaterial gefördert, transportiert und abgelagert. Man bezeichnet sie als **Pyroklasten** oder Tephra, und sie sind hinsichtlich ihrer Größe und Ausmaße sehr variabel. Das unverfestigte Feinmaterial mit einer Größe von weniger als 2 mm wird **Asche** genannt. **Lapilli** (Singular: Lapillus) haben einen Durchmesser von 2–64 mm, größere Fragmente heißen **Bomben**, wenn sie eine mehr runde Form haben, und **Blöcke**, wenn sie eckig ausgebildet sind. Das geförderte Material besteht zum Großteil aus Gesteins- und Kristallbruchstücken sowie blasigen Glasfetzen. Nach der Ablagerung kann es zur Lithifizierung des unverfestigten Materials kommen, entweder durch Verschweißen der noch heißen Bruchstücke unmittelbar nach der Deposition oder zu einem späteren Zeitpunkt durch „Zementierung". Verfestigte Asche nennt man **Tuff**, umgelagertes vulkaniklastisches Gestein **Tuffit** und bei größeren Bestandteilen spricht man von vulkanischen oder pyroklastischen **Breccien**.

Vulkantypen

Die Zusammensetzung der Schmelze und die jeweiligen Förderbedingungen führen an der Erdoberfläche zu unterschiedlichen Vulkantypen, die jedoch stets entweder auf Spalteneruptionen (**Spaltenvulkan**) oder Zentraleruptionen (**Zentralvulkan**) zurückzuführen sind. Bei der **Spalteneruption** tritt Magma aus einer tief reichenden Spalte oder Spaltenzone über größere horizontale Distanzen aus. Die Mittelozeanischen Rücken sind Bereiche, an denen Lava typischerweise in Form von Spalteneruptionen gefördert wird. Auch die Plateau- oder Flutbasalte entstehen zumeist durch Spalteneruptionen. Wenn an Spalteneruptionen pyroklastisches Material austritt, können ausgedehnte Tuffdecken zur Ablagerung gelangen. Werden diese zu einem Festgestein verschweißt, so bezeichnet man dieses als Ignimbrit. Im Gegensatz dazu wird bei einem Zentralvulkan bzw. bei der Zentraleruption Lava oder pyroklastisches Material an einem zentralen Schlot gefördert. Dieser speist sich durch ein eng begrenztes Magmenzufuhrsystem, das sich in unterschiedlichen Tiefen (von der Kruste-Mantel-Grenze bis dicht unter die Erdoberfläche) befinden kann. Im Gipfelbereich des Vulkans ist häufig ein Hauptkrater ausgebildet, bei größeren Vulkanen können auch mehrere vorhanden sein. Die Hänge können von Spalten und kleineren Kratern, so genannten Parasitärkratern, durchsetzt sein.

Schildvulkane entstehen, wenn aus einem Zentralkrater wiederholt dünnflüssige basaltische Lava ruhig und weiträumig ausfließt. Sie zeichnen sich durch ein sehr niedriges Höhen-Durchmesser-Verhältnis bzw. durch ihre sehr geringe Hangneigung von lediglich etwa 6–10° aus. Wenn sich mehrere Lavaströme übereinander stapeln, können äußerst mächtige Vulkanbauten mit Höhen von mehreren tausend Metern entstehen. Der Mauna Loa und der Mauna Kea sind zwei hawaiianische Schildvulkane mit einer Höhe von jeweils über 4000 m ü. NN. Nimmt man den Meeresboden anstelle des Meeresspiegels als Bezugsbasis, so beträgt die Gesamthöhe des Mauna Loa etwa 10 km; er ist somit der höchste „Berg“ bzw. die höchste Erhebung der Erde.

Schlackenkegel (auch: Aschenkegel, Aschen- oder **Schlackenvulkan**) entstehen häufig im Zuge strombolianischer Eruptionstätigkeit, und zwar immer dann, wenn aus einem Vulkanschlot durch Gase fragmentiertes Lockermaterial gefördert wird. Während der Zentralbereich durch fest verschweißte Schlacken aufgebaut wird, besteht der Rest des Kegels aus Lockermaterial. Das konkave Profil des Vulkankegels resultiert aus dem maximalen Böschungswinkel, die Hangneigung liegt bei etwa 30–35°. Die größeren Fragmente werden weniger weit herausgeschleudert als das Feinmaterial. Sie finden sich demnach in Gipfelnähe und bilden steilere, standfestere Hänge mit Hangneigungen bis 40°. Am Unterhang dominiert feineres Material mit entsprechend flacheren Hängen. Schlackenkegel haben in der Regel eine Höhe von einigen zehn bis wenigen hundert Metern und sind die am weitesten verbreiteten Landvulkane. Aufgrund ihrer Struktur sind Schlackenkegel nicht besonders abtragungsresistent und werden demzufolge nach dem Ende ihrer Aktivität in verhältnismäßig kurzer Zeit wieder abgetragen.

Im Gegensatz zu den beiden zuvor betrachteten Vulkantypen, die entweder aus Lava oder aus pyroklastischem Material aufgebaut sind, zeichnen sich die **Schicht-** oder **Stratovulkane** durch alternierende Schichten von Lava und Pyroklastika aus. Es sind komplexe, langlebige Vulkangebäude, die sich oft mehrere Kilometer über ihre Umgebung erheben. Ihre Form ist kegelförmig mit steilen, mehr oder weniger konkav ausgebildeten Hängen. Sie entstehen häufig in Gebieten, in denen über längere Zeit größere Mengen an differenzierten Magmen gefördert werden. So können sowohl große plinianische Eruptionen als auch wenig explosive Ausbrüche mit Ausfluss zäher Laven auftreten. Viele der großen und bekannten Vulkane wie Fujiyama, Vesuv, Ätna oder Mt. St. Helens sind Stratovulkane. Da saure Schmelzen sehr zähflüssig sind, können sie kaum zur Seite abfließen, so dass sich vulkanische Dome bilden.

Bei Kryptodomen oder **Quellkuppen** handelt es sich um eine Form, die eigentlich dem Plutonismus zuzuordnen ist, da das aufsteigende Magma nicht bis an die Erdoberfläche empor dringt, sondern als subvulkanische Magmenintrusion in den überdeckenden Schichten stecken bleibt und diese aufwölbt. Nach Abtragung der überlagernden Sedimentschichten kann die Intrusion als Härtling aus der Umgebung herauspräpariert werden. Bei Lavadomen oder **Staukuppen** erreicht das Magma zwar die Erdoberfläche, breitet sich aber aufgrund seiner Viskosität nicht zur Seite aus und erstarrt in Form einer kuppel- bis nadelförmigen Extrusion. Durch vulkanische Dome werden Förderschlote plombiert, so dass die eingeschlossenen Gase verheerende Explosionen hervorrufen können. Wenn aus einer Magmakammer im Zuge heftiger hawaiianischer oder plinianischer Eruptionen große Mengen an Material gefördert werden, bilden sich im Untergrund Hohlräume, in die der vulkanische Überbau häufig blockartig nachsackt. Die dabei entstehende steilwandige, meist kreis- bis ellipsenförmig und häufig von Abschiebungen polygonal begrenzte Hohlform, die als **Caldera** bezeichnet wird, erreicht Durchmesser von bis zu mehreren zehn Kilometern. **Maare**, ebenfalls vulkanische Hohlformen, entstehen monogenetisch als Sprengtrichter durch phreatomagmatische Explosionen immer dann, wenn das Magma in Kontakt mit dem Grundwasser gerät. Dabei werden Magma und Nebengestein fragmentiert und als pyroklastisches Material aus dem Schlot ausgeworfen. Um die Austrittsöffnung herum wird häufig ein flacher Asche- bzw. Tuffring abgelagert. Vielfach werden die Hohlformen der Maare durch Niederschlagswasser verfüllt, so dass sich Maarseen bilden. Maare sind die charakteristische Form des Vulkanismus in der Eifel und die häufigste Vulkanform der Kontinente. Im Zuge von Vulkanausbrüchen können sich so genannte **Lahare** entwickeln, Schlamm- und Schuttströme aus wassergesättigtem vulkanischem Material. Sie fließen bis zu mehrere zehn Kilometer weit und transportieren Gesteinsblöcke von beträchtlichen Dimensionen. Als 1985 der Nevado del Ruiz in Kolumbien ausbrach, wurden durch Abschmelzen des Gletschereises Lahare ausgelöst, die eine 50 km entfernte Stadt unter sich begruben und mehr als 20.000 Menschenleben forderten.

Postvulkanische Erscheinungen

In engem Zusammenhang zu vulkanischer Tätigkeit steht das Auftreten von Thermalwässern und vulkanischen Gas- und Dampfexhalationen, die man als **Fumarolen** bezeichnet. Sie können auch noch sehr lange nach dem Ende der vulkanischen Tätigkeit auftreten. Spezielle Typen von Fumarolen sind die schwefelhaltigen **Solfataren** und die CO_2-reichen **Mofetten**. Als **Thermalwasser** bezeichnet man erhitztes Grundwasser, dessen gelöste Stoffe beim Austritt an die Erdoberfläche ausfallen und oftmals Sinterkrusten bilden. **Geysire** entstehen, wenn sich Thermalwasser im Untergrund am heißen Gestein überkritisch aufheizt, so dass in mehr oder weniger regelmäßigen Abständen eine Fontäne aus Wasserdampf und überhitztem Wasser emporschießt.

Häufigkeit und räumliche Verteilung von Vulkanen

Von den heute 500 bis 600 aktiven Vulkanen der Erde treten etwa 80% an konvergierenden, 15% an divergierenden Lithosphärenplattengrenzen und nur 5% innerhalb der Platten auf. Im Bereich **divergierender Plattengrenzen**, also an den kontinentalen Riftzonen und den Mittelozeanischen Rücken, werden vorwiegend basische Schmelzen gefördert. An den Mittelozeanischen Rücken wird durch die Förderung der basaltischen Schmelzen neuer Meeresboden gebildet. An den Subduktionszonen verlaufen Vulkanketten vielfach parallel zur **konvergierenden Plattengrenze**. Dabei ist der Chemismus der Magmen deutlich variabler als an den Mittelozeanischen Rücken. Bei der Subduktion spielen verschiedene Schmelzprozesse (Erniedrigung der Schmelztemperatur im Oberen Mantel der überfahrenden Platte durch Wassereinlagerung in den Ozeanbodensedimenten der subduzierten Platte, Aufschmelzen der Sedimente des Ozeanbodens, partielles Aufschmelzen der Kruste der Oberplatte durch aufsteigende Magmen) eine Rolle, deren Interaktion letzten Endes die Zusammensetzung des Magmas bestimmt, so dass neben basischem Vulkanismus mit der Förderung von Basalten oder Andesiten auch das Auftreten saurer Rhyolithe möglich ist. Im Gegensatz zum Vulkanismus an den Plattengrenzen war das Auftreten von Vulkanen im Bereich von Platten (**Intraplattenvulkanismus**) lange Zeit nur schwer mit der Theorie der Plattentektonik zu vereinbaren. An der Erdoberfläche beschränkt sich die Aktivität dieser als Hot Spots (s. Kap. 2.3) bezeichneten Vulkane auf 100–200 km^2 große, quasistationäre Areale. Sie werden als Manteldiapire (mantle plumes) gedeutet, deren Schmelzen von der Erdkern-Erdmantelgrenze aufsteigen. Durch den Aufstieg eines „Plume" bilden sich im obersten Erdmantelabschnitt Magmenkammern, aus denen Magma in die Lithosphäre eindringt.

Intrusivkörper

Im Gegensatz zu den Vulkanen sind **Plutone** große Tiefengesteinskörper mit bis zu mehreren 100 km Durchmesser. Sie bestehen meist aus granitischen oder verwandten Plutoniten, die sich deutlich vom intrudierten Nebengestein unterscheiden. Allerdings kann Nebengestein im Zuge der Granitisierung durch Schmelzprozesse und den Einfluss von Lösungen und Gasen in Granit umgewandelt werden, so dass sich ein fließender Übergang ergibt. Die Platznahme des Magmas erfolgt zumeist in großen Tiefen (etwa 8–10 km). Dabei ist es möglich, dass größere, als Xenolithe (Fremdgestein) bezeichnete Blöcke aus dem Nebengestein gelöst werden und im Magma absinken. Diese können ebenso wie das angrenzende Nebengestein aufgeschmolzen werden und so lokal die Zusammensetzung des Magmas verändern.

Bei den Plutonen unterscheidet man nach ihrer Form und Größe verschiedene Typen. Die größten Intrusivkörper mit einer Ausdehnung von mehr als 100 km^2 und häufig nicht bekannter Tiefe werden **Batholithe** genannt, bei entsprechend geringerer Ausdehnung und größerer Nähe zur Erdoberfläche spricht man von **Stöcken**. Die großen Batholithe bestehen in der Regel aus einer Vielzahl von Intrusionen und weisen auf lange Bildungszeiträume hin. Sowohl Batholithe als auch Stöcke sind diskordante Plutone, da sie die Schichten des Nebengesteins durchschlagen, wobei sich ihre Außenbegrenzung nicht am Schichtenbau des Nebengesteins orientiert. Im Gegensatz hierzu ist der Verlauf der Ränder einer konkordanten Intrusion eng an den Schichtenbau des Nebengesteins angelehnt. **Lakkolithe** sind Intrusivkörper mit ebener Unterseite und einer aufgewölbten Oberseite. Das meist saure, zähflüssige Magma zwängt sich zwischen Schichtgrenzen von Sedimenten und wölbt dabei das Hangende auf. **Lopolithe** sind dagegen zum Zentrum hin „eingedellt", so dass ihre Form an eine Untertasse erinnert. Wenn Magma gangförmig in einen Pluton oder seine Nebengesteine eindringt, bilden sich **Ganggesteine**. Die konkordant gelagerten Lagergänge oder Sills entstehen durch das Eindringen zwischen die Schichten des Nachbargesteins, bei diskordanter Lagerung und durchschlagenem Nebengestein spricht man von Gängen oder Dykes.

2.6 Geologische Zeiteinheiten

Aus der Untersuchung von Gesteinen und ihrer Lagerung entwickelten Geologen im 19. und 20. Jahrhundert eine geologische Zeitskala, d.h. eine dem **relativen Alter** entsprechende Zeitrechnung der Erdgeschichte. Jeder zeitliche Abschnitt (**stratigraphische Einheit**) auf der Skala entspricht einer bestimmten Abfolge von Gesteinen bzw. Schichten und Fossilien. Angaben zur relativen zeitlichen Einordnung von Gesteinen bzw. Schichten werden sowohl durch die Lageregel – das stratigraphische Prinzip nach dem stratigraphischen Grundgesetz von STENO (1669), dass jüngere Gesteine bzw. Schichten über älteren abgelagert wurden (**Lithostratigraphie**) – möglich, als auch durch die Parallelisierung von lokalen und globalen Fossilüberlieferungen (**Biostratigraphie**), die darüber hinaus die Rekonstruktion der Entstehung, der Entwicklung und des Aussterbens von Tier- und Pflanzenarten im Laufe der Erdgeschichte ermöglichen. Bei der Bewertung der geologischen Zeitskala, insbesondere bei der Korrelation mit der zeitlichen Abfolge geologischer Ereignisse, ist zu berücksichtigen, dass die Informationen mit zunehmendem Alter der Gesteine und Fossilien lückenhafter werden. Im Gegensatz zum relativen zeitlichen Bezugsrahmen, der sich aus den Untersuchungen der Stratigraphie und der Fossilien ergibt, erlauben seit rund 100 Jahren radiometrische Datierungen die Bestimmung der **absoluten Alter** der einzelnen Abschnitte der Zeitskala.

Die geologische Skala wird in vier stratigraphische Einheiten mit jeweils unterschiedlicher Zeitdauer untergliedert: **Äon**, **Ära**, **Periode** und **Epoche** bzw. Abteilung (vgl. Abb. 10). Die Zeitdauer eines Äons ist am längsten, eine Epoche/Abteilung kennzeichnet dagegen einen erheblich kürzeren Zeitraum der Erdgeschichte.

Geologische Zeitskala

Das älteste **Äon**, das **Archaikum** umfasst die ältesten derzeit bekannten Gesteine, deren Alter auf rund 4,6 Mrd. Jahre datiert wurden, sowie die ersten, nur wenig nachweisbaren Lebensspuren (Algen, primitive Einzeller). Es reichte zeitlich bis vor rund 2,5 Mrd. Jahren. Am Ende des folgenden Äon, dem **Proterozoikum** (2,5 Mrd. bis 570 Mio. Jahre vor heute), erreichte der Sauerstoffgehalt der irdischen Atmosphäre annähernd seinen heutigen Wert und Fossilien zeigen die erste Entwicklung höherer Lebensformen. Das **Phanerozoikum**, aus dem griech. phaneros: sichtbar, deutlich und zoon: Lebewesen, schließlich ist das jüngste Äon und bezeichnet den Zeitraum der Erdgeschichte seit rund 570 Mio. Jahren bis heute. Es wird in drei **Ären** gegliedert: Paläozoikum, Mesozoikum und Känozoikum, diese wieder in Perioden. Perioden werden in Abteilungen (in anderen Sprachen als Serien bezeichnet) – zeitlich Epochen –, diese wieder in Stufen und weiter in Zonen untergliedert. **Periode** bezeichnet eine meist in einem längeren Zeitraum der Erdgeschichte durch Ablagerung entstandene Schichtenfolge, die durch die darin enthaltenen, nur für diesen Zeitraum

Äon	Ära	Periode	Abteilung	MA (Mio. Jahre)
Phanerozoikum	Känozoikum	*Quartär*	Holozän Pleistozän	1,8
		Tertiär	Pliozän Miozän Oligozän	23
			Eozän Paläozan	65
	Mesozoikum	*Kreide*	obere untere	135
		Jura	Malm Dogger Lias	200
		Trias	Keuper Muschelkalk Buntsandstein	250
	Paläozoikum	*Perm*	Zechstein Rotliegendes	295
		Karbon	Ober- Unter-	355
		Devon	oberes mittleres unteres	410
		Silur		435
		Ordovizium	oberes mittleres unteres	488
		Kambrium	Furongium Serie 3 Serie 2 Serie 1	542
Präkambrium	Proterozoikum	*Neoproterozoikum*		1000
		Mesoproterozoikum		1600
		Paläoproterozoikum		2500
	Archaikum	*Neoarchaikum*		2800
		Mesoarchaikum		3200
		Paläoarchaikum		3600
		Eoarchaikum		ca. 4600
Geschätzte Entstehung der Erde				

Abb. 10: Erdzeittafel (eigener Entwurf)

charakteristischen Fossilien, den **Leitfossilien**, gekennzeichnet ist. Im gleichen Zeitraum in die Schichtenfolge eingedrungene Magmatite werden ebenfalls der jeweiligen Periode zugerechnet. Nomenklatorisch sind die Bezeichnungen der Perioden häufig an Regionen angelehnt, in denen die geologischen Schichten erstmals beschrieben wurden oder besonders eindrucksvoll entwickelt sind (**Typlokalitäten**), so z.B. Kambrium (römische

Bezeichnung für Nordwales), Devon (Grafschaft in England), Perm (ehem. russ. Gouvernement im Ural), Jura (franz.-schweizer. Juragebirge) oder charakteristische Gesteinsmerkmale führten zur Bezeichnung, so beim Muschelkalk oder Keuper.

Um die zeitliche Dimension der Entwicklung der Erde, wie sie in der geologischen Zeitskala dargestellt ist, zu veranschaulichen, bietet sich der Vergleich der zeitlichen Abfolge der Erdgeschichte mit einem Kalenderjahr an: Die Erde entsteht am 1. Januar und erstes primitives Leben entwickelt sich etwa ab dem 21. Februar. Am 25. Oktober beginnt mit der Ära des Paläozoikums die Entwicklung höherer Lebensformen. Seit dem 6. Dezember entwickeln sich Reptilien, während die Dinosaurier bereits am ersten Weihnachtstag aussterben. Unsere Spezies erscheint am Silvestertag um 23.00 Uhr erstmals, um 23.58 Uhr und 50 Sekunden beginnt vor rund 10.000 Jahren das Holozän, die jüngere Abteilung des Quartärs, und das Mittelalter geht eine dreihundertstel Sekunde vor Mitternacht zu Ende.

3 Minerale und Gesteine

3.1 Minerale

Kristall- und Mineralbegriff

Im Gegensatz zur Atmosphäre, in der ein gasförmiger Aggregatzustand vorherrscht, überwiegt in der Lithosphäre der feste Aggregatzustand, d.h. die dort vorkommenden Stoffe sind aus Kristallen aufgebaut. **Kristalle** stellen in der Regel von ebenen Flächen begrenzte und homogene Körper dar, deren chemische Bausteine eine geometrisch regelmäßige Verteilung im Raum aufweisen. Die Kristalle, die als anorganische Körper in der Erdkruste auftreten, werden als Minerale bezeichnet. **Minerale** sind damit die physikalisch und chemisch homogenen Bestandteile der Lithosphäre.

Kristallisation erfolgt bei der Abkühlung einer magmatischen Schmelze oder durch Abscheidung von Kristallen aus einer wässrigen Lösung. Darüber hinaus können sich im Zuge der Gesteinsmetamorphose (s. Kap. 3.2) oder durch Meteoriteneinschlag neue Minerale aus dem vorhandenen Stoffbestand oder durch Umkristallisation bilden. Bei der Kristallisation werden die atomaren Bestandteile des gasförmigen oder fluiden Umfelds in die jeweilige Kristallstruktur eingebaut, so dass ein Kristallgitter aus Anionen und Kationen entsteht, das Mineral ist also **kristallin**. Ist eine derartige Anordnung der Atome nicht realisiert, und die Atome weisen keinen erkennbaren Ordnungszustand auf, wird das entsprechende Mineral als **amorph** bezeichnet.

Minerale mit dem gleichen Chemismus können sowohl kristallin (SiO_2 → Quarz) als auch amorph (SiO_2 → Kieselgel) vorliegen. Varietäten ergeben sich aus geringfügigen Abweichungen wie Verfärbungen innerhalb einer Mineralart. So ist beispielsweise Bergkristall eine farblose, Citrin eine gelbe und Amethyst eine violette Quarzvarietät. Modifikationen besitzen zwar ebenfalls eine einheitliche chemische Zusammensetzung, allerdings unterscheiden sie sich in ihren kristallographischen Eigenschaften. Das Auftreten eines Elements oder einer Verbindung in verschiedenen Modifikationen nennt man Polymorphie. Dabei sind die äußeren Bildungsbedingungen – in erster Linie Druck und Temperatur – für die Ausbildung der Kristallstruktur und der entsprechenden Minerale verantwortlich. Graphit und Diamant sind Modifikationen des Kohlenstoffs. Häufig werden einzelne Elemente durch andere Elemente mit ähnlichem Atomradius und vergleichbarem chemischen Verhalten ersetzt, so dass Minerale mit gleicher Kristallstruktur, aber variabler chemischer Zusammensetzung entstehen. In diesem Fall spricht man von **Diadochie**.

Da Reinverbindungen in der Natur äußerst selten vorkommen, beschreiben die chemischen Formeln der Minerale lediglich eine idealisierte Ausprägung. Eine Sonderstellung nimmt Quecksilber als flüssiges Mineral ein. Minerale können für die Forschung oder für technische Zwecke auch synthetisiert werden, allerdings gelten diese nicht als Minerale i.e.S. (siehe oben Definition). Das Kristallgitter ist von entscheidender Bedeutung für die physikalischen Eigenschaften der Minerale. Die häufigsten – und als

Ausgangsmaterial der Minerale und Gesteine wichtigsten – **Elemente der Erdkruste** sind Sauerstoff (47,0 Massen-%), Silizium (26,9), Aluminium (8,1), Eisen (5,1), Calcium (5,0), Magnesium (2,3), Natrium (2,1) und Kalium (1,9). Minerale können aus einem einzigen Element (z. B. Gold oder Schwefel) oder aus einer Verbindung von Elementen bestehen.

Mineraleigenschaften

Die **Härte** eines Minerals ist ein Maß für den Widerstand gegen mechanische Beanspruchung. Sie wird im einfachsten Fall als Ritzhärte nach der Mohsschen Härteskala ermittelt, welche die Härtegrade 1 (Talk) bis 10 (Diamant) umfasst. Dabei wird festgestellt, welche Prüfkörper bzw. Standardmineralien ein zu untersuchendes Mineral gerade noch ritzen kann. Beispielsweise können Materialien bis Härte zwei mit dem Fingernagel geritzt werden, ein Taschenmesser ritzt etwa bis Härte 5, ab Härtegrad 6 wird vom entsprechenden Mineral Fensterglas geritzt. Neben der Härte sind **Spaltbarkeit** und **Bruchverhalten** wichtige Merkmale bei der Mineralbestimmung. Härte und Spaltbarkeit hängen eng mit dem Bau des Kristallgitters zusammen. Weitere elementare Eigenschaften sind Kristallform/-system, Glanz, Farbe, Strichfarbe, Transparenz, Dichte und Oberflächenbeschaffenheit.

Gesteinsbildende Minerale

Von insgesamt etwas mehr als 3500 bekannten Mineralen zählen rund 250 zu den Mineralen, die Mineralaggregate von statistischer Regelmäßigkeit und geologischer Selbstständigkeit und damit Gesteine bilden. Sie werden als gesteinsbildende Minerale bezeichnet. Von diesen Mineralen sind wiederum etwa 40 maßgeblich am Aufbau der Gesteine der Erdkruste und des Erdmantels beteiligt: Kalifeldspat und Plagioklas mit 51%, Pyroxen und Amphibol mit 16%, Quarz mit 12%, Glimmer mit 5%, Tonminerale und Chlorit mit 4,6% sowie Olivin mit 3% gehören zur wichtigsten Gruppe der gesteinsbildenden Minerale, den Silikaten.

Silikate

Diese bestehen aus den beiden häufigsten Elementen der Erdkruste, Silizium und Sauerstoff, und umfassen etwas mehr als 90% aller gesteinsbildenden Minerale. Grundbaustein aller Silikatminerale ist das pyramidenförmige **SiO_4-Tetraeder**, wobei ein zentrales Siliziumion von vier Sauerstoffionen umgeben ist. Das Silizium kann bei einigen Mineralen wie den Feldspäten oder den Amphibolen zu einem bestimmten Grad durch Aluminium ersetzt sein. Meist sind am Aufbau von Silikaten weitere häufige Elemente beteiligt. Entsprechend der räumlichen Anordnung der SiO_4-Tetraeder unterscheidet man Insel-, Gruppen-, Ring-, Ketten-, Doppelketten-, Band-, Schicht- und Gerüstsilikate.

Bei den **Inselsilikaten** (oder Nesosilikaten) bestehen die Silikatstrukturen aus getrennten SiO_4-Tetraedern. Zwischen den einzelnen Tetraedern werden keine gemeinsamen Sauerstoffbrücken ausgebildet, die Verknüpfung erfolgt über dazwischen liegende Kationen. Inselsilikate sind an der Erdoberfläche verhältnismäßig verwitterungsanfällig und am Aufbau des Erdmantels in Form von **Olivin** und **Granat** wesentlich beteiligt. Weitere Vertreter stellen Zirkon, Andalusit oder Topas dar.

Im Gegensatz zu den Inselsilikaten sind bei **Gruppensilikaten** zwei Tetraeder an einer Ecke über eine Sauerstoffbrücke miteinander verknüpft, so dass Doppeltetraeder entstehen (z. B. Epidot und Melilith).

Ringsilikate zeichnen sich durch die ringförmige Verknüpfung der SiO_4-Tetraeder zu Dreier-, Vierer- oder Sechserringen an je zwei Brückensauerstoffen aus. Bekannte Beispiele stellen **Turmalin** und **Beryll** dar, der je nach Färbung auch als Smaragd (grün) oder Aquamarin (blau) bezeichnet wird.

Ebenfalls über zwei gemeinsame Brückensauerstoffe verknüpft werden die SiO_4-Tetraeder bei den **Kettensilikaten** mit Einfachkettenstruktur. Die Spitzen benachbarter Tetraeder sind dabei im „Zickzack" gegeneinander versetzt. Die Verknüpfung mit anderen Ketten wird über Kationen erreicht. Wichtige Vertreter dieser Mineralgruppe sind die **Pyroxene**. Werden einzelne Ketten über Brückensauerstoffe miteinander verbunden, spricht man von Doppelketten- oder Bandsilikaten. Zu ihnen zählt die Amphibol-Gruppe. Als wichtige Erdmantelminerale sind Pyroxene unter den Bedingungen der Erdoberfläche wenig stabil und somit verwitterungsanfällig.

Schichtsilikate (oder Phyllosilikate) bestehen aus einer Wechsellagerung von SiO_4-Tetraederschichten und Hydroxidlagen mit Oktaederstruktur. Dabei sind die einzelnen Tetraeder auf einer Ebene an jeweils drei Ecken flächenhaft miteinander vernetzt. Die wichtigsten Schichtsilikate sind **Tonminerale** und **Glimmer** (Muscovit → weißer Glimmer, Biotit → dunkler Glimmer). Zweischicht-Tonminerale bestehen aus einer Tetraeder- und einer Oktaeder-Schicht, wie z. B. Kaolinit. Bei den Dreischicht-Silikaten wie Glimmer oder dem Tonmineral Smektit ist eine zentrale Oktaeder-Lage von zwei Tetraederschichten umschlossen. Aus diesem Bauplan resultieren die blättchenartige Struktur und die vollkommene Spaltbarkeit der entsprechenden Minerale. Smektite sind aufgrund ihrer Struktur quellfähig, d. h. sie sind dazu fähig, in den Zwischenschichten Kationen, Moleküle oder Wasser einzulagern. An den Oberflächen können darüber hinaus Kationen durch Adsorption angelagert werden. Aufgrund ihrer Eigenschaften spielen Tonminerale im Zusammenhang mit Verwitterung und Bodenbildung eine wichtige Rolle.

Bei den **Gerüstsilikaten** sind die SiO_4-Tetraeder schließlich an allen vier Ecken miteinander verknüpft. Zu ihnen gehören die häufigsten Minerale der Erdkruste, Feldspäte und Quarz. **Quarz** ist zwar ein Silizium-Oxid, wird aber aufgrund seiner Struktur zu den Gerüstsilikaten gerechnet. Er ist besonders hart und verwitterungsresistent, da in seinem Kristallgitter keine vorgezeichneten Schwachstellen existieren. Infolgedessen ist Quarz ein sehr häufiges Material in Sedimenten und in Residuen der Gesteinsverwitterung. Bei den **Feldspäten** unterscheidet man Orthoklase (Kalifeldspäte, $K[AlSi_3O_8]$) und Plagioklase (Kalzium-Natrium-Feldspäte). Diese bilden eine auf den Na/Ca-Anteilen beruhende Mischkristallreihe, die sich zwischen den reinen Mischungsendgliedern Albit ($Na[AlSi_3O_8]$) und Anorthit ($Ca[AlSi_3O_8]$) erstreckt. Mischkristallreihe bedeutet, dass bestimmte chemische Bereiche der Mischung (bei den Plagioklasen entscheidet die Mischung von Na und Ca) mit eigenen Namen belegt werden. Feldspäte besitzen eine gute Spaltbarkeit und verwittern bei recht hoher Anfälligkeit zu Tonmineralen. Ebenfalls zu den Gerüstsilikaten gehören die in Magmatiten mit geringem SiO_2-Gehalt vorkommenden Feldspatvertreter wie z. B. Leucit oder Nephelin. Die Resistenz der wichtigsten Minerale gegen Verwitterung verdeutlicht dies.

Carbonate, Oxide, Sulfide, Sulfate

Neben den Silikaten spielen als gesteinsbildende Minerale Carbonate, Oxide, Sulfate und Sulfide nur eine untergeordnete Rolle. Hauptbestandteil der Carbonate ist das Mineral Calcit (Calciumcarbonat $CaCO_3$). Dolomit

Mineralgruppe		Mineral	
Strukturtyp		**Struktur**	**chem. Zusammensetzung**
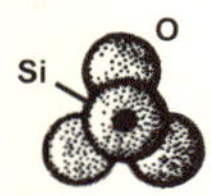	Inselsilikate $[SiO_4]^{4-}$	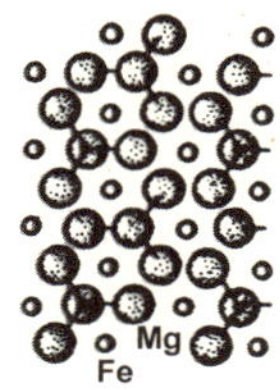	Olivin $(Mg, Fe)_2[SiO_4]$
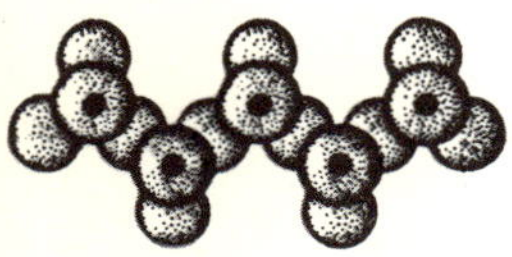	Kettensilikate einfache Kette $[Si_2O_6]^{4-}$	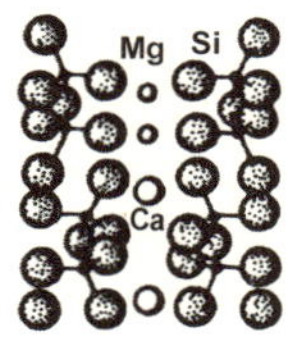	Augit $(Ca, Mg, Fe)_2[(Si, Al)_2O_6]$
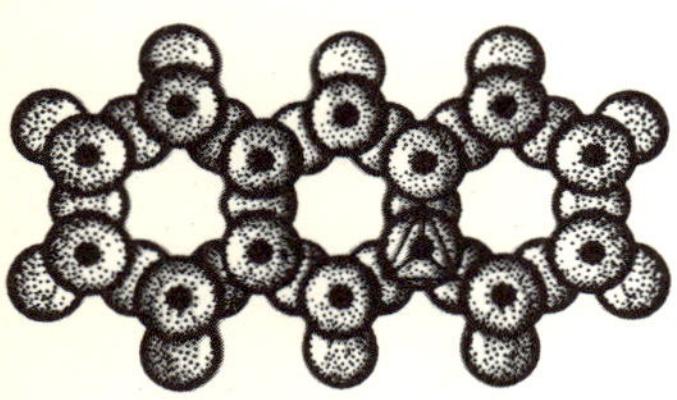	Doppelkette $[Si_4O_{11}]^{6-}$		Hornblende $Ca_2(Mg, Fe)_5$ $[(OH)_2(Si, Al)_2(Si_6O_{22})]$
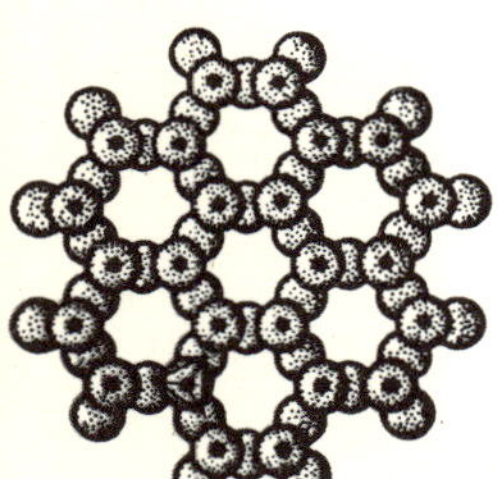	Netzsilikate $[Si_4O_{10}]^{4-}$		Glimmer Muskovit $KAl_2[(OH, F)_2/AlSi_3O_{10}]$
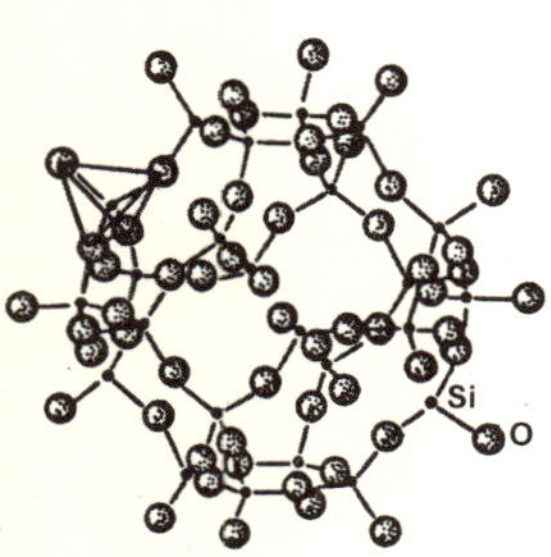	Gerüstsilikate $[SiO_4]^{4-}$ $[AlSi_3O_8]^-$	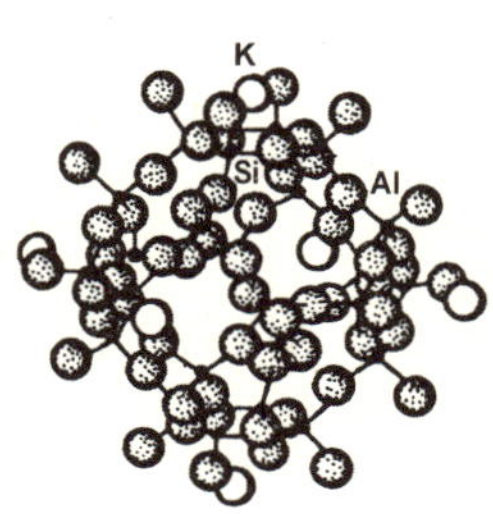	Quarz SiO_2; Orthoklas $K[AlSi_3O_8]$; Plagioklase; Albit $Na[AlSi_3O_8]$; Anorthit $Ca[Al_2Si_2O_8]$

Abb. 11: Strukturtypen von Silikaten (nach MAC ALESTER 1975 u. a.)

($CaMg[CO_3]_2$) ist ein Mineral, das neben Calcium auch Magnesium enthält. Die Mineralklasse der Oxide ist definiert als Verbindungen, in denen Sauerstoff an Atome oder Kationen anderer Elemente gebunden ist, normalerweise an Metalle wie z. B. Eisen (Fe_2O_3). Zu den Oxiden gehören die Erze der meisten Metalle. Sulfide und Sulfate sind schwefelhaltige Minerale. Zu ihnen gehören Gips und dessen wasserfreie Form, der Anhydrit.

3.2 Gesteine

Gesteine sind natürliche Gemenge verschiedener Minerale und damit Mineralaggregate. Jedoch bestehen begrenzte Teile der Lithosphäre auch nur aus einem Mineral, z. B. Gips. Ebenso können Gesteine auch aus Fragmenten von Organismenskeletten, organischen Substanzen (z. B. Bitumen), zusammengesetzt sein. Gesteine unterscheiden sich voneinander durch ihren Mineralbestand, ihre chemische Zusammensetzung, ihre physikalischen Eigenschaften (z. B. die Dichte) und ihr **Gefüge**. Das Gefüge wird durch die **Struktur** (Größe und Form der Bestandteile) und die **Textur** (räumliche Anordnung und Verbindung der Bestandteile) gekennzeichnet.

Genetische Gesteinsgruppen

Nach den Bildungsbedingungen unterscheidet man drei genetische Gruppen von Gesteinen, Magmatite (oder Erstarrungsgsgesteine), Metamorphite und Sedimentite:

- **Magmatite** bilden sich durch Abkühlung und Auskristallisation von Gesteinsschmelze, dem Magma, das aus den tieferen Abschnitten der Erdkruste oder aus dem Oberen Erdmantel stammt (s. Kap. 2.5). Dort bedingen Druck und Temperaturen, die je nach Gehalt an leichtflüchtigen Gasen und Dämpfen von 700–1500 °C reichen können, ein partielles Aufschmelzen von Gesteinen. Aufgrund ihrer Genese und daran gekoppelt ihrer Struktur werden Magmatite in Plutonite und in Vulkanite untergliedert (s. a. Kap. 2.5). Die Mineralbestandteile der **Plutonite** (Intrusivgesteine, Tiefengesteine) sind mit dem bloßen Auge zu erkennen. Sie entstehen, wenn Magma im Erdinneren aufgrund der guten Wärmeisolierung langsam abkühlt, so dass ausreichend Zeit für das ungestörte Wachstum größerer Kristalle und Minerale zur Verfügung steht. Die Struktur vollkommen auskristallisierter magmatischer Gesteine wird als **holokristallin** bezeichnet. **Vulkanite** (Effusivgesteine, Ergussgesteine) dagegen zeigen als Folge der raschen Abkühlung und Auskristallisation an der Erdoberfläche eine **porphyrische Struktur**, d. h. eine feinkörnige bis glasige Grundmasse, in der manchmal einzelne größere, noch vor der Förderung des Magmas in der Tiefe gebildete Mineraleinsprenglinge zu erkennen sind. Eine Bestimmung der einzelnen Mineralbestandteile mit dem bloßen Auge ist nicht möglich. Jedem **Tiefengestein** entspricht ein im Chemismus/Mineralbestand identisches **Ergussgestein**. Von SiO_2-reich nach SiO_2-arm sind die wichtigsten Gesteine (in der Reihenfolge: Plutonit/Vulkanit) Granit/Rhyolith, Granodiorit/Dazit, Diorit/Andesit und Gabbro/Basalt. Peridotit ist ein ultrabasisches Tiefengestein, dem nicht ohne weiteres ein Effusivgestein zugewiesen werden kann. Im Extremfall erfolgt die Abkühlung in Form einer plötzlichen Abschreckung, z.B. wenn gasarme Lava in das Meer fließt. Dann können sich nicht einmal kleine Kristalle bilden und es entsteht amorphes vulkanisches Glas: Obsidian. Bimsstein bildet sich dagegen dann, wenn die Lava über einen höheren Gasanteil verfügt. Neben der auf dem Gefüge beruhenden Einteilung der Magmatite in Plutonite und Vulkanite ermöglicht die chemische und mineralogische Zusammensetzung eine weitergehende Untergliederung. Da Silizium in der Lithosphäre sehr häufig vorkommt, sind die meisten Gesteinsschmelzen silikatisch mit **Kieselsäuregehalten (SiO_2)** von ca. 40–75% Masseprozent. Der SiO_2-Gehalt dient seit langem als einfaches chemisches Unterscheidungsmerkmal der magmatischen Gesteine mit der Unterteilung in **sauer** (> 65% SiO_2), **intermediär** (52–65% SiO_2), **basisch** (45–52% SiO_2) und **ultrabasisch** (< 45% SiO_2). Allerdings ist diese Einteilung terminologisch nicht unproblematisch, da die sauren Gesteine chemisch nicht wie Säuren und die basischen nicht wie Laugen reagieren. Grundlage moderner Klassifikationen ist der Mineralbestand. Der überwiegende Teil der Magmatite setzt sich aus wenigen Hauptmineralen zusammen. Zu diesen zählen Quarz, Feldspäte (Orthoklas und Plagioklase), Glimmer (Biotit und Muscovit), Amphibole (meist Hornblende), Pyroxene und Olivin. Dabei werden die **kieselsäurereichen Minerale** (Quarz, Feldspäte, Foide, Muscovit) bisweilen unter dem Begriff **felsisch** (von Feldspat und Silikate) zusammengefasst, während die kieselsäureärmeren (Olivin, Pyroxene, Amphibole, Biotit) als **mafisch** (Magnesium und Ferrum → lat. für Eisen) bezeichnet werden. Ultramafite verfügen über mehr als 90% mafische Minerale. Von sauer nach basisch nimmt mit dem Kieselsäuregehalt der Bestand an den hellen und leichten felsischen Mineralen zugunsten der dunklen und schwereren mafischen Minerale ab. Gleichzeitig steigt die Schmelztemperatur, während die Viskosität der entsprechenden Magmen abnimmt (s. Kap. 2.5).

	kieselsäurereich, hell, felsisch ⟶			basisch, dunkel, mafisch ⟶	ultra-basisch
Intrusivreihe	Granit	Syenit	Diorit	Gabbro Essexit, Norit	Peridotit Pyroxenit
Effusivreihe	Quarzporphyr Liparit Rhyolith	Orthoklas-porphyr Trachyt Phonolith	Porphyrit Andesit	Diabas, Melaphyr Basalt, Dolerit, Tephrit	Pikrit
Kieselsäuregehalt (Mass.-%)	70 sauer	60 intermediär		50 basisch	40 ultrabasisch

Abb. 12: Klassifikationsschema magmatischer Gesteine (eigener Entwurf)

Eine Zwischenstellung zwischen den Vulkaniten und den Plutoniten nehmen die **Ganggesteine** (s. Kap. 2.5) ein. Sie entstehen, wenn Magma aus größeren Tiefen empor dringt und dort in Störungszonen der Erdkruste, also in Klüften, Spalten oder Rissen, zu meist feinkörnigem Gestein erstarrt.

- **Metamorphite** entstehen durch Umwandlung eines Ausgangsgesteins (Eduktes) unter Beibehaltung des kristallinen Zustandes, in Gegenwart von Wasserdampf, höheren Drücken und bei Temperaturen von mehr als 300 °C. Da mit zunehmender Tiefe in der Lithosphäre Druck und Temperatur ansteigen, werden die Minerale des ursprünglichen Gesteins instabil. Gleichzeitig werden durch Lösungen Ionen oder chemische Verbindungen zugeführt, die verschiedene chemische Reaktionen verursachen. Druck, Temperatur und chemisches Umfeld erzeugen eine Umordnung der chemischen Verbindungen des Ausgangsgesteins und können zu einer Rekristallisation neuer Minerale führen. **Metamorphose** bezeichnet die Anpassung des Mineralbestands eines Ausgangsgesteins an veränderte Bedingungen, die zu einem neuen stabilen Gleichgewicht führen. Der Prozess der Metamorphose liegt, mit fließenden Übergängen, zwischen dem Prozess der Diagenese einerseits und der Anatexis andererseits. Als **Anatexis** wird das Aufschmelzen von Gesteinen bezeichnet, wobei der kristalline Zustand verloren geht. **Diagenese** dagegen kennzeichnet die Verfestigung von lockeren Sedimenten zu festen Gesteinen durch die Einwirkung von Druck, Temperatur und chemischer Lösung, jedoch in jedem Fall mit einem Intensitätsunterschied gegenüber der Metamorphose. So liegen beispielsweise die Temperaturen bei der Diagenese unter 300 °C. Metamorphosen können regional verbreitet sein oder lokal begrenzt. **Regionalmetamorphose** tritt im Zusammenhang mit einer Orogenese auf. Im Zuge der Gebirgsbildung entstehen hohe Drücke und Temperaturen, die zur metamorphen Überprägung ausgedehnter Bereiche führen. Kleinräumig wirkt sich dagegen die **Kontaktmetamorphose** aus. Dabei werden in der direkten Umgebung von Magmenintrusionen die Gesteine in erster Linie durch Temperatureinwirkung umgewandelt. Der kontaktmetamorph überprägte Bereich um eine magmatische Intrusion wird Kontakthof oder Kontaktaureole genannt. Metamorphe Gesteine (Metamorphite) können anhand unterschiedlicher Kriterien klassifiziert werden, beispielsweise nach dem Ausgangsgestein, dem Gefüge oder dem Mineralbestand. Metamorphiten, die aus einem magmatischen Edukt entstanden, wird die Vorsilbe „Ortho-“ vorangestellt, „Para-“ findet bei sedimentären Ausgangsgesteinen Verwendung. Bei der Betrachtung des Gefüges spielen der Grad der Foliation sowie Größe, Form und Anordnung der Mineralkörner eine wichtige Rolle. **Foliation** entsteht durch gerichtete Spannungen während der Metamorphose. Dabei werden die Minerale senkrecht zum Druck eingeregelt, so dass die charakteristische Schieferung entsteht. Wird z. B. ein toniges Edukt metamorph überprägt, entstehen bei niedrigem Metamorphosegrad **Tonschiefer** mit Foliation. Im Gegensatz zu den Schiefertonen, die entlang ihrer Schichtflächen brechen, spalten die Tonschiefer entlang der Foliation. **Phyllite** sind ebenfalls dünnschiefrig-blättrige und den Tonschiefern ähnliche Gesteine. **Glimmerschiefer** zeichnen sich durch auffällige Foliation und makroskopisch erkennbare Mineralkörner aus. Sie bestehen überwiegend aus Muscovit und/oder Biotit, Quarz und Feldspat. **Gneise** sind hoch metamorphe Gesteine, die aus Magmatiten oder Sedimentiten hervorgehen können. Bei den metamorphen Gesteinen, die keine Foliation aufweisen, ist der Mineralbestand das entscheidende Kriterium. Sie werden auch **Felse** genannt. Zu ihnen

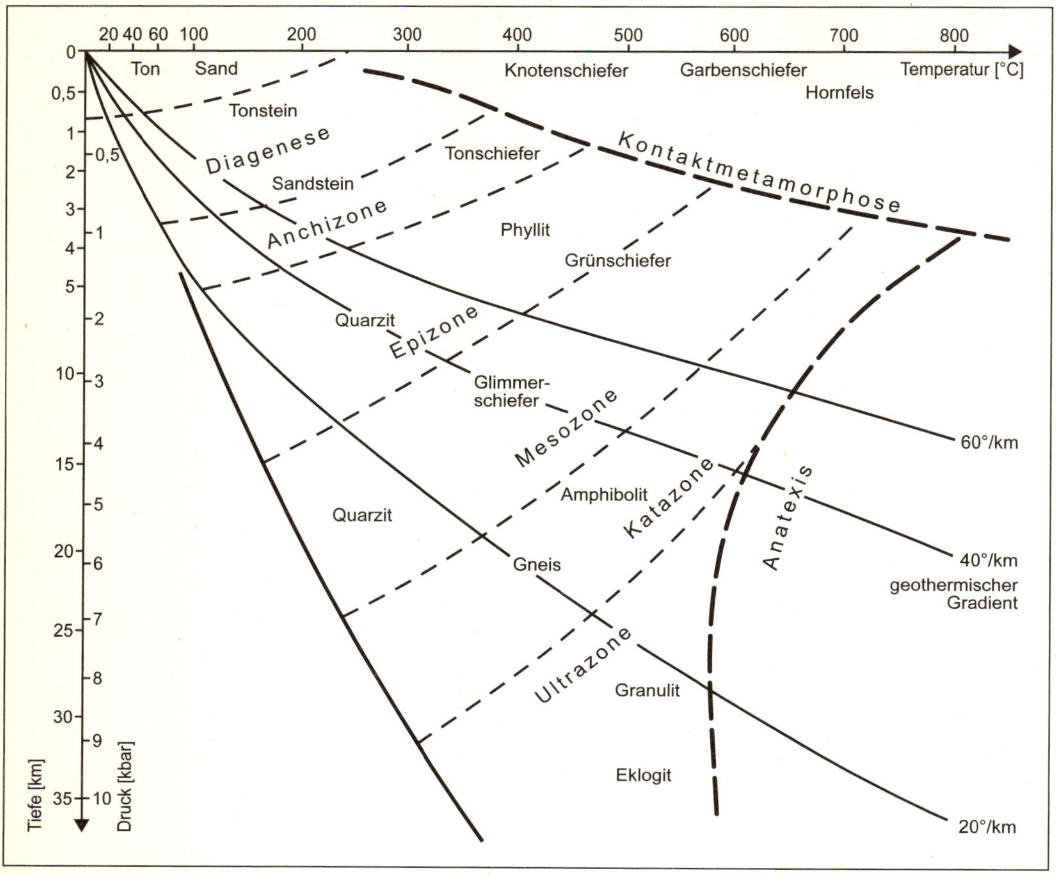

Abb. 13: Druck- und Temperaturabhängigkeiten metamorpher Gesteine (nach SCHWAB 1997, S. 72)

zählen Quarzite, deren Edukte quarzreiche Sandsteine sind, oder Marmor als Umwandlungsprodukt von Kalksteinen und Dolomiten.

- **Sedimentgesteine (Sedimentite):** Wenn Gesteine unter dem Einfluss exogener Kräfte verwittern, entstehen feste und gelöste Zersatzprodukte sowie neue Minerale. Werden diese durch Wasser, Eis, Wind oder Gravitation abtransportiert und an anderer Stelle wieder abgelagert, dann werden diese Akkumulationen von Lockermaterial als Sedimente bezeichnet. Aus ihnen gehen durch Verfestigung die Sedimentite (Ablagerungsgesteine) hervor. Obwohl Sedimente und Sedimentite mit lediglich 8% am Aufbau der Erdkruste beteiligt sind, bedecken sie etwa 75% der Erdoberfläche und sind für die Prozesse der Reliefformung von besonderer Bedeutung. All jene Prozesse, durch die die unverfestigten Sedimente nach der Ablagerung zu festen Sedimentgesteinen umgebildet werden, fasst man unter dem Begriff **Diagenese** zusammen. Zunächst werden die vorhandenen Sedimentschichten mit der Zeit immer wieder von neuen Ablagerungen überdeckt. Dabei wird das ältere Material zusammengedrückt und sukzessive in zunehmend größere Tiefen versenkt, vorhandenes Wasser durch die wachsende Auflast ausgepresst und die Sedimente verdichtet und kompaktiert. Zunahme von Druck und Temperatur, jedoch gegenüber der Metamorphose niedrigere Drücke (< 4 kb) und Temperaturen (< ca. 300 °C), können zu chemischen Veränderungen bis hin zur Um- und Neubildung von Mineralen führen und eine Verkittung oder Zementation des Sedimentpakets hervorrufen.

- Terrigene oder klastische und chemisch/chemisch-biogene Sedimente kennzeichnen zwei grundsätzlich verschiedene Sedimenttypen: **Klastische Sedimente** bestehen aus Gesteinsbruchstücken. Diese Ausgangsprodukte werden durch die Gesteinsverwitterung bereitgestellt, anschließend abgetragen und schließlich wieder abgelagert. Sie enthalten meist einen hohen Anteil an verwitterungsresistentem Quarz und anderen Silikatmineralen. Entsprechend der Korngröße unterscheidet man **Ton** (< 2 µm Korndurchmesser), **Schluff** oder **Silt** (2–63 µm), **Sand** (63–2000 µm), **Kies** (2–63 mm), **Steine** (63–200 mm) und **Blöcke** (> 200 mm). Nach ihrer Verfestigung werden Tone zu Tonsteinen oder bei plattiger Absonderung zu Schiefertonen, Schluff/Silt zu Schluff- oder Siltsteinen und Sande zu Sandsteinen. Bei Korngrößen von mehr als 2 mm unterscheidet man nach dem Grad der Zurundung Kies oder Schotter (rund) von kantigem Schutt. Durch ein Bindemittel verbackene und gerundete Schotter heißen **Konglomerate**, **Breccien** sind verkitteter, kantiger Schutt. Das Bindemittel spielt bei den klastischen Sedimentgesteinen, vor allem bei Sandsteinen, eine bedeutende Rolle für die Verwitterungsanfälligkeit. Neben Tonpartikeln (schwach) können Quarz (stark), Eisenoxid oder Calciumcarbonat das Bindemittel bilden. Der Sedimenttransport umfasst alle Prozesse zwischen Abtragung und Ablagerung. Im Normalfall wird das Material dem natürlichen Gefälle folgend von höher gelegenen in niedrigere Gebiete transportiert. Wenn Sedimentmaterial am Meeresboden abgelagert wird, ist das Ende des Transports erreicht. Transportmedien sind Wind, fließendes Wasser, Gletschereis oder gravitative Massenbewegungen. Bei den klastischen Sedimenten geben die Größe der transportierten Komponenten, die Schichtung bzw. die Struktur der Ablagerung, Sortierung und Zurundungsgrad der Körner Hinweise auf den Transportweg und -mechanismus. So deutet gute Zurundung auf einen längeren Transportweg hin, grobe Komponenten verlangen eine hohe Transportenergie und eine gute Sortierung wird beispielsweise beim Transport durch fließendes Wasser erreicht.
- **Chemische** und **chemisch-biogene** bzw. **organogene Sedimente** entstehen auf chemischem Weg durch Ausfällung, Eindampfung oder durch biochemische Vorgänge aus gelösten Stoffen oder organischem Material pflanzlichen oder tierischen Ursprungs. Zu dieser Gruppe von Sedimenten gehören Carbonate, Evaporite und biogene Bildungen, darüber hinaus Kieselsedimente sowie sedimentäre Phosphat- und Eisensteine. **Carbonate** sind die am weitesten verbreiteten nicht-klastischen Sedimente der Erde. Sie entstehen überwiegend im marinen Milieu durch anorganische Ausfällung von Carbonatmineralen oder durch Akkumulation biogener Kalke. Kalksteine bestehen im Wesentlichen aus Calcit. Sie können als ungeschichtete Massenkalke (z. B. Riffkalke) oder als geschichtete/gebankte Kalke auftreten. Dolomit ist ein Ca-Mg-Carbonat mit größerer Ver-

Kornfraktion [mm]	Geröll > 63	Kies 63 – 2	Sand 2 – 0,06	Schluff/Silt 0,06 – 0,002	Ton < 0,002	Mischgesteine
Lockergestein	Schutt Schotter	Quarzkies	Quarzsand	Schluff 0,05	Ton	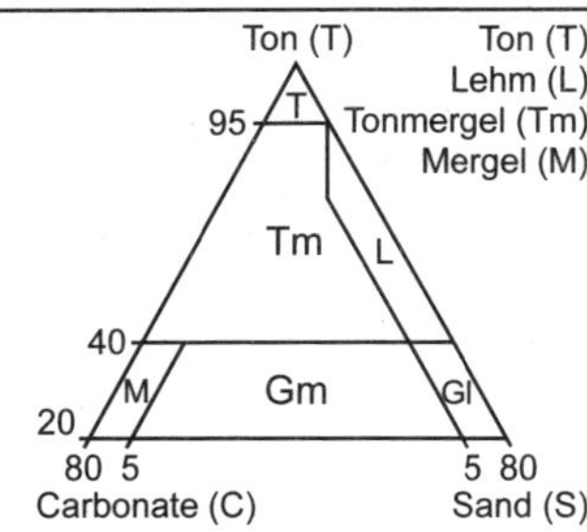
	Geschiebemergel (Gm) Geschiebelehm (Gl)			Löß	Bänderton	
Festgestein	Tillit				Warvit	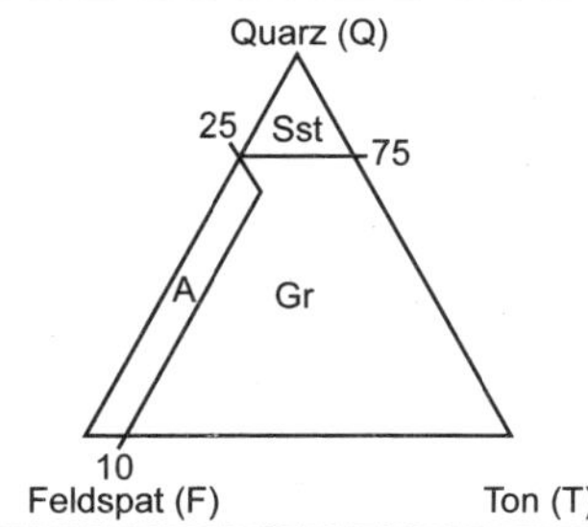
	Fanglomerat					
	Breccie		Arkose (A)			
	Konglomerat		Grauwacke (Gr) Sandstein (Sst)	Schluff-stein (Letten)	Tonstein (Schiefer-ton)	

Abb. 14: Klassifikation klastischer Sedimente (eigener Entwurf)

witterungsresistenz. Nach ihrem Carbonatgehalt unterscheidet man **Kalksteine** (> 75% Carbonat) und **Mergel**. Mergel bilden als Kalk-Ton-Gemische den Übergangsbereich zu den Tonsteinen. Aus geomorphologischer Sicht ist die vergleichsweise hohe Verwitterungsanfälligkeit dieser Gesteine von Interesse. Kalksinter oder Travertin sind kontinental gebildete Süßwasserkalke. Evaporite werden durch Verdunstung aus einer Lösung ausgeschieden. Dieses erfolgt meist durch Eindampfung von Meerwasser. Mit steigender Ionenkonzentration fallen aufgrund ihrer Löslichkeit idealtypisch zuerst Calciumcarbonat ($CaCO_3$), dann Anhydrit (wasserfreier Gips, $CaSO_4$), Steinsalz (NaCl) und Kalisalz (KCl) aus. Von geringer geomorphologischer Bedeutung sind rein organogene Bildungen oder **Biolithe**, die, wenn sie vollständig aus Pflanzenresten bestehen, als Phytolithe bezeichnet werden. Aus Faunenresten aufgebaute Biolithe nennt man **Zoolithe**. Zu den organogenen Sedimenten zählen z.B. Torf, Kohle, Erdöl und Erdgas, Ölschiefer, aber auch Schreibkreide, Korallenkalk oder Harze wie der Bernstein.

Petrographischer Kreislauf

Der petrographische Kreislauf (vgl. Abb. 15) verdeutlicht die Wechselbeziehungen der drei genetischen Gesteinsgruppen Magmatite, Metamorphite und Sedimente/Sedimentite mit der endogenen und exogenen Dynamik. Dabei geht jedes Gestein durch fortwährende Veränderung immer wieder aus einem anderen hervor. Die **magmatischen Gesteine** entstehen durch **Abkühlung** einer Gesteinsschmelze. Im Kontakt mit der Atmosphäre finden **Verwitterung** und **Abtragung** statt. Das abgetragene Material wird an einem anderen Ort sedimentiert und diagenetisch zu **Sedimentgestein** verfestigt. Dieses kann durch fortschreitende **Absenkung** und **Überlagerung**

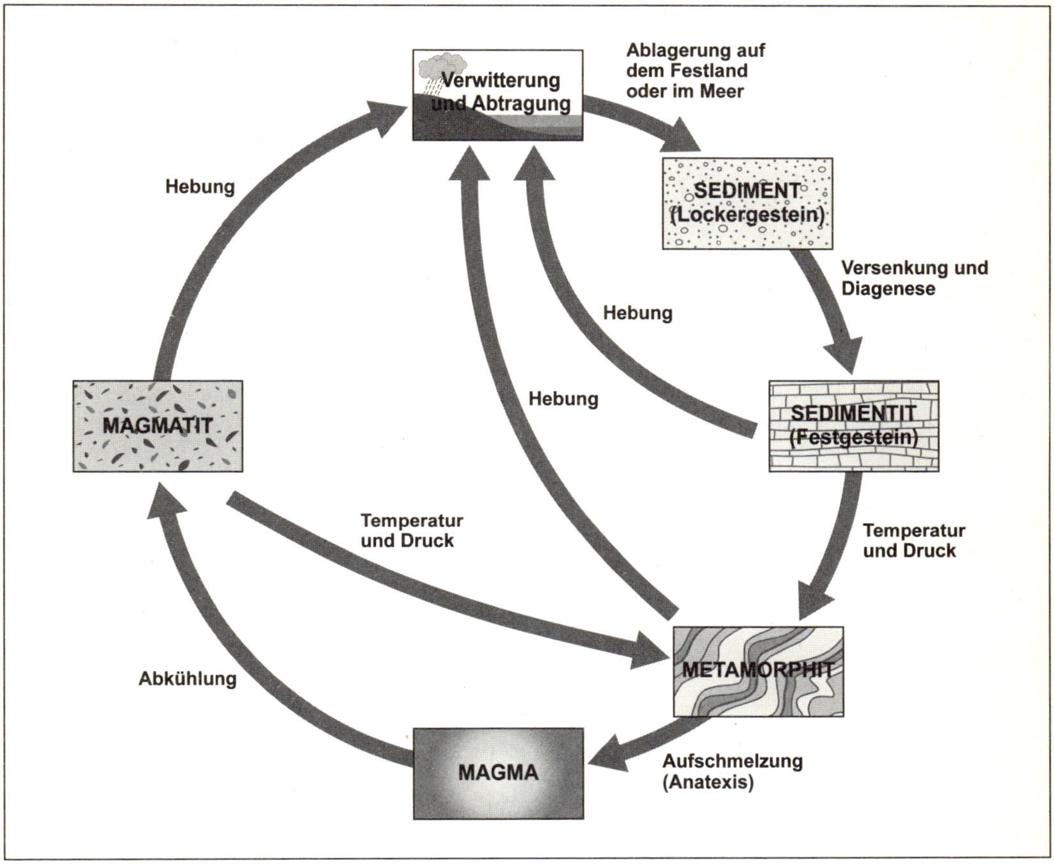

Abb. 15: Der petrographische Kreislauf (eigener Entwurf)

in größere Tiefen überführt werden oder durch Hebung wieder an die Erdoberfläche gelangen. In diesem Fall würde der Zyklus von Abtragung und Sedimentation von neuem beginnen. Bei zunehmender Versenkung in größere Tiefen der Lithosphäre wird die **Diagenese** von der **Gesteinsmetamorphose** abgelöst. Sie verändert das ursprüngliche Gefüge der Sedimentite und auch von Magmatiten (und Metamorphiten), wenn diese in entsprechende Tiefen gelangen. Bei fortdauernder Absenkung und **Temperaturzunahme** setzt schließlich **Anatexis** ein und es entsteht **Magma**. Werden Metamorphite (oder Plutonite) dagegen gehoben, oder entstehen aus vulkanischer Tätigkeit Vulkanite, und diese sind an der Erdoberfläche den exogenen Kräften ausgesetzt, so werden ihre Bestandteile im Zuge von Verwitterung und Abtragung als Ausgangsprodukte der Sedimente erneut in den Kreislauf eingespeist.

4 Verwitterung

Unter Verwitterung versteht man die an der Erdoberfläche oder in Oberflächennähe unter dem Einfluss der exogenen Kräfte (s. Kap. 1.2) stattfindende Lockerung, Zerstörung und Aufbereitung von Gesteinen und Sedimenten. Die Wirkung und das Ausmaß der Verwitterung ist von den klimatischen Gegebenheiten ebenso abhängig, wie von der Art und den Eigenschaften des angegriffenen Materials. Nach den jeweils dominierenden Prozessen wird zwischen physikalischer und chemischer Verwitterung unterschieden. Bei der biologischen oder organischen Verwitterung sind sowohl physikalische als auch chemische Verwitterungskomponenten beteiligt. Eine klare Trennung der Prozesse ist nicht immer möglich. Vielmehr bedingen sie einander häufig oder stehen in enger Wechselbeziehung zueinander.

4.1 Physikalische Verwitterung

Die Prozesse der physikalischen Verwitterung führen zur **mechanischen Zerkleinerung** von Gesteinen, ohne dass es zu einer stofflichen Veränderung der Mineralbestandteile kommt. Der Gesteinsverband lockert sich und es entstehen Verwitterungsprodukte, die vom groben Schutt über feinkörniges Lockermaterial, das als **Grus** bezeichnet wird, bis hin zu Sand und Schluff (Silt) reichen können. Vielfach verstärkt die physikalische Verwitterung die Intensität der chemischen Verwitterung.

Temperaturwechsel

Die Wirkung der **Insolations- oder Temperaturverwitterung** wird auf Volumenänderungen von Mineralen beim Erwärmen und beim Abkühlen zurückgeführt. Unterschiedliche räumliche Ausdehnungskoeffizienten einzelner Minerale zusammen mit dem Temperaturgradienten in einem Gestein sollen daher in Klimaten mit großen täglichen Temperaturamplituden, insbesondere in den heißen Trockengebieten, zu Druckkräften führen, die eine mechanische Zerstörung des Gesteins bewirken (Vergrusung). Allerdings steht der Nachweis, dass ausschließlich Temperaturwechsel verwitterungswirksam sind, noch aus. Nachgewiesen ist dagegen die Verwitterungswirksamkeit von Temperaturwechseln in Kombination mit Wasser. Bereits durch die Adsorption von geringsten Mengen Wasser zeigten in Laborversuchen Gesteine mechanische Verwitterungserscheinungen.

Ebenfalls auf temperaturabhängige Volumenänderung ist die Wirksamkeit der **Frostverwitterung** oder Frostsprengung zurückzuführen. Die mechanische Zerstörung ist dabei die Folge der Volumenvergrößerung des Wassers um rund 9% beim Gefrieren. In Gesteinsporen und -klüfte eindringendes Wasser übt beim Gefrieren eine besonders hohe Sprengwirkung dann aus, wenn bei schneller Abkühlung die Gesteinsoberfläche von einer dünnen Eisschicht überdeckt ist (2200 kg/cm^3 bei –22 °C). Sie unterbindet beim Vorrücken der Gefrierfront in das Innere des Gesteins und der damit verbundenen Volumenzunahme des gefrierenden Kluft- und Porenwassers dessen räumliche Ausdehnung. Dadurch werden bestehende Poren und Klüfte des Gesteins erweitert und neue Risse gebildet. Frostverwitterung ist insbesondere in Gebieten mit häufigen Frostwechseln wirksam, in den gemäßigten und polaren Regionen und in den höheren Lagen der Gebirge. Sie liefert dort eckige Gesteinstrümmer und kantigen Frostschutt.

Hydratisierung

In den ariden und semiariden Gebieten der Erde ist die **Salzverwitterung** eine bedeutsame physikalische Verwitterungsart. Kristallisieren aus übersättigten Lösungen Salze aus, deren Volumen größer ist als das des Ausgangsstoffes, kommt es dadurch zu einer mechanischen Zerstörung. Das Gleiche gilt für die thermische Ausdehnung von Salzkristallen. Bei diesen beiden Verwitterungsprozessen werden Gesteine mechanisch zerstört. Salzverwitterung umfasst jedoch auch eine chemische Form der Verwitterung, die **Hydratation**. Unter Hydratation versteht man die Adsorption von Wassermolekülen an die Mineraloberfläche. Es handelt sich bei den durch Hydratation angelagerten Wassermolekülen um Adsorptionswasser. Eine Reihe von wasserfreien Salzen wie NaCl, Na_2SO_4 oder $CaSO_4$ können Wasser aufnehmen, wobei sie ihr Volumen vergrößern. So vergrößert Anhydrit ($CaSO_4$) bei der Aufnahme von Wasser und damit der Umwandlung zu Gips sein Volumen um mehr als 60%. Dieser Vorgang der Hydratisierung bildet eine Vorstufe zu den chemischen Verwitterungsarten der Lösungsverwitterung und Hydrolyse.

4.2 Chemische Verwitterung

Im Gegensatz zur physikalischen Verwitterung führen die Prozesse der chemischen Verwitterung zur Veränderung des Mineralaufbaus, zur Lösung wasserlöslicher Minerale oder zur Umwandlung wasserunlöslicher Minerale in lösliche Substanzen. Für die Art und die Intensität der chemischen Reaktion ist neben der Zusammensetzung, der Wasserwegsamkeit und der Korngröße der Gesteine und Sedimente insbesondere die Menge, die chemische Zusammensetzung, der pH-Wert, der Sauerstoffgehalt und die Temperatur der wässrigen Verwitterungslösung von wesentlicher Bedeutung.

Lösung

Die **Lösungsverwitterung** bewirkt die Lösung (Korrosion) von Gesteinen, die relativ leicht lösliche Alkali- und Erdalkalisalze wie Chloride, Nitrate, Sulfate und/oder Carbonate enthalten, eine chemische Reaktion im eigentlichen Sinne findet nicht statt. Durch Niederschlag trifft Wasser auf die Gesteinsoberfläche, wo es sich in Vertiefungen sowie in Spalten und Klüften des Gesteinkörpers sammelt. In diesen Bereichen kommt es verstärkt zur Lösung der im Gestein enthaltenen Salze. Salze sind aus positiv geladenen Metallionen (Kationen) und negativ geladenen Säurerestionen (Anionen) aufgebaut, die sich in Form einer Gitterstruktur anordnen. Befindet sich ein Salz in wässriger Lösung, so werden zunächst die randständigen Ionen des Ionengitters hydratisiert. Die **Hydratation** stellt eine Vorstufe der Lösungsverwitterung dar, die zur Lockerung des Kristallgitters und anschließenden

Dissoziation der hydratisierten Ionen führt. Dieser Prozess findet so lange statt, bis das Salz vollkommen aufgelöst ist oder das Sättigungsgleichgewicht der Lösung überschritten wird.

Carbonatisierung

Die **Carbonatverwitterung** stellt einen besonderen Fall der Lösungsverwitterung dar, da zur Lösung der Carbonate kohlensäurehaltiges Wasser vorhanden sein muss; daher wird sie auch als Kohlensäureverwitterung bezeichnet. Kohlensäure wird durch Pflanzenwurzeln und Bodenorganismen ständig neu gebildet, auch im Niederschlagswasser ist aufgrund des CO_2-Gehaltes der Luft Kohlensäure vorhanden:

$$H_2O + CO_2 \rightarrow H_2CO_3$$

Die Konzentration der Kohlensäure hängt vom CO_2-Partialdruck in der mit der Verwitterungslösung im Gleichgewicht stehenden Bodenluft ab und ihre Stabilität von der Temperatur. Außerdem wirkt sich der pH-Wert auf das Mengenverhältnis von Kohlensäure, Bicarbonat und Carbonat auf die Löslichkeit aus.

Das schwer lösliche Calciumcarbonat wird durch die Kohlensäure in das leicht lösliche Calciumhydrogencarbonat (Bicarbonat) überführt:

$$CaCO_3 + H_2CO_3 \rightarrow Ca(HCO_3)_2$$

Calciumhydrogencarbonat ist gut wasserlöslich, die Lösungsverwitterung kann nun einsetzen. Die Carbonatverwitterung führt zum Abbau von Carbonatgesteinen und zur Entkalkung carbonathaltiger Böden. **Calcit** ist eines der am weitesten verbreiteten Minerale der Erde und tritt häufig in größerem räumlichen Zusammenhang auf. Die am weitesten verbreiteten Gesteine, die vorwiegend oder ganz aus Calcit bestehen, sind Kalkstein und Marmor. Calcit wird aufgebaut aus: Calciumionen Ca^{2+} und Säurerestionen der Kohlensäure CO_3^{--} und gehört zur Gruppe der Salze.

Redox-Reaktionen

Von der **Oxidationsverwitterung** sind Minerale und Gesteine betroffen, in deren Kristallgitter Ionen in reduzierter Form vorliegen, wie beispielsweise Fe^{2+}- und Mn^{2+}-Ionen. Zu diesen Mineralen zählen die dunklen Silikate (Biotit, Augit, Hornblende, Olivin) und Fe- und Mn-Carbonate und -Sulfide. Die Oxidationsverwitterung setzt ein sauerstoffhaltiges Verwitterungsmilieu voraus. Damit die Oxidationsverwitterung wirken kann, müssen die zu oxidierenden Ionen reaktionsfähig und damit freigelegt sein. Daher findet Oxidationsverwitterung meist in Verbindung mit anderen Verwitterungsprozessen wie Hydrolyse oder Frostsprengung statt. Die Oxidationsverwitterung setzt entweder in den Randbereichen oder auch teilweise innerhalb des Kristallgitters der Minerale ein und kann durch Luftsauerstoff oder auch durch Sauerstoff in gelöster Form stattfinden: In der Luft des Niederschlagswassers kann der Sauerstoffgehalt bis zu 34% betragen. Die reduziert vorliegenden **Fe^{2+}- und Mn^{2+}-Ionen** werden durch den Sauerstoff unter Abgabe von Elektronen zu Fe^{3+}- und Mn^{4+}-Ionen oxidiert.

Daraus resultieren eine Veränderung des Ionendurchmessers und eine Zunahme der positiven Ladung im Kristallgitter. Um einen Ladungsausgleich herbeizuführen, werden:

- ein Teil der oxidierten Ionen wird in Form von braunen oder roten Fe(III)-Oxiden oder schwarz bis schwarzbraunen Mn(III)- und Mn(IV)-Oxiden aus dem Kristallgitter ausgeschieden und als schwerlösliche Oxide ausgefällt oder
- im Silikatgitter vorhandene OH-Gruppen durch Protonenabspaltung zu O-Gruppen umgewandelt, die anschließend hydrolytisch wirksam werden und damit zum weiteren Zerfall des Kristallgitters beitragen oder
- andere im Kristallgitter vorhandene Kationen wie K^+ oder Mg^{2+} in die Verwitterungslösung abgeführt.

Alle Prozesse führen zu einer Zunahme der **Instabilität des Kristallgitters** und begünstigen damit dessen weiteren Zerfall.

Die Oxidationsverwitterung steht in enger Wechselbeziehung mit anderen Verwitterungsarten, vor allem der Hydrolyse. Besonders auffällig ist dieses bei den **Eisensulfiden**. So werden beispielsweise beim Pyrit (FeS) nicht nur die Eisenionen, sondern auch die Sulfidionen oxidiert, und es bildet sich neben Schwefelsäure (H_2SO_4) Eisen(III)-Sulfat ($Fe_2(SO_4)_3$), das durch Hydrolyse in Goethit (α-FeOOH) übergeht. Die im Verlauf des Verwitterungsprozesses gebildete Schwefelsäure hat eine starke Versauerung zur Folge und daran geknüpft eine intensive protolytische Carbonatlösung und/oder Silikatverwitterung. Von **Protolyse** spricht man, wenn die H^+-Ionen des Verwitterungsmilieus aus anorganischen oder organischen Lösungen stammen.

Als Maß für die Wirksamkeit der Oxidationsverwitterung dient das **Redoxpotenzial** im Verwitterungsmilieu, z. B. in einem Boden. Dort kann das Redoxpotenzial, das im Wesentlichen vom pH-Wert, der Temperatur, dem Druck und der Ionenaktivität abhängt und von den biologischen Vorgängen im Verwitterungsmilieu/Boden maßgeblich gesteuert wird, Werte zwischen 0,8 V und –0,35 V erreichen. Hohe positive Werte weisen darauf hin, dass Oxidation stattfindet, geringe bis negative Werte, dass reduzierende Verhältnisse vorliegen. Anhand von **Eh-pH-Diagrammen** lässt sich die Stabilitätsbeziehung zwischen den Ionen und Verbindungen eines in mehreren Oxidationsstufen auftretenden Elementes darstellen.

Säureverwitterung

Die **Hydrolyse** ist die wichtigste chemische Verwitterungsart. Durch die Hydrolyse werden vor allem Silikate und Carbonate und damit mehr als 90% aller gesteinsbildenden Minerale zersetzt. Es handelt sich um Verbindungen, die aus einer **schwachen Säure** und/oder einer **schwachen Base** bestehen. Durch die Reaktion eines Minerals mit den Wassermolekülen bzw. H^+-Ionen der Verwitterungslösung, die sich an die Grenzflächenionen von Kristallen anlagern, werden Kationen gleicher Ladung aus dem Kristallgitter ersetzt. Dieser Kationenaustausch führt zur Aufweitung der Kristallstruktur und weiter zur kompletten **Auflösung des Kristallgitters**.

Beim Kalifeldspat Orthoklas, der mit rund 60% Massenanteil in der Erdkruste das häufigste Primärmineral ist, läuft die Hydrolyse in folgenden Schritten ab:

1. Orthoklas – $K(AlSi_3O_8)$ ist ein Gerüstsilikat, das aus Si- und Al-Tetraedern aufgebaut ist, im Gerüst sind Kaliumionen im Verhältnis 1:1:3 (K:Al:Si) eingelagert – befindet sich in einem wässrigen Milieu.
2. Das Wasser dissoziiert zu H^+ und OH^-.

3. Anlagerung der H^+-Ionen an das Kristallgitter und Austausch der Kationen, H^+ ersetzt K^+
4. Aufweitung und Zerfall des Kristallgitters in die Verwitterungsprodukte KOH (Kaliumhydroxid), $Al(OH)_3$ (Aluminiumhydroxid) und H_4SiO_4 (Kieselsäure): $K(AlSi_3O_8) + 8\ H_2O$ [= Edukt] $\rightarrow KOH + H(AlSi_3O_8) + 7\ H_2O$ [= Zwischenprodukt] $\rightarrow KOH + Al(OH)_3 + 3\ H_4SiO_4$ [= Endprodukt]
5. Durch die Aufweitung und den Zerfall des Kristallgitters können aber auch andere Verwitterungsprodukte entstehen, wie in der folgenden Reaktion die Neubildung des Tonminerals Kaolinit $KAlSi_2O_3\ (OH_4)$:
$2\ K(AlSi_3O_8) + 11\ H_2O \rightarrow 2\ KOH + KAlSi_2O_3\ (OH_4) + 4\ H_4SiO_4$

Die Wirksamkeit und die Intensität der Hydrolyse wird von den Faktoren **pH-Wert**, **Temperatur**, **Wassergehalt** und **Zeit** maßgeblich gesteuert. Sie stehen entweder direkt oder indirekt in einer Wechselbeziehung. So sind die beiden Klimafaktoren Temperatur und Niederschlag direkt aneinander gekoppelt. Der pH-Wert hängt indirekt mit den klimatischen Bedingungen zusammen und wird auch von anderen Faktoren, wie beispielsweise dem Wasserchemismus, beeinflusst.

Verwitterung und Klima

Die höchste Wirksamkeit und Intensität besitzt die chemische Verwitterung in den **immerfeuchten Tropen** und in den **Monsunklimaten** mit Niederschlägen in der heißen Jahreszeit. Hier werden Verwitterungstiefen bis zu 150 m unter der Oberfläche erreicht. In den Winterregenklimaten und den kühlgemäßigten Klimaten dagegen bleibt die Wirkung mäßig. In den polaren und subpolaren Klimazonen ist die chemische Verwitterung wegen zu tiefer Temperaturen einerseits und wegen des Mangels an Feuchtigkeit andererseits ebenso gering wie in den heiß-ariden Klimazonen.

In **ariden** und **semiariden Gebieten** kann die chemische Verwitterung jedoch auch einen andersartigen Verlauf zeigen. Die hohen Verdunstungsraten verursachen Kapillarströmungen wässriger mineralischer Lösungen vom Gesteinsinneren an die Oberfläche von Gesteinen. Dort verdunstet der Wasseranteil unter Abscheidung von Mangan- und Eisenverbindungen oder Kieselsäure, die als Gesteinskrusten (Hartrinden, Wüstenlack) zurückbleiben. Leichter lösliche Salze bilden Salzausblühungen oder Salzkrusten, Carbonate und Sulfate in lockerem Substrat sogar häufig sehr weiträumige Kalk- und Gipskrusten.

Abwärts gerichtete Wasserströmungen führen in den **immer- und wechselfeuchten Tropen** stets zur Auswaschung der hydrolytisch und protolytisch verwitterten Substanzen. Als Folge der Hydrolyse ist die selektive Anreicherung von Eisen- und Aluminiumoxiden und -hydroxiden sowie das ubiquitär vorherrschende Tonmineral Kaolinit in charakteristischen Tiefen des Verwitterungsprofils kennzeichnend für die feuchten Tropen. Da in den immerfeuchten tropischen Klimaten die Kieselsäure weitgehend abgeführt wird, bilden sich eisenreiche Laterite und aluminiumreiche Bauxite. Bei Austrocknung des Verwitterungsprofils können sich aus den Anreicherungshorizonten von Eisen und Aluminium sehr harte Krusten entwickeln. In den wechselfeuchten Tropen wird weniger Kieselsäure abgeführt, so dass sich dort weiträumige kieselsäurehaltige Krusten (silcrets, silcrete crusts) ausbilden können.

4.3 Biologische Verwitterung

Die biologische Verwitterung umfasst alle physikalischen und chemischen Verwitterungsvorgänge, die auf die Tätigkeit von **Pflanzen**, **Tieren** und **Mikroorganismen** zurückzuführen sind. Biologische Verwitterungsprozesse sind in den humiden Klimaten von Bedeutung. Die höchste Wirksamkeit und Intensität besitzen sie in den Tropen und in den Subtropen.

Physikalisch-biologische Verwitterung

Bei der physikalisch-biologischen Verwitterung trägt das Eindringen der Wurzeln von höheren Pflanzen, insbesondere der Bäume, in Spalten und Risse der Gesteine zur Lockerung des Gesteinsverbandes bei. Auch verdichtete Sedimente und Böden werden durch das Wurzelwachstum aufgelockert. Ebenfalls mechanisch können Bohrmuscheln und Bohrwürmer an Steilküsten Festgesteine zerstören. Bodentiere zerkleinern organische Abfallstoffe der Vegetation durch Zerbeißen oder Zernagen. Im Gegensatz zu dieser mechanischen Zerkleinerung von Pflanzenresten wird durch die wühlende Tätigkeit von Bodentieren die chemische Verwitterung begünstigt.

Chemisch-biologische Verwitterung

Die chemisch-biologische Verwitterung erfolgt entweder an Gesteinsoberflächen, z. B. durch Flechten, die durch die Ausscheidung von Säuren die Gesteine aufrauen und nach ihrer Zersetzung das notwendige organische Material für Moose und höhere Pflanzen liefern, oder durch organische Säuren ausscheidende Mikroorganismen. Bodenbakterien zersetzen organische Substanz in Gesteinen und Böden über eine Vielzahl von Zwischenprodukten zu H_2O und CO_2, die, in der Verwitterungslösung als Kohlensäure vorliegend, chemische Verwitterungsprozesse erheblich beschleunigen können.

5 Gravitative Massenbewegungen

Unter dem Begriff Massenbewegung fasst man Hangabwärtsbewegungen zusammen, die durch den Einfluss der Schwerkraft hervorgerufen werden. Die **Schwerkraft** ist der wesentliche Faktor für die Bewegung, wobei Wasser nicht als Transportmedium dient, sondern in unterschiedlicher Weise Auslöser oder Schmiermittel ist. Die Geschwindigkeit von Massenbewegungen kann sehr stark variieren und reicht von 1 cm/Jahrzehnt beim Bodenkriechen bis hin zu 100 m/s bei Bergstürzen. Den oft plötzlich auftretenden und häufig katastrophale Ausmaße erreichenden Ereignissen folgen sehr lange Ruhezeiten. Je nach Art des bewegten Materials, dessen physikalischen Eigenschaften sowie seiner Geschwindigkeit können unterschiedliche Bewegungsformen unterschieden werden, deren Übergänge jedoch in vielen Fällen fließend sind. Oft treten Kombinationen verschiedener Bewegungstypen auf, oder das jeweils dominierende Bewegungselement variiert je nach Hangposition. Diese Aspekte haben dazu geführt, dass derzeit in der Geomorphologie keine eindeutige und allgemein anerkannte Klassifikation von Massenbewegungen vorhanden ist. Vielfach werden sie in der deutschen geomorphologischen Literatur als Teil der **Denudation** behandelt, den Prozessen der flächenhaften Abtragung (im Gegensatz zur linienhaften Abtragung, der Erosion, z. B. von Flüssen).

5.1 Physikalische Grundlagen

Hangneigung und Schwerkraftwirkung

Massenbewegungen treten immer dann auf, wenn die „auslösenden" Kräfte größer werden als die „festhaltenden" Kräfte. Neben den komplexen Wechselwirkungen von Gewichtskraft, Auflagekräften, Strömungsdruck, Kohäsion, Adhäsion etc. sind für das Auftreten einer Massenbewegung die **Schub- oder Scherspannung**, die alle hangabwärts wirkenden Kräfte zusammenfasst, und die rechtwinklig zur Hangfläche hin ausgerichtete **Druck-** oder **Normalspannung** von maßgeblicher Bedeutung. Der mit einer zunehmenden Steilheit eines Hanges einhergehende Stabilitätsverlust lässt sich, vereinfacht ausgedrückt, darauf zurückführen, dass bei einem größeren Hangneigungswinkel die Scherspannung wächst, während die Normalspannung gleichzeitig abnimmt.

Massenbewegungen von Lockermaterial setzen im Normalfall erst dann ein, wenn die Scherspannung einen bestimmten Schwellenwert, die Grenzscherspannung, übersteigt. Dieses führt zu **plastischem Fließen**. Im Gegensatz dazu steht das **viskose Fließen**, das bereits beim Beginn einer Schubspannung – gleichgültig in welcher Größenordnung – einsetzt.

Hangstabilität

Die Stabilität eines Hanges wird von den **Materialeigenschaften** und den **geometrischen Eigenschaften** bestimmt. Bei den Materialeigenschaften ist die **innere Reibung** des Materials die wichtigste Komponente. Je geringer die innere Reibung ist, desto anfälliger wird ein Hang für gravitative Massenbewegungen. So besitzen eckige Quarzkörner eine größere innere Reibung als abgerundete. Die innere Reibung wird häufig durch den Winkel Φ (Phi) ausgedrückt, der dem **natürlichen Böschungswinkel** eines Materials entspricht. Er beträgt in unverfestigtem Material 25–40°, z.B. bei Dünensanden: 30°. Auch die **Lagerungsdichte** ist von Bedeutung. Zusammengepresste oder verfestigte Körner besitzen eine größere innere Reibung als locker aufgeschüttete Körner. Die **Kohäsion**, der innere Zusammenhalt, d.h. die Bindung zwischen den Körnern, ist vor allem vom Wassergehalt und den damit zusammenhängenden Kapillarkräften abhängig. Dies wird besonders bei der Betrachtung von Sand deutlich. Trockener Sand hat einen geringen inneren Zusammenhalt, der aber mit zunehmender Feuchtigkeit größer wird. Dies trifft so lange zu, bis alle Poren wassergefüllt sind. Dann wird der bis zu diesem Zeitpunkt wirkende negative durch **positiven Porenwasserdruck** abgelöst, und die Kohäsion nimmt rasch ab. Zu den geometrisch wichtigen Komponenten zählen die **Hangneigung** und die **relative Höhe** eines Hanges, die Höhendifferenz zwischen Scheitel und Hangfuß. Stärkere Hangneigung und zunehmende Höhe führen zu größerer Instabilität.

Auslösende Faktoren

Auslösende Ursachen für Massenbewegungen sind sowohl **endogene** (z.B. Erdbeben oder Vulkanausbrüche) als auch **exogene Faktoren** (z.B. extremer Niederschlag → positiver Porenwasserdruck, Verwitterungsprozesse, Hangunterschneidung durch fluviale Erosion) sowie anthropogene Eingriffe (z.B. Hanganschnitte beim Straßenbau).

5.2 Typisierung von Massenbewegungen

Sturzdenudation

Blockstürze entstehen beim Fallen von Gesteinsblöcken von Steilwänden und erfolgen zumeist an bereits vorgezeichneten Schwächezonen im anstehenden Gestein, die beispielsweise durch Wurzeldruck, Frosteinwirkung oder chemische Verwitterung entstehen. Am Fuß der Wand kommt es sukzessive zum Aufbau eine **Schutt-** oder **Sturzhalde**. Unter bestimmten Voraussetzungen können Schutthalden die Form eines halben Kegels annehmen, dessen Spitze an der Felswand anliegt. In diesem Fall spricht man von **Schutt- oder Sturzkegeln**. Wachsen benachbarte Schuttkegel zusammen, wird der dabei entstehende Schuttsaum als **Haldenhang** bezeichnet. Schutthalden weisen im Allgemeinen eine recht gute **Sortierung** auf. Während sich die größeren Blöcke aufgrund ihrer Trägheit und ihrer größeren Masse am weitesten bewegen und damit den unteren Teil der Halde dominieren, finden sich die kleineren Gesteinspartikel überwiegend in den höheren Abschnitten der Halde. Die maximale **Neigung** von Schutthalden beträgt je nach Größe und Form der Gesteinsfragmente 20–36°.

Im Gegensatz zu Blockstürzen ereignen sich **Bergstürze** nur im Hochgebirge. Es handelt sich dabei um plötzlich auftretende Massenbewegungen von teilweise außerordentlicher Dimension. In wenigen Sekunden können komplette Bergflanken entlang einer Sturzbahn zu Tal gehen. Bergstürze sind Ausdruck sich entladender Spannungen im anstehenden Gestein, die sich auf sehr unterschiedliche Ursachen zurückführen lassen: Am Ende des Pleistozän kam es vielfach zu Bergstürzen, als die durch Gletschererosion übersteilten Talhänge durch Abschmelzen der Talgletscher ihrer Widerlager beraubt wurden; ebenso können endogene Kräfte in Form von Erdbeben eine Rolle spielen. Begünstigt werden Bergstürze durch Verminderung des großräumigen Zusammenhalts im Gesteinsverband durch fortschreitende Verwitterung und Erweiterung von Klüften (insbesondere wenn diese hangparallel verlaufen) oder auch durch erhöhte Wasserführung an Klüften und Schichtflächen. Geomorphologisch sind Bergstürze an **Abrissnische**, **Sturzbahn** und **Akkumulationsgebiet** erkennbar. Die dort abgelagerte Sturzmasse weist häufig eine unruhige, kleinräumig reliefierte Oberfläche auf, die auch als **Tomalandschaft** bezeichnet wird. Im Gegensatz zu den Schutthalden der Blockstürze, die aus Blöcken unterschiedlichen Alters aufgebaut sind, resultieren die Ablagerungen eines Bergsturzes aus einem einzigen Ereignis. Werden dabei Bäche oder Flüsse aufgestaut, so kann es zur Bildung vorübergehender oder dauerhafter Seen kommen.

Insbesondere in der ingenieurgeologischen Literatur unterscheidet man noch den in der Dimension zwischen Blockabsturz und Bergsturz liegenden **Felssturz**, ohne jedoch scharf von diesen abgrenzbar zu sein. Als charakteristische geomorphologische Kennzeichen werden Abrissfläche, Abrissnische und Abrissgewölbe aufgeführt.

Rutschung und Gleitung

Bei **Rutschungen** bewegt sich das Material ohne Veränderung der inneren Lagerungsverhältnisse hangabwärts. Die Rutschung erfolgt auf einer Gleitfläche, die häufig aus Tonen besteht. Vor allem wassergesättigte Tone können wie Schmiermittel wirken, so dass die Grenzscherspannung frühzeitig überschritten und die Rutschmasse in Bewegung gesetzt wird. Der **Bergrutsch** unterscheidet sich vom Bergsturz vor allem durch seine wesentlich geringere Bewegungsgeschwindigkeit, während die auslösenden Ursachen denen des Bergsturzes gleichen. Insgesamt gibt es jedoch vielfältige Übergänge und Mischformen, die eine eindeutige Zuordnung erschweren. Mit dem Begriff **Slump** oder **Rotationsrutschung** werden Massenbewegungen in weichen, plastisch verformbaren Gesteinen mit geringer Scherfestigkeit bezeichnet. Die weichen Gesteine können durch härtere Schichten überlagert sein, die durch ihr Gewicht die Rutschanfälligkeit der weichen unterlagernden Schichten fördern. Man spricht dann von einem Slump, wenn die Bewegung neben der hangabwärts gerichteten auch gleichzeitig noch eine nach rückwärts gerichtete Komponente in Form einer Rotation um die eigene (horizontale) Achse aufweist. Im Querschnitt erscheint die Gleitfläche mehr oder weniger halbmondförmig und orientiert sich in der Regel nicht an vorgegebenen Gesteinsstrukturen.

Fließungen

Bewegt sich eine wassergetränkte Masse aus feinkörnigem Bodenmaterial oder Verwitterungsschutt hangabwärts, so spricht man von **Erdfließen**. Voraussetzung ist das – zumindest kurzzeitige – Auftreten von positivem Porenwasserdruck, der zum Überschreiten der Fließgrenze führt und damit die hangabwärtsgerichtete Bewegung ermöglicht. Erdfließen tritt unter feuchtgemäßigten Klimabedingungen vor allem gegen Ende des Winters und zu Beginn des Frühjahrs auf. Zum einen ist dann das Wasserangebot hinreichend hoch (Schneeschmelze!), zum anderen wurde das Bodengefüge durch wiederholte Frostwechsel so aufgelockert, dass die Wassersättigung schnell erreicht werden kann. Ein durch Erdfließen in Bewegung geratener Hang weist verschiedene Form- und Materialbereiche auf. Im oberen Teil findet sich als Begrenzung die konkave **Abrisskante** mit anschließendem **Abrissgebiet**. Da die obersten Bodenschollen häufig in einer gewissen Rückwärts-Rotation abgleiten, finden sich hier slumpähnliche Formen. Hangabwärts schließt sich die **Bewegungs-** oder **Fließzone** an, die schließlich in die **Fließzunge** übergeht.

Muren sind wassergetränkte Schuttströme, die sich mit großer Geschwindigkeit entweder kontinuierlich oder schubartig hangabwärts bewegen. Sie entstehen, wenn eine Schuttakkumulation bei steilem Gefälle einen hohen Anteil an Feinmaterial enthält, dessen Poren sich nach starken Niederschlägen oder im Zuge der Schneeschmelze mit Wasser füllen. Tritt schließlich positiver Porenwasserdruck auf, bewegt sich die Mure als breiige Schuttmasse talwärts. Am Hangfuß können sich **Murkegel** bilden, kegelförmige Akkumulationen aus schlecht sortiertem und ungeschichtetem Murenschutt. Im Gegensatz zu den wasserungesättigten Rutschungen werden bei Muren die feinen Partikel, aufgrund der mit der abnehmenden Fließgeschwindigkeit geringer werdenden Transportkraft, weiter transportiert als die groben.

In **Periglazialgebieten** (s. Kap. 8) bezeichnet man Fließbewegungen des wassergesättigten Bodens im sommerlich aufgetauten Bereich über Permafrost als **Gelifluktion**. Zusammen mit der Kriech- bzw. Versatzdenudation wird die Gelifluktion unter dem Begriff **Solifluktion** zusammengefasst.

Versatzdenudation

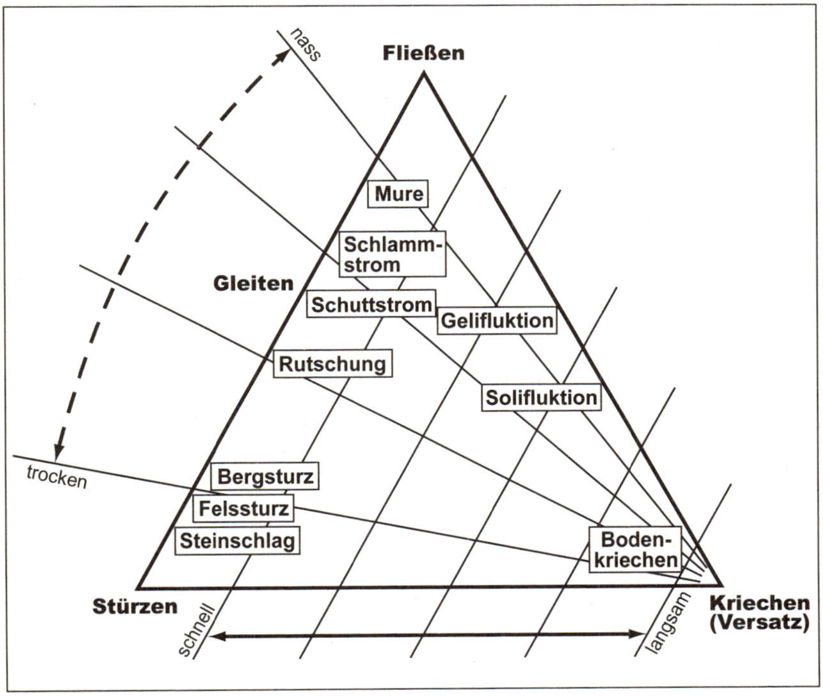

Abb. 16: Typisierung von Massenbewegungen (verändert nach CARSON/KIRKBY 1972)

Die langsame Hangabwärtsbewegung von Lockermaterial wird **Bodenkriechen** genannt. Kriechbewegungen können, speziell in stark tonigem Substrat, **kontinuierlich** als eine sehr langsame Art des viskosen Fließens erfolgen oder sie können durch wiederholte **Expansion und Kontraktion** des Materials hervorgerufen werden. Wenn Bodenwasser gefriert, führt dieses zu einer Volumenzunahme der obersten Bodenschicht, wobei sich die Ausdehnung senkrecht zum Hang vollzieht und damit der Schwerkraft folgend hangabwärts bewegt. Oberflächennahe Bodenpartikel werden dabei weiter hangabwärts transportiert als tiefer liegende, da die Frosteinwirkung mit zunehmender Tiefe geringer wird. Diese Art der Denudation ist besonders in Klimaten mit ausreichend feuchten Böden und häufigen **Frostwechseln** wirksam. Darüber hinaus kann die hangabwärtige Verlagerung von Bodenpartikeln durch Quellung und Schrumpfung von **Tonmineralen**, insbesondere von Smektiten, im Boden ausgelöst werden. Jedoch bleibt die Intensität dieser hangabwärtsgerichteten Bewegung weit hinter der von den Frostwechseln induzierten zurück. Bodenkriechen erfolgt auch durch Volumenveränderungen aufgrund von Salzkristallbildung im Bereich oberflächennaher Bodenteilchen. Nadelförmige Eiskristalle, die bei Bodentemperaturen weit unterhalb des Gefrierpunktes durch Sublimation von Wasserdampf in den obersten Poren Kammeis ausbilden, führen zu einem Versatz von Material (Versatzdenudation). Hinweise auf das Bodenkriechen geben das **Hakenschlagen** ausstreichender Schichten, die hangabwärts verbogen scheinen, und der **Knie-** oder **Säbelwuchs** von Bäumen.

6 Fluviale Prozesse und Formen

Die Fluvialgeomorphologie umfasst die Gestaltung der Oberflächenformen der festen Erde, die sowohl direkt als auch indirekt durch fließendes Wasser erfolgt. Dazu gehören neben den **Flüssen** mit den fluvialen Prozessen der Erosion, des Transports und der Akkumulation auch die **Flusstäler**, die **Talhänge** und **Talsysteme** mit den dazu gehörigen Prozessen der Verwitterung und Denudation (Hangabtragung). Um die Genese der einzelnen Formen besser zu verstehen, werden zunächst einige physikalische Grundlagen der Wasserbewegung erläutert. Hydromechanik und Hydraulik sind die Wissenschaftszweige, die sich mit den theoretischen Grundlagen der Strömung von Flüssigkeiten in offenen Gerinnebetten und geschlossenen Rohrleitungen beschäftigen.

6.1 Hydraulische Grundlagen fluvialer Dynamik

Wasserbewegung

In jedem Fließgewässer ist potenzielle Energie gespeichert. Während nur ein kleiner Teil dieser Energie für den Fließvorgang selbst benötigt wird, steht der Großteil für Reibungskräfte und somit für Erosion und Materialtransport zur Verfügung. Bei der Bewegung des Wassers lassen sich zwei Grundmuster unterscheiden, das laminare und das turbulente Fließen. Beim **laminaren Fließen** bewegen sich die Wasserteilchen in **parallelen Bahnen**, eine Durchmischung findet nicht statt. Ganz langsame oder Strömungen in sehr seichten Fließgewässern sind laminar. Bei **turbulenten Strömungen** wird die gerichtete Strömung von ungerichteten Bewegungen überlagert. Durch **Wirbelbildungen** kommt es zu starker Durchmischung. Turbulentes Strömen tritt nur an Grenzflächen auf: So entstehen Querwellen im Grenzbereich zu Festkörpern als Folge von Ausweichbewegungen und dadurch hervorgerufenen Oberflächenspannungen. Insbesondere die Rauigkeit der Begrenzungen des durchflossenen Gerinnes spielt dabei eine wichtige Rolle. Je rauer das Flussbett ist, umso schneller kommt es zum Übergang zwischen laminarem und turbulentem Fließen. Für Abtragungsvorgänge an der Flusssohle ist turbulentes Fließen von großer Bedeutung.

Arten des Fließens

Drei Faktoren entscheiden über das vorherrschende Strömungsverhalten: die Fließgeschwindigkeit V [m/s], die Wassertiefe T [m] und die kinematische Viskosität [m^2/s] als Maß für die Zähflüssigkeit des Wassers, die vor allem die Oberflächenspannung widerspiegelt. Sie gehen in die Formel zur Berechnung der **Reynoldschen Zahl** ein:

$$\text{Reynoldsche Zahl} \qquad Re = \frac{VT}{\nu}$$

Re ist dimensionslos, bei Werten < 500 herrscht überwiegend laminares Strömen. Werte > 750 kennzeichnen turbulentes Strömen, und Wellenbewegungen überlagern die flussabwärts gerichtete Fließbewegung. Längswellen/**Longitudinalwellen** im Inneren der Flüssigkeit entstehen durch Volumenänderungen, d.h. Verdichtung und Verdünnung. Damit werden diese Wellen, im Gegensatz zu den **Querwellen**, durch den Fließvorgang selbst hervorgerufen und nicht durch Hindernisse. Wasserwellen stellen gleichzeitig Quer- und Längswellen dar.

Das Fließverhalten selbst lässt sich zusätzlich anhand der Fließbedingungen als strömendes, schießendes oder fallendes Fließen beschreiben. Während es sich beim **strömenden Fließen** um eine ruhige Bewegung des Wassers mit verhältnismäßig glatter Oberfläche handelt, da die Fließgeschwindigkeit des Wassers geringer ist als die Ausbreitungsgeschwindigkeit der Longitudinalwellen, zeigen sich beim **schießenden Fließen** stehende, schäumende Wellen auf dem Wasser. Die Fließgeschwindigkeit des Wassers ist beim schießenden Fließen größer als die Ausbreitungsgeschwindigkeit der Longitudinalwellen und sehr häufig mit großer Turbulenz verbunden. Schießender Abfluss ist außerordentlich erosionswirksam. **Fallendes Fließen** kennzeichnet den Sonderfall der Wasserbewegung an Wasserfällen.

Fließzustand

Die **Froude-Zahl** Fr als Maß für den Fließzustand kennzeichnet das Verhältnis von Fließgeschwindigkeit V_L [cm/s] zur Ausbreitungsgeschwindigkeit der Longitudinalwellen:

Froude-Zahl $\quad Fr = V/(\rho' \cdot g \cdot T)^{1/2}$

V mittlere Fließgeschwindigkeit
ρ' Dichteverhältnis
T Wassertiefe

Beim Übergang zwischen strömendem und schießendem Fließen nimmt die Froude-Zahl (Fr) den Wert 1 an, bei $Fr < 1$ tritt strömendes Fließen, bei $Fr > 1$ schießendes Fließen auf.

Mittlere Fließgeschwindigkeit

Für die Bestimmung der mittleren Fließgeschwindigkeit stehen mehrere empirische Gleichungen zur Verfügung. Die gebräuchlichsten sind die **Manning-Strickler**- und die im Wasserbau häufig verwendete **Darcy-Weisbach-Formel**. Die Manning-Strickler-Gleichung weist gegenüber der Darcy-Weisbach-Formel zwar einige Einschränkungen auf, wird aber wegen ihrer einfachen Handhabung häufig benutzt. Sie berechnet die mittlere Fließgeschwindigkeit v:

$$v\,[m/s] = k_{Str}\,[m^{1/3}/s] \cdot R^{2/3}\,[m] \cdot S^{1/2}\,[\%]$$

k_{Str} bezeichnet den Geschwindigkeits- bzw. Rauigkeitsbeiwert nach STRICKLER, der sich beispielsweise aus Tabellen, so in SCHRÖDER (DVWK 1990), ermitteln lässt. R steht für den hydraulischen Radius [m] und S für das dimensionslose Sohlgefälle (Energieliniengefälle). Der hydraulische Radius R wird aus Fließquerschnitt F und benetztem Umfang U ermittelt:

$$R\,[m] = F\,[m^2] / U\,[m]$$

Die Manning-Strickler-Gleichung berechnet die *mittlere* Fließgeschwindigkeit, da innerhalb des Gerinnequerschnitts je nach Position unterschiedliche Geschwindigkeiten auftreten. Grundsätzlich kommt es mit zunehmender Annäherung an das Gerinnebett bzw. Ufer zur Geschwindigkeitsabnahme.

Maximale Fließgeschwindigkeit

Die größte Fließgeschwindigkeit wird stets im **Stromstrich** erreicht. Er befindet sich im Normalfall über dem tiefsten Bereich eines Flussbetts, also auf geraden Laufstrecken in der Mitte des Flusses nahe der Oberfläche dort, wo der Reibungseinfluss am geringsten ist. Hier kann auch die Tiefenerosion am wirksamsten ansetzen. Dies hängt mit der doppelwalzenförmigen Bewegung des Wassers (Helix) zusammen. Die Wasserpartikel bewegen sich auf einer Bahn, die von beiden Ufern ausgehend am Stromstrich zusammenläuft. Hier werden die Teilchen senkrecht nach unten zum Bett geleitet. Ihre Bahn setzt sich dort nach außen in Richtung der Ufer fort, bevor sie schließlich im Bereich der Wasseroberfläche wieder zum Stromstrich hin umgeleitet werden. In Krümmungen des Flusslaufs wird der Stromstrich durch den Einfluss der Zentrifugalkraft nach außen versetzt, so dass im Extremfall bei starker Krümmung nur noch eine Hälfte der Doppelwalze ausgebildet ist.

Hydraulische Geometrie

Der **Abfluss** Q [m^3/s] eines Fließgewässers, d. h. das je Zeiteinheit passierende Wasservolumen, errechnet sich aus Fließgeschwindigkeit v [m/s] und Fließquerschnitt F [m^2], wobei sich der Querschnitt als Produkt aus Breite (B) und Tiefe (T) ergibt:

$$Q\,[m^3/s] = F\,[m^2] \cdot v\,[m/s]$$

$$F\,[m^2] = B\,[m] \cdot T\,[m]$$

In der beschriebenen Form wird die Gleichung für zwei Flussquerschnitte A_1 und A_2 auch als **Kontinuitätsgleichung des Abflusses** bezeichnet. Sie besagt, dass sich bei konstantem Abfluss für jede Veränderung einer der genannten Größen eine der beiden anderen Größen ebenfalls ändert. Diese Gleichung ist für die auf LEOPOLD und MADDOCK (1953) zurückgehende hydraulische Geometrie von großer Bedeutung, die grundlegende Zusammenhänge zwischen Abfluss und Gerinnemorphologie beschreibt.

6.2 Fluviale Formung

Fluviale Erosion, Transport und Ablagerung

Bereits 1935 erkannte HJULSTRÖM durch empirische Messungen, dass fluviale Erosion, fluvialer Transport und vom Wasser abgelagertes Lockermaterial von der **Korngröße** und der **mittleren Fließgeschwindigkeit** abhängig sind (vgl. Abb. 17). Für die Aufnahme und Erosion gröberer Partikel mit zunehmender Korngröße ist eine proportional steigende Fließgeschwindigkeit, d. h. Schleppkraft, notwendig. Bei sehr kleinen Korngrößen und damit einhergehenden zunehmenden Kohäsionskräften sind ebenfalls steigende Fließgeschwindigkeiten erforderlich. Die **Grenzfließgeschwindigkeiten** für Erosion und Ablagerung liegen für sandige und noch gröbere Materialien eng beieinander, so dass bereits bei geringen Geschwindigkeitsänderungen Erosion und Sedimentation rasch wechseln können, mit dem Ergebnis räumlich und zeitlich stark wechselnder Gerinnebettformen und vergleichsweise kurzen Transportstrecken für gröbere Partikel. Im Gegensatz

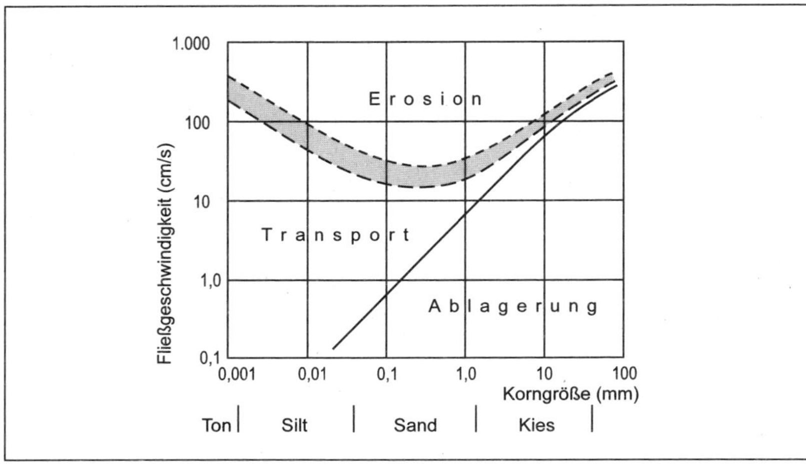

Abb. 17: Hjulström-Diagramm: Erosion, Transport und Ablagerung in Abhängigkeit von der Korngröße und der mittleren Fließgeschwindigkeit (eigener Entwurf)

dazu wird feineres Material als Suspensionsfracht (Schwebstoffe) auch bei geringen Fließgeschwindigkeiten über weite Distanzen verlagert.

Erosion

Während der Begriff Denudation im deutschen Sprachgebrauch vor allem für die flächenhaft wirkende Abtragung Verwendung findet, kennzeichnet Erosion die **linienhafte Abtragung** durch fließendes Wasser und z. T. auch durch Gletscher. Bei der fluvialen Erosion werden Partikel unterschiedlicher Größe von der Oberfläche der Gewässersohle durch das fließende Wasser aufgenommen und in Bewegung gesetzt. Die erosive Tieferlegung der Flussbettsohle wird als Tiefenerosion bezeichnet. Werden dagegen die Flussufer durch Unterschneidung und Nachstürzen von Material (gravitative Prozesse) zurückverlegt, spricht man von **Seitenerosion**.

Tiefenerosion setzt ein, sobald die Summe aus strömungsbedingten Antriebskräften, zu denen sich bei turbulentem Fließen gegebenenfalls noch aufwärts gerichtete Kräfte addieren, die festhaltenden Kräfte übersteigt: Die vorhandene Scherspannung des Wassers (zulässige Grenzscherspannungen nach DIN 19661 werden im Wasserbau angewendet) muss mindestens genauso groß sein wie die zur Ablösung eines Partikels nötige **kritische Scherspannung**, d. h. der Erosionsschwellenwert muss zunächst überschritten werden. Die kritische Scherspannung ist von mehreren Einflussgrößen abhängig. Zu ihnen zählen Korngröße und Masse eines zu bewegenden Partikels und bei größeren Geröllen auch Form und Lagerung. Die Erosionskompetenz eines Flusses beschreibt seine Fähigkeit, Partikel einer bestimmten Größe aufzunehmen. Sie hängt ab von seiner potenziellen Energie, die direkt proportional zum Produkt aus Wassertiefe und Gefälle bzw. Fließgeschwindigkeit ist.

Transport

Die Gesamtmenge des von Flüssen transportierten Materials wird unter dem Begriff **Flussfracht [t oder t/a]** zusammengefasst. Sie setzt sich aus drei Komponenten zusammen:

- Als **Lösungsfracht** (dissolved load) wird die Gesamtmenge [mg/l] der im Wasser gelösten Stoffe bezeichnet. Diese stammen aus der freien Atmosphäre, der chemischen Verwitterung von Mineralen und aus biotischen Prozessen. Hinzu kommen Verunreinigungen in Form von organischen und anorganischen Stoffen aus anthropogenen Emissionsquellen. Die gelösten Stoffe sind Bestandteil des Wassers und Transport findet statt, sobald sich Wasser überhaupt bewegt. Es existieren keine Schwellenwerte, die überschritten werden müssen, damit der Transportvorgang einsetzt. Die Konzentration der Lösungsfracht hängt von den Abflusskomponenten ab, d. h. ob ein Fluss ausschließlich von Grundwasser, von einer Kombination Grundwasser-Oberflächenabfluss oder einer Kombination Grundwasser-Interflow bzw. Grundwasser-Oberflächenabfluss-Interflow gespeist wird (Interflow = unterirdischer Abfluss in Oberflächennähe). Obwohl sie nicht sichtbar ist und morphodynamisch unwirksam, kann die Lösungsfracht am Gesamtaustrag aus einem Einzugsgebiet einen sehr hohen Anteil aufweisen. Sie ist von verschiedenen Parametern abhängig wie Einzugsgebietsgröße, Löslichkeit der Gesteine sowie aktuelle und subrezente Verwitterungsintensität im Einzugsgebiet, Wasserhaushalt und Landnutzung.

- Die **Suspensions- oder Schwebfracht** (suspended load) umfasst alle Feststoffe, die mit dem Wasser im Gleichgewicht stehen oder durch Turbulenzen in Schwebe gehalten werden, d. h. also in erster Linie Partikel der Ton- und Schluff-/Siltkorngrößen. Suspension bedeutet die Aufschwemmung feinstverteilter fester Stoffe in einer Flüssigkeit. Die Quellen der Schwebfracht umfassen den Oberflächenabfluss von den Hängen im Einzugsgebiet, die Resuspension bereits im Bachbett abgelagerter Feinsubstanz, die Ufererosion insbesondere bei Flüssen, deren Uferbänke aus Lokkermaterial aufgebaut sind, und den Abrieb von Geschiebe bzw. die Tiefenerosion. Die Mitführung der Schwebfracht erfordert ein hohes Maß an Transportenergie, so dass die Abnahme der Fließgeschwindigkeit (z. B. bei Einmündung in ein stehendes Gewässer oder bei Überschwemmungen, wenn der Fluss sein Bett verlässt und in den Bereich der Aue vordringt) zur Bildung von Akkumulationsfomen wie Deltas oder Uferdämmen (s. Kap. 11.3) führen kann.
- Gröbere Partikel wie Schotter, Kies und Blöcke bilden die **Geröllfracht** (bedload). Der Transport von Flussgeschieben erfolgt nur an der obersten Schicht der Gewässersohle. Dabei werden z. B. Kiese nicht als geschlossene Körper transportiert, sondern als einzelne Körner von der Sohle abgehoben, ein Stück vorwärts bewegt, abgelagert und wieder weitertransportiert. Die Transportmechanismen verlaufen dabei korngrößenspezifisch. Die kritischen Werte für das Einsetzen des jeweiligen Transportmechanismus ergeben sich aus der aktuellen/tatsächlichen Schubspannung (u*) und der für die Mobilisation notwendigen Schubspannungsgeschwindigkeit (u*0):

Schieben	… für u*/ u*0
Rollen	< 1,4
Saltieren	1,4 – 1,9
Schweben	> 1,9

- Die Kombination aus bewegtem Material und Bewegungsmechanismus deutet die hohe Wirksamkeit für die Sohlenerosion bzw. die morphologische Ausgestaltung des Flussbetts bereits an. Die Menge der verfügbaren Geröllfracht hängt in erster Linie von den Parametern Ausgangsgestein und Klima (und somit von Verwitterung und den vorherrschenden Abtragungsprozessen) ab. Im Gegensatz zur Lösungs- und Schwebfracht ist daher die quantitative Abschätzung des Gerölltransports als Funktion des Abflusses nicht möglich.

Transportrate

Die Transportrate eines Flusses wird in **Gewichts- oder Volumeneinheit pro Zeit** ausgedrückt. Sie zeigt an, wie viel Material innerhalb einer bestimmten Zeitspanne in Bewegung gehalten und durch einen Messquerschnitt bewegt wird. Sie ist für die Bestimmung der **Gesamtabtragungsrate** eines Flusseinzugsgebiets von großer Bedeutung. Die **mittlere Abtragungsrate** [mg/km^2] lässt sich durch Division der Transportrate durch die Fläche des Einzugsgebietes ermitteln. Für den Gesamtaustrag aus einem Einzugsgebiet sind Lösungs- und Schwebfracht von wesentlicher Bedeutung.

Sedimentation

Sobald das fließende Wasser keine Transportkapazität mehr besitzt, kommt es zur Sedimentation von Lockermaterial. Wie das Hjulström-Diagramm (vgl. Abb. 17) zeigt, hängt die Ablagerung primär von der Fließgeschwindigkeit und der Korngröße ab. Je geringer die Geschwindigkeit, desto kleinere Partikel werden abgelagert.

Geomorphologische Ausgestaltung der Gewässersohle

Die **Gewässersohle** ist der am tiefsten gelegene Bereich eines Fließgewässers und wird von den beiden Ufern begrenzt. Die Sohle spielt eine wichtige Rolle bei der Bewertung der Gerinnedynamik. Sie kann entweder als Felssohle oder als Lockermaterialsohle ausgebildet sein. Felssohlen werden auch als **Resistenzstrecken** eines Flusses bezeichnet. Ist die Gewässersohle in Lockermaterial ausgebildet und steht mehr Material in Form von Sanden und Schottern zur Verfügung, als das Fließgewässer aufgrund seiner energetischen Ausstattung abtransportieren kann, handelt es sich um eine **Auslastungsstrecke**. Die Menge des an der Sohle vorhandenen Lockermaterials ist keine statische Größe, sondern es ergeben sich je nach Abfluss deutliche Unterschiede. So kann sich aus einer Lockermaterialsohle durch ein Hochwasserabflussereignis eine Felssohle bilden und umgekehrt bei geringem Abfluss aus einer Resistenz- eine Auslastungsstrecke.

Schleppkraft

Die Schleppkraft eines Flusses variiert innerhalb seines Querprofils sehr stark. Während sie im Bereich des Stromstrichs sehr hoch ist, nimmt sie in Richtung Sohle und Ufer rasch ab. Dies hat zur Folge, dass Gesteinsfragmente, die zunächst in einer Zone hoher Fließgeschwindigkeit transportiert werden, abgelagert werden, sobald sie in einen Abschnitt mit geringerer Geschwindigkeit gelangen. Je nach Materialangebot und -menge bilden sich dann dort **Sand- und/oder Schotterbänke**.

Bei sandigen Gerinnesohlen kommt es durch turbulente Wasserbewegungen bei kleinräumig wechselnden Fließgeschwindigkeiten im Flussbett zu einem engen Nebeneinander von erodierten Hohl- und akkumulierten Vollformen. Es handelt sich um wellenartige Kleinformen, wie sie typischerweise an der Grenzfläche von zwei unterschiedlich dichten, bewegten Medien (hier: Wasser und Sand) auftreten. **Rippeln** sind quer zur

Hauptströmungsrichtung verlaufende niedrige, schmale Kämme mit flachen Luv- und steilen Leeseiten, wobei die Luvseite der Strömung ausgesetzt und die Leeseite stromabwärts ausgerichtet ist. Die Größe der Rippeln liegt im Zentimeterbereich. Sie entstehen in tieferem Wasser bei größeren Fließgeschwindigkeiten und können an ihrer Oberfläche aufgesetzte Rippeln besitzen.

Riffles und Pools

Durch variierende Fließgeschwindigkeiten, hervorgerufen durch Turbulenzen der Sekundärzirkulationen, bilden sich insbesondere in heterogenem Lockermaterial Sequenzen von seichteren Stellen mit schießendem Abfluss und tiefere mit strömendem Abfluss, deren Frequenz die Abtragungsdynamik reflektiert. Die Untiefen werden als **Furten** (riffles), die beckenförmigen Eintiefungen als **Kolke** (pools) bezeichnet.

Flusslängsprofil

Unter **Flusslängsprofil** versteht man das Höhenprofil des Wasserspiegels eines Flusses von der Quelle bis zur Mündung. Seine Form ist normalerweise längskonkav ausgebildet, das Energiegefälle ist stets flussabwärts gerichtet. Der Lauf eines Flusses lässt sich mit **Ober-**, **Mittel- und Unterlauf** in drei grundlegende Abschnitte untergliedern. Gefälle und Fließgeschwindigkeit nehmen vom Ober- zum Unterlauf hin im Allgemeinen ab. Daraus ist zu folgern, dass sich vom Ober- zum Unterlauf die jeweils vorherrschenden fluvialen Formungsprozesse in gleichem Maß von Erosions- über Transport- zu Sedimentationsprozessen verschieben. Ausnahmen treten vor allem an **Knickpunkten** im Längsprofil auf. Knickpunkte sind Stellen der Gefällsverstärkung oder -verminderung, bei denen das Flusslängsprofil von der konkaven Form abweicht. Sie sind vor allem deshalb von Bedeutung, weil sie Hinweise auf Änderungen des Gesteinsuntergrundes oder auf tektonische Störungen geben können.

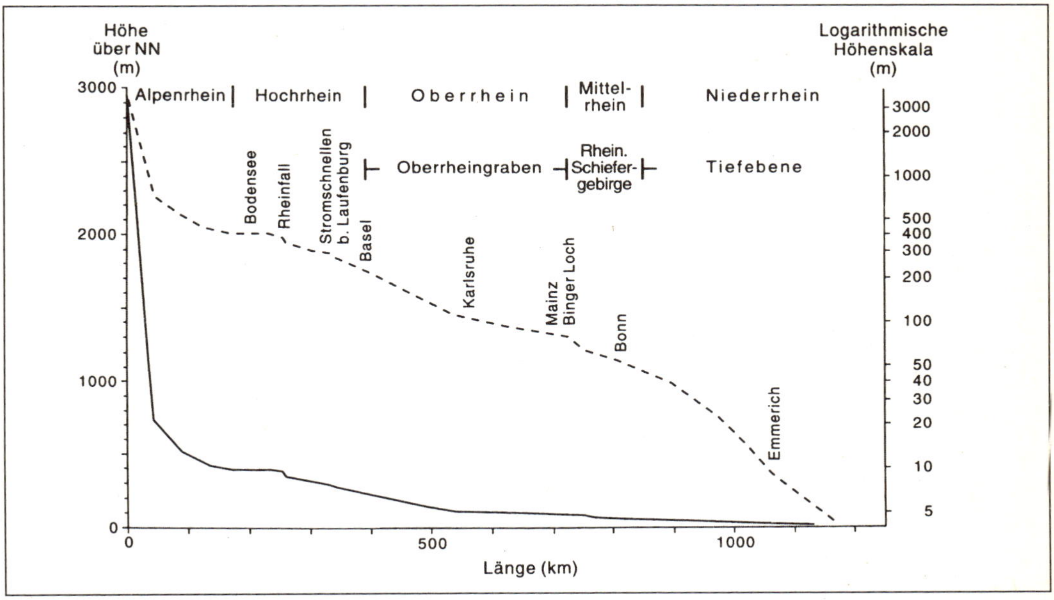

Abb. 18: Längsprofil des Rheins; durchgezogene Linie: lineare Höhenskala, gestrichelte Linie: logarithmische Höhenskala (aus AHNERT 1999, S. 223)

Wasserfälle

Wasserfälle sind besonders markante **Knickpunkte im Längsprofil**. Mit Niagaratyp, Kaskadentyp und Hängetaltyp lassen sich drei Arten von Wasserfällen unterscheiden. Beim **Niagaratyp** stürzt das Wasser von einer Schicht widerstandsfähigen Gesteins in einen Bereich hinab, in dem die resistente Schicht sowie darunter gelegene, leichter erodierbare Gesteinspakete bereits abgetragen und ausgeräumt sind. Beim **Kaskadentyp** überwindet das Wasser die Höhendifferenz nicht in einem einzigen Sturz, sondern es fällt über mehrere, häufig kleinere Stufen nach unten. Der **Hängetaltyp** ist charakteristisch für ehemalige Glazialgebiete, in denen die Fließgewässer aus höher gelegenen Nebentälern in die glazial übertieften Haupttäler (s. Kap. 7) hinabstürzen.

Erosionsbasis und rückschreitende Erosion

Als Erosionsbasis wird die Höhenlage der Mündung eines Flusses bezeichnet. Die **Haupterosionsbasis** eines Flusssystems mit **exorhëischer** Entwässerung (Mündung des Flusses in ein Meer) ist das Meeresniveau, während die **regionale Erosionsbasis** eines Nebenflusssystems die Höhenlage der Einmündung in den Hauptfluss (**Vorfluter**) ist, z.B. bei der Mosel die Höhenlage ihrer Mündung in den Rhein bei Koblenz. **Endorhëische** Entwässerung tritt vor allem in den ariden und semiariden Gebieten der Erde auf. Aufgrund der hohen Verdunstung münden endorhëische Flüsse nicht in das Meer, sondern sie entwässern entweder in einen Endsee eines abflusslosen, häufig tektonisch angelegten Beckens im Inland oder sie verdunsten bzw. versickern im Beckentiefsten. Bei **arhëischer** Entwässerung findet nahezu kein Oberflächenabfluss statt.

Unterschiedliche Prozesse können dazu führen, dass sich die Höhenlage der Erosionsbasis verändert. Hierzu zählen Veränderungen des Meeresspiegels oder tektonische Prozesse wie Krustenbewegungen. Die regionale Erosionsbasis kann sich durch Tiefenerosion oder durch Aufschüttung des Vorfluters verändern, ebenso wie durch Flussanzapfungen ein Fließgewässer einem neuen Vorfluter **tributär** werden kann und sich auf dessen Erosionsbasis einstellt. Die Tieferlegung der Erosionsbasis (z.B. durch die Absenkung des Meeresspiegels) erhöht die **Basisdistanz**, d.h. den Höhenunterschied zwischen Quelle und Mündung, und führt damit zu einem Eintiefungsimpuls, der sich flussaufwärts fortpflanzt und daher als **rückschreitende Erosion** bezeichnet wird. Diese spielt eine wesentliche Rolle bei der Eintiefung von Flussläufen und damit bei der Entwicklung von Tälern. Analog bewirkt eine Erhöhung der Erosionsbasis ein vermindertes Flussgefälle mit **rückschreitender Sedimentation**.

Grundriss von Fließgewässern

Ein Fluss fließt entweder in einem Tal oder in einer Aufschüttungsebene. Fließt der Fluss durch ein **Kerbtal**, ist sein Grundrissmuster mit dem des Tals identisch. Bei **Sohlentälern** sind – je nach Breite der Talsohle – mehr oder weniger große Abweichungen der Grundrissmuster von Tal und Fluss möglich, so dass die Lauflänge des Flusses die Tallänge deutlich übertreffen kann. Am geringsten wird die Bewegungsrichtung des Flusses in einer Aufschüttungsebene beeinflusst.

Drei Grundrisstypen von Fließgewässern sind zu unterscheiden:

- **Gestreckte oder gerade Flussläufe** liegen häufig in engen Kerbtälern mit großem Gefälle. Vielfach folgen sie tektonischen Strukturen oder es handelt sich um anthropogen begradigte Gerinnebetten.

- Bei **verzweigten Flüssen** ist der Abfluss auf mehrere Stromstriche verteilt. Die Bildung verzweigter Flüsse mit Abflussdivergenz ist auf verschiedene Ursachen zurückzuführen: Auf Resistenzstrecken können Erosionsprozesse zu Verzweigungen führen. Häufiger stellen sich Verzweigungen bei Flüssen mit großer Sedimentfracht (v. a. Geröllfracht) und großen Abflussschwankungen bei gleichzeitig hohen Fließgeschwindigkeiten ein. Bei sinkendem Wasserstand wird Material abgelagert und es bilden sich Hindernisse in Form von Sand- oder Kiesbänken, evtl. auch kleine Inseln, die umflossen werden müssen. Sind die Verzweigungen im Grobmaterial ausgebildet, spricht man von einem **Braided River**, bei sandigem Material werden die Flüsse als **anastomisierend** bezeichnet. **Dammflussverzweigungen** entstehen, wenn aufgrund eines Hochwassers ein Flussdamm überflutet wird und sich dadurch parallel zum Fluss ein weiterer Stromstrich ausbildet.
- Der dritte Grundrisstyp ist durch das Auftreten von **Mäandern** charakterisiert. Mäander sind bogenförmige Flussabschnitte, die aneinander gereiht ein mehr oder weniger wellenförmiges Grundrissmuster ergeben. Zur Beschreibung der Mäandergeometrie werden **Wellenlänge**, **Mäanderradius** und **Amplitude** verwendet. Die **Sinuosität** ist ein Maß für den Windungsgrad eines Fließgewässers. Sie wird mittels der Division der Fließlänge durch die Tallänge bestimmt. Ab einer Sinuosität von >1,5 spricht man von einem mäandrierenden Fließgewässer. Bei Mäandern unterscheidet man **freie Mäander** und **Talmäander**. Zur Ausbildung freier Mäander muss der Fluss in einer ausreichend breiten Talsohle oder einer Ebene fließen. Das Material besteht in diesem Fall aus Ablagerungen des Flusses selbst. In einem Flussmäander ist der Stromstrich durch den Einfluss der Zentrifugalkraft nach außen versetzt. Dies hat mehrere Konsequenzen für die geomorphologische Gestaltung des Flussbetts. Bedingt durch die hohe Fließgeschwindigkeit kommt es im Bereich des Mäanderbogens zu ausgeprägter Seitenerosion. Das an der Außenseite des Mäanderbogens gelegene Steilufer wird **Prallhang** genannt. Es wurde bereits erwähnt, dass im Bereich des Stromstrichs auch die Tiefenerosion besonders wirksam wird, wodurch sich in den Mäanderbögen im Normalfall auch Pools bilden. Auf der Innenseite des Mäanderbogens ist der Abstand zum Stromstrich sehr groß, so dass die Fließgeschwindigkeit hier geringer ist und Material akkumuliert wird. Dieser **Gleithang** ist im Gegensatz zum Prallhang flach ausgebildet. Riffles finden sich häufig in den nicht gekrümmten Flussabschnitten zwischen zwei Mäanderbögen. Fortschreitende Seitenerosion am Prallhang und Akkumulation am Gleithang führen zu einer Verstärkung der Auslenkung des Mäanderbogens. Daraus kann resultieren, dass ein Mäander am **Mäanderhals** durchbrochen und dadurch der Flusslauf verkürzt wird; der abgeschnürte Mäanderbogen entwickelt sich damit zum **Altwasserarm**. Wird die Verbindung zum Flusslauf gänzlich unterbrochen, entsteht ein hufeisenförmiger Altwassersee. Bei der Eintiefung eines mäandrierenden Flusses in den Untergrund folgt der Talverlauf den Flussschlingen und es bilden sich **Talmäander**. Diese haben analog den Prall- und Gleithängen des Flussbetts einen steilen Prall- und einen flachen Gleithang. Wird ein Talmäander abgeschnürt, entstehen ein **Umlaufberg** und ein trockenfallendes **Umlauftal**.

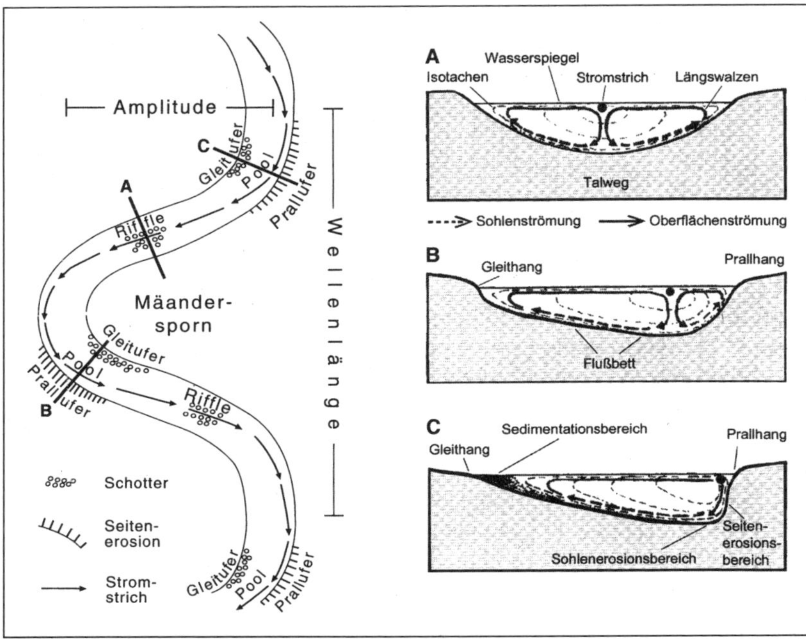

Abb. 19: Schematischer Grundriss von Mäandern und Querschnitte bei geradlinigem (A), leicht gekrümmtem (B) und stark gekrümmtem Flusslauf (verändert nach AHNERT 1999, S. 225, und LESER/PANZER 1981, aus BUSCH 1986, S. 27)

Flussterrassen

Terrassen sind stufenartige Verebnungen in einem Hang. **Flussterrassen**, oft auch als Talterrassen bezeichnet, sind Reste ehemaliger Talböden. Talböden werden gebildet, wenn die Tiefenerosion eines Flusses durch Seitenerosion oder Aufschüttung unterbrochen wird. Stellt sich ein erneuter Eintiefungsimpuls ein, zerschneidet der Fluss den alten Talboden und hinterlässt die Terrasse als dessen Relikt. Je nach ihrer Ausbildung in Fels- oder in Lockermaterialbetten werden sie als **Fels- oder Felssohlenterrasse** oder als **Schotter- oder Aufschüttungsterrassen** bezeichnet. Da die Entwicklung eines Tales über sehr lange Zeiträume unter immer wieder wechselnden Umweltbedingungen erfolgt, sind an Talhängen oft mehrere Terrassen in unterschiedlichen Niveaus ausgebildet. Bei diesen **Terrassentreppen** liegen die älteren Terrassen in einer höheren Lage als die jüngeren Terrassen, die in geringerer Höhe über dem heutigen Flusslauf zu finden sind.

Fluviale Akkumulationsformen

Fluviale Akkumulation findet dann statt, wenn die Schleppkraft eines Flusses nicht mehr ausreicht, um das mitgeführte Material zu transportieren. Ursachen hierfür können die Abnahme der Wassermenge oder der Fließgeschwindigkeit sowie zusätzliche Sedimentzufuhr sein.

Schwemmfächer sind dreieckige, halbkreis- oder „fächerförmige" Akkumulationskörper von fluvial transportiertem Lockermaterial. Sie entstehen, wenn gefällsreiche Bäche oder Flüsse in das größere Tal eines Vorfluters oder aus einem Gebirge in flaches Gelände eintreten. Besonders günstige Bedingungen für die Entstehung von Schwemmfächern sind überall dort

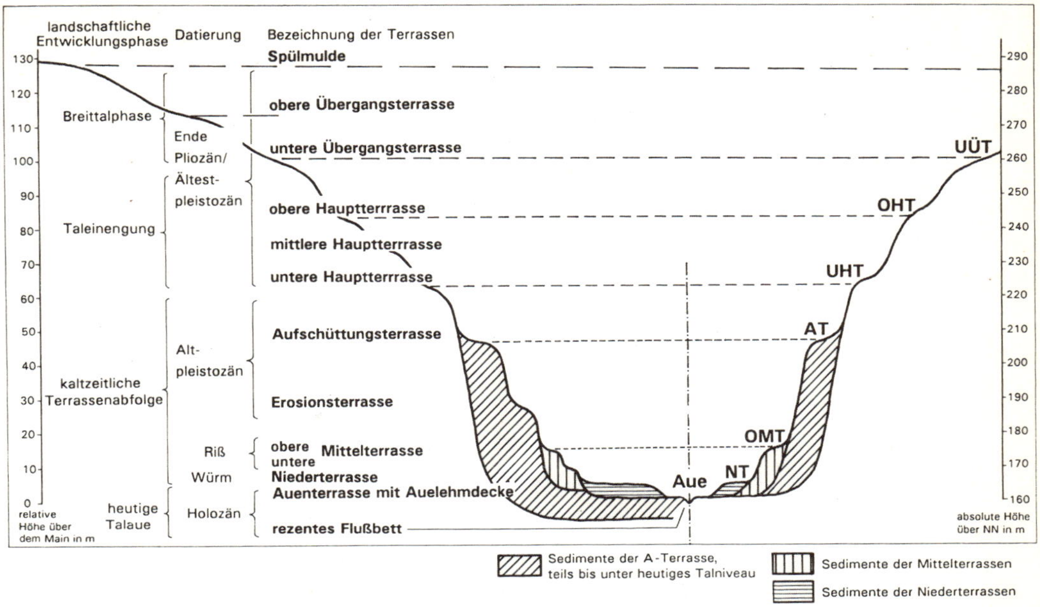

Abb. 20: Terrassen des mittleren Maintals nördlich von Würzburg (vereinfacht als schematisches Sammelprofil nach KÖRBER 1962 und KURZ 1988, aus MÜLLER 1996)

gegeben, wo – ohne eine schützende Vegetationsdecke – die physikalische Verwitterung ausreichend Material zur Verfügung stellt, das durch stoßweise Wasserführung aufgenommen und transportiert werden kann. Dies sind Bedingungen, wie sie aktuell insbesondere in semiariden und periglazialen (polaren bzw. subpolaren) Regionen sowie am Rand von Hochgebirgen gegeben sind. Der Begriff **Schwemmkegel** wird zum Teil synonym für Schwemmfächer benutzt, teilweise aber auch nur auf steile Schwemmfächer mit Hangneigungen von mehr als 20° bezogen.

Deltas

Im Unterlauf großer Flüsse können in der Nähe der Mündungen aufgrund des dort herrschenden geringen Gefälles **Schwemmlandebenen** entstehen. Diese gehen häufig in Deltas über. Deltas sind verzweigte Flussmündungen mit unterschiedlichem Grundriss. Ihre Entstehung lässt sich prinzipiell mit der Entstehung von Schwemmfächern vergleichen. Mündet ein Fluss ins Meer oder in einen See (**Binnendelta**), verliert er sein Gefälle völlig und lagert zunächst seine gesamte Geröllfracht ab. Die Schwebfracht kann noch etwas weiter transportiert werden, kommt aber schließlich auch zur Ablagerung. Aus diesen Vorgängen resultiert die für den Aufbau eines Deltas charakteristische **Deltaschichtung**. Über den flach lagernden und weit ins Vorfeld reichenden Bodenschichten (bottomset beds) aus Feinsedimenten folgen die aus Geröllfrachtablagerungen aufgebauten Böschungsschichten (foreset beds) im natürlichen Unterwasser-Böschungswinkel des Sedimentmaterials. Die Böschungsschichten werden von den annähernd horizontal geschichteten Deckschichten (topset beds) überlagert. Ein großes Einzugsgebiet mit intensiver Verwitterung führt dazu, dass große Mengen an Sedimenten, v. a. Schweb, angeliefert werden, die zum Aufbau des Deltas zur Verfügung stehen. Notwendig für die Ausbildung eines Deltas sind Flachküsten mit geringen Wassertiefen und geringer Wellenenergie, das Fehlen starker Strömungen und ausgeprägter Gezeiten. Submerse Vegetation unterstützt als Sedimentfänger ebenfalls die Deltaentwicklung.

Die heutigen Deltas an Meeresküsten weisen ein Alter von 7000–9000 Jahren auf. Sie entstanden durch den Meeresspiegelanstieg nach dem Ende des letzten Glazials und sind auf das heutige Meeresniveau eingestellt. Binnendeltas können älter sein, da sie von eustatischen Meeresspiegelschwankungen nicht betroffen sind.

Deltaformen

Nach ihrer Form werden mehrere Deltatypen unterschieden. Dreieckige bis keilförmige Vorsprünge bezeichnet man als **Spitzdelta** (cuspate delta). Die Tibermündung beispielsweise ist aufgrund von Meeresströmungen quer zur Küste als Spitzdelta ausgebildet. Aufgrund seiner Grundrissform mit nehrungsartigen Barren auf beiden Seiten der Mündung wird das Delta des Ebros als **Flügeldelta** (winged delta) bezeichnet. Beim Mississippi spricht man von einem **Finger- oder Vogelfußdelta** (birdfoot delta), da an den einzelnen Mündungsarmen Landzungen fingerartig vorgebaut sind, so dass die Form einem Vogelfuß gleicht. Ursache für die Ausbildung dieser Deltaform ist eine große Flussfracht bei gleichzeitig geringer Wirkung des Meeres. Aus einem Fingerdelta kann sich dann ein **Bogendelta** (arcuate delta) entwickeln, wenn Meeresströmungen kein weiteres Wachstum zulassen. Dieser Deltatyp findet sich im Mündungsbereich des Niger. Zwischen den genannten Formen sind vielfach Übergangstypen und komplexe Mischformen (**komplexes Bogendelta** des Nil) ausgebildet.

Auelehm

Auelehm ist ein geologisch junges, vielfach humushaltiges, **durch fluviale Ablagerung entstandenes Sediment**, das im weiter vom Fluss entfernten Überschwemmungsbereich der Talaue zur Ablagerung gelangt. Auelehm ist ein Gemisch aus Sand, Schluff und Ton und entspricht daher der Bodenart Lehm. Die ältesten Auelehmbildungen werden auf verstärkte Bodenerosion durch Waldrodungen im Zuge des beginnenden Ackerbaus im Neolithikum zurückgeführt. Der überwiegende Teil der Auelehmdecken geht allerdings auf Prozesse der Spüldenudation durch die Intensivierung der Landwirtschaft während der mittelalterlichen Rodungsperiode zurück. In den Talauen der deutschen Mittelgebirge erreichen Auelehmablagerungen Mächtigkeiten von einigen Dezimetern bis zu mehreren Metern.

Dammuferflüsse

Dammuferflüsse wie der **Po** oder der **Mississippi** sind Flüsse, die an beiden Ufern von einem Uferwall begleitet werden. Die Uferwälle oder **Flussdämme** entstehen dadurch, dass bei einem Hochwasser der Abfluss nicht mehr ausschließlich über das Gerinnebett abgeführt werden kann, und der Fluss über seinen Damm tritt. Insbesondere im Unterlauf von Flüssen kann anhaltende Akkumulation auch zu einer Erhöhung der Flussbettsohle führen. Im Extremfall liegen der Wasserspiegel des Flusses und sogar dessen Flussbettsohle über dem Niveau der Umgebung. Wird ein Flussdamm bei einem Hochwasserereignis durchbrochen, kann eine Dammflussverzweigung entstehen.

Flussmündungen

Im Gegensatz zu den durch fluviale Ablagerung als Deltas ausgebildeten Flussmündungen sind **Ästuare** durch Seitenerosion von Ebbe und Flut trichterförmig erweiterte Flussmündungen im Gezeitenbereich von Flachküsten. Da nicht nur das Flutwasser, sondern zusätzlich auch das aufgestaute

Flusswasser abgeführt werden muss, wirkt insbesondere der Ebbstrom formprägend. Übergangsformen zwischen Ästuar und Delta mit mehreren trichterförmig erweiterten Mündungsarmen werden auch als **Ästuardelta**, wie z. B. das Rhein-Maas-Delta, bezeichnet.

Mündet ein Fluss nicht ins Meer, sondern in seinen Vorfluter, so wird sein Stromstrich stromabwärts verlagert und es stellt sich ein charakteristischer **Mündungswinkel** zwischen Haupt- und Nebenfluss ein. In Extremfällen, v. a. in Aufschüttungsebenen, kann die seitliche Verschiebung der Mündung über sehr große Strecken erfolgen, so dass die beiden Flüsse über eine gewisse Distanz parallel fließen (**Mündungsverschleppung**).

Flussnetze und Entwässerungssysteme

Als Flussnetz bezeichnet man das Muster der räumlichen Anordnung von Flussläufen eines bestimmten Gebietes. Die Gestalt eines Flussnetzes ist von den geologischen und klimatischen Gegebenheiten sowie von den Reliefverhältnissen abhängig. Seine Beschreibung erfolgt quantitativ durch die Gewässerdichte oder das Gabelungsverhältnis. Flussnetze werden darüber hinaus qualitativ nach der Form ihres Grundrissmusters beschrieben. Reinformen sind die Ausnahme, vielmehr haben sich vielfach Übergangsformen ausgebildet. Obwohl einige Grundrissmuster relativ eng mit einer bestimmten Art der Entstehung korrelieren, ist eine strikte Kausalbeziehung zwischen Form und Genese nicht gegeben. **Dendritische** Grundrissmuster sind baumartig verzweigt und weisen keine bevorzugte Fließrichtung auf. Sie sind oft sehr alt und lehnen sich im Allgemeinen nicht an die geologischen Verhältnisse an. Ein **radiales** Gewässernetz findet sich häufig in jung gehobenen Gebieten mit kreisförmiger Aufwölbung oder an den Flanken von

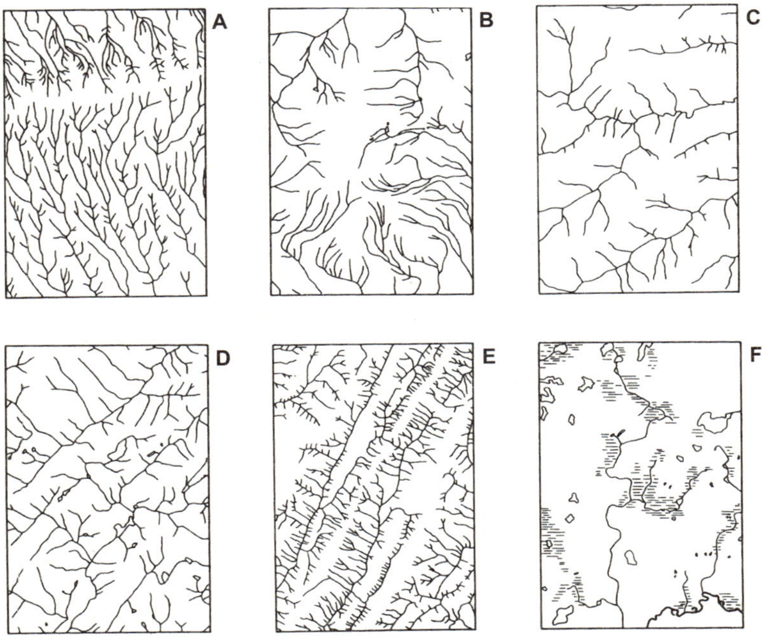

Abb. 21: Flussnetztypen (nach THORNBURY 1954, aus AHNERT 1999, S. 261) A: Parallel, B: Radial, C: Dendritisch, D: Rechtwinklig, E: Spalierartig, F: Chaotisch

jungen Vulkanen. Die Flüsse streben von einem Zentrum kreisförmig nach außen. Den umgekehrten Fall, das Zusammenfließen in einem Zentrum, kennzeichnet die **zentripetale** Entwässerung. Sie tritt häufig in vulkanischen Hohlformen oder tektonischen Becken auf. (**Recht**)**winklige** Grundrissmuster sind vielfach ein Hinweis darauf, dass die Flüsse dem bestehenden Kluftmuster folgen. Im Fall der **parallelen** Entwässerung verlaufen die Hauptflüsse nebeneinander, während die Nebenflüsse meist spitzwinklig einmünden. Derartige Gebiete sind häufig durch steile, gleichmäßig geneigte Oberflächen gekennzeichnet. Wird eine dominante Entwässerungsrichtung von einer rechtwinklig untergeordneten Fließrichtung ergänzt, spricht man von **spalierartiger** Entwässerung, die meist im Bereich unterschiedlich resistenter Sedimentgesteine, z. B. bei Schichtkämmen, anzutreffen ist. **Chaotische** Entwässerung zeigt kein durchgehendes Muster und ist Ausdruck eines jungen, wenig entwickelten Flussnetzes und wechselndem Gefälle. Diese Art der Entwässerung findet sich heute oft in glazial geprägten Landschaften. **Anthropogen** angelegte Entwässerungsnetze zeichnen sich in erster Linie durch künstliche Begradigung von Fließgewässern aus.

Flussordnungssystematik

Mehrfach wurden Ansätze zur Klassifikation und Ordnung von Flussnetzen entwickelt, so von **Horton** (1945), die später von **Strahler** (1952, 1957) modifiziert wurde. Jeder Flussabschnitt erhält eine Ordnungsziffer. Alle Quellflüsse bekommen die Ordnungszahl 1. Sobald sich zwei Quellflüsse vereinigen, erhält der folgende Abschnitt die Ordnungsziffer 2. Ziffer 3 wird für Abschnitte vergeben, die aus dem Zusammenfluss zweier Abschnitte mit dem Wert 2 hervorgehen. Die Ordnungszahl erhöht sich nur dann, und zwar um den Wert 1, wenn zwei Abschnitte gleicher Hierarchieebene zusammenfließen. Bei Einmündung eines hierarchisch niedrigeren Abschnitts in einen Abschnitt höherer Ordnung bleibt die größere Ordnungszahl erhalten. Im Hinblick auf das Gesamtflussnetz wird die Ordnungszahl des Flusses mit der höchsten Ordnungszahl vergeben. Als **Flusszahl** bezeichnet man die Anzahl der Laufabschnitte, die der gleichen hierarchischen Ebene zugeordnet sind. Das Größenverhältnis der Flusszahlen zweier aufeinander folgender Ordnungen nennt man **Gabelungsverhältnis**. Dieses wird errechnet, indem man die Flusszahl der Ordnung K durch die Flusszahl der Ordnung K+1 dividiert. Eine wichtige hydrologische Kenngröße ist die **Flussdichte** eines Gebiets. Sie wird ermittelt, indem man die Gesamtlauflänge der Fließgewässer durch die Gebietsfläche dividiert. Ersetzt man die Länge der Fließgewässer durch die Gesamtlänge der Täler, so erhält man die **Taldichte**.

Zur Beschreibung von Entwässerungssystemen in einer Schichtstufenlandschaft hat sich eine eigene Terminologie entwickelt. Flüsse werden als **konsequent** bezeichnet, wenn ihre Fließrichtung dem Einfallen der Schichten entspricht, und haben die höchsten Ordnungszahlen des betreffenden Netzes. **Subsequente** Flüsse fließen im Schichtstreichen. Flüsse, die entgegengesetzt zum Schichteinfallen verlaufen, werden **obsequent** genannt. Ebenso wie die konsequenten Flüsse folgen auch die **resequenten** Flüsse dem Einfallen der Schichten, allerdings sind sie als Nebenflüsse auf die subsequenten Flüsse ausgerichtet und haben demzufolge niedrigere Ordnungszahlen. Als **insequent** werden Flüsse bezeichnet, deren Fließrichtung keine Beziehung zum Schichtenbau erkennen lässt.

Flussanzapfung

Wenn zwei benachbarte Flusseinzugsgebiete eine jeweils sehr unterschiedliche Erosionsbasis besitzen, kann der Fluss mit der niedrigeren Erosionsbasis durch rückschreitende Erosion die Wasserscheide auf Kosten des Einzugsgebiets des benachbarten Flusses zurückverlegen und ihn damit „**anzapfen**". Dadurch, dass der anzapfende Fluss sein eigenes Einzugsgebiet auf Kosten des angezapften Flusses vergrößert, wird das Gewässernetz grundlegend umgestaltet. Gleichzeitig erhöht sich der Abfluss unterhalb der Anzapfungsstelle. Biegt der angezapfte Fluss scharf in mehr oder minder rechtem Winkel zum Tal des anzapfenden Flusses ab, so spricht man von einem **Anzapfungsknie**. Der angezapfte Fluss hat einen Teil seiner ursprünglichen Talstrecke verloren, das deshalb als **geköpftes Tal** bezeichnet wird. Das bekannteste Beispiel einer Flussanzapfung in Deutschland findet sich im Schwarzwald. Die Aitrach, ursprünglich ein Quellfluss der Donau, wurde am Ende der letzten Eiszeit durch die zum Oberrhein entwässernde Wutach angezapft, deren Erosionsbasis 300 m tiefer liegt als die Mündung der Aitrach in die Donau.

Hangformen

Die Betrachtung von Hängen ist aus verschiedenen Gründen von Bedeutung. Zum einen sind Hänge ein wesentlicher Bestandteil von Tälern, wobei Prozesse der Hangformung gemeinsam mit fluvialen Prozessen im Gerinnebett deren Morphologie prägen. Zum anderen vollzieht sich im unmittelbaren Umfeld von Hängen der Übergang von flächenhafter Denudation zu linienhafter Erosion. Bei der Betrachtung unterschiedlicher geomorphologischer Hierarchieebenen wird deutlich, dass die Wechselwirkung von Abtragung und Materialakkumulation die Form eines Hanges prägt. Die Abtragung an einem Hang erfolgt vor allem durch gravitative Massenbewegungen und durch fließendes Wasser. Die Entwicklung von Hangformen wird zwar von einer Vielzahl an Faktoren beeinflusst, wesentlich sind jedoch Gesteinsstruktur, Tektonik und Klima.

Hangklassifikation

Bei der qualitativen Beschreibung der Form eines Hanges lassen sich drei Grundformen unterscheiden: **konvex**, **konkav** oder **gerade**. In der Realität sind Hänge in ihren verschiedenen Teilstücken allerdings oft unterschiedlich ausgebildet. Hänge können entweder transport- oder verwitterungsbeschränkt sein. Beim **verwitterungsbeschränkten Hang** hält die Verwitterung mit der Abtragung nicht mehr Schritt, so dass schließlich das anstehende Gestein entblößt und die Hangform durch die lokale Art der Verwitterung bestimmt wird. Ein dynamisches Gleichgewicht kann sich nicht einstellen. Von einem **transportbeschränkten Hang** spricht man, wenn die Verwitterung mindestens ebenso wirksam ist wie die Abtragung. Aus der Hangform selbst lässt sich allerdings nicht direkt auf die abgelaufenen Prozesse schließen, da ein und dieselbe Form durch unterschiedliche Mechanismen hervorgerufen werden kann. Verallgemeinernd sind konvexe Hänge typisch für Gebiete, in denen (langsame) Massenbewegungen das Prozessgefüge prägen oder die Tieferlegung des Flussbettes der Abtragung am Hangfuß vorauseilt. Gerade oder auch „gestreckte" Hänge lehnen sich in der Regel an Schichtflächen an. Ein konkaves Hangprofil wird dort gebildet, wo Spüldenudation die Hangformung prägt, und das Fließgewässer gleichzeitig an der Sohle akkumuliert oder stagniert. Relativ häufig ist in den Mittleren Breiten ein **sinoides Hangprofil**, bei dem der Oberhang konvex, der Mittelhang gerade und der Unterhang konkav ausgebildet ist.

Deutlich hervortretende Unstetigkeiten im Profil werden je nach Ausprägung als **Hangknick** (oberhalb sehr steil, unterhalb sehr flach) oder als **Hangstufe** (oberhalb sehr flach, unterhalb sehr steil) bezeichnet. Die Begriffe **Hangsporn** und **Hangdelle** dienen der Beschreibung der Lateralerstreckung. Erstgenannter kennzeichnet einen nach außen gerichteten Vorsprung, kann also als lateral-konvex beschrieben werden. Oft sind Hänge im Bereich des Oberhangs verwitterungsbeschränkt, während im Bereich des Unterhangs Materialakkumulation stattfindet. Bei Hängen mit entblößtem Fels im Oberhangbereich führt dieses zu einer Divergenz der Bewegungsbahnen des Schutt-Transports, so dass die Grenze Felshang–Schutthang im Vergleich zu lateral-geraden Hangbereichen weiter nach unten verlagert wird. Eine Hangdelle verläuft dagegen lateral-konkav mit konvergierenden Schutt-Bewegungsbahnen und einer Aufwärtsverlagerung der erwähnten Grenze.

Talformen

Täler sind lang gestreckte Hohlformen mit gleichsinnigem Gefälle, die durch fluviale Tiefenerosion und Hangdenudation entstehen und in **Talhang**, **Talboden** und **Flussbett** gegliedert werden. In der Talform drückt sich das Zusammenspiel der bereits beschriebenen und wesentlich von Tektonik, Gestein, Klima und Relief gesteuerten Prozesse von fluvialer Ausgestaltung der Talsohle und denudativer Formung der Hänge aus.

Klamm

Bei sehr starker oder lang andauernder Tiefenerosion und weitgehend fehlender Hangdenudation können sich Fließgewässer, meist Wildbäche, so stark einschneiden, dass **Gebirgsschluchten** mit senkrechten bis überhängenden Felswänden entstehen. Diese Talform wird als Klamm bezeichnet. Ihr Auftreten ist an **widerständiges, standfestes Gestein** gebunden. Der im Längsprofil meist steile Talboden wird, zumindest bei starker Wasserführung, häufig in seiner kompletten Breite vom Fluss eingenommen. Klammen treten besonders häufig in ehemals vergletscherten Hochgebirgen an glazial angelegten Geländestufen auf, z. B. bei der Einmündung von Seitentälern (die als Hängetäler ausgebildet sind) in die durch die Tätigkeit des Gletschereises übertieften Haupttäler.

Schlucht

Das steilwandige Talquerprofil der Schlucht ist dem der Klamm sehr ähnlich, besitzt jedoch **keine senkrechten Felswände**. Die Tiefenerosion übertrifft den Hangabtrag erheblich, die weniger steilen Hänge resultieren aus einer im Vergleich zur Klamm etwas **geringeren Standfestigkeit des Gesteins**, so dass auch Hangabtragung stattfindet. Schluchten können sich nicht nur in Festgestein, sondern auch in standfestem Lockermaterial wie Löss oder vulkanischem Tuff ausbilden.

Cañon

Ein Cañon ist ein aufgrund intensiver Tiefenerosion stark eingeschnittenes Tal mit **treppenartigem Querprofil**. Auch in diesem Fall sind Talboden und Gerinnebett oft identisch. Die Treppung resultiert aus den geologischen Gegebenheiten. Der Fluss schneidet sich in flach übereinander gelagerte, geomorphologisch **wechselnd widerstandsfähige Gesteinsschichten** ein, so dass sich bei widerständigen Gesteinen steile Hangabschnitte und im Bereich wenig resistenter Gesteine flachere Hangabbereiche bilden.

Kerbtal

Kerbtäler besitzen einen **V-förmigen Querschnitt** und werden deshalb auch als V-Täler bezeichnet. Die Hänge sind im Allgemeinen recht steil und gerade, eine Talsohle ist nicht vorhanden und Gerinnebett und Talboden sind somit identisch. Kerbtäler entstehen bei starker Tiefenerosion und

Überschreitung einer kritischen Höhe, so dass in zunehmendem Maße hangdenudative Prozesse wie Felsstürze und Rutschungen stattfinden. Der anfallende Hangschutt wird vom Gewässer vollständig abtransportiert.

Sohlental

Im Gegensatz zu den bisherigen Talformen ist beim Sohlental, das nach der jeweiligen Ausgangsform auch als Sohlenkerbtal oder Kerbsohlental bezeichnet wird, eine **Talsohle** zwischen den Talhängen und dem Gerinnebett ausgebildet. Die Entstehung der Talsohle erfolgt entweder über weiterhin stattfindende Tiefenerosion, wobei eine Verstärkung der Seitenerosion zu einer Ausweitung des Talbodens und der Bildung einer Felssohle (**Abtragungssohlental**) führt. Auch findet durch nachlassende Transportkapazität Materialakkumulation statt und es bildet sich eine Schottersohle (**Aufschüttungssohlental**).

Kastental

Kastentäler sind durch steile bis senkrechte Wände bei ebenem Talboden gekennzeichnet, so dass sie ein **rechteckiges bis trapezförmiges Querprofil** aufweisen. Kastentäler entstehen in **Trockengebieten** bei starkem Gefälle und episodischer Wasserführung durch gleichzeitige und starke Tiefen- und Seitenerosion. Da der Talboden häufig als Felssohle ausgebildet ist, können sie auch als spezielle Form eines Abtragungssohlentals aufgefasst werden.

Muldental

Muldentäler weisen mit ihren sinoiden Hangprofilen ein **muldenförmiges Querprofil** auf. Der Oberhang ist konvex, der mittlere Abschnitt gerade und der Unterhang konkav geformt; eine Talsohle sensu stricto ist nicht ausgebildet. Ihre Entstehung wird auf geringe Tiefenerosion bei starker Hangdenudation und nahezu fehlender Seitenerosion zurückgeführt.

Trogtal

Trogtäler sind **glazial überformte Täler** in aktuell oder ehemals vergletscherten Hochgebirgen. Sie stellen eine Sonderform dar, da sie in ihrer Anlage zwar auf fluviale Prozesse zurückgehen, die Ausbildung ihres charak-

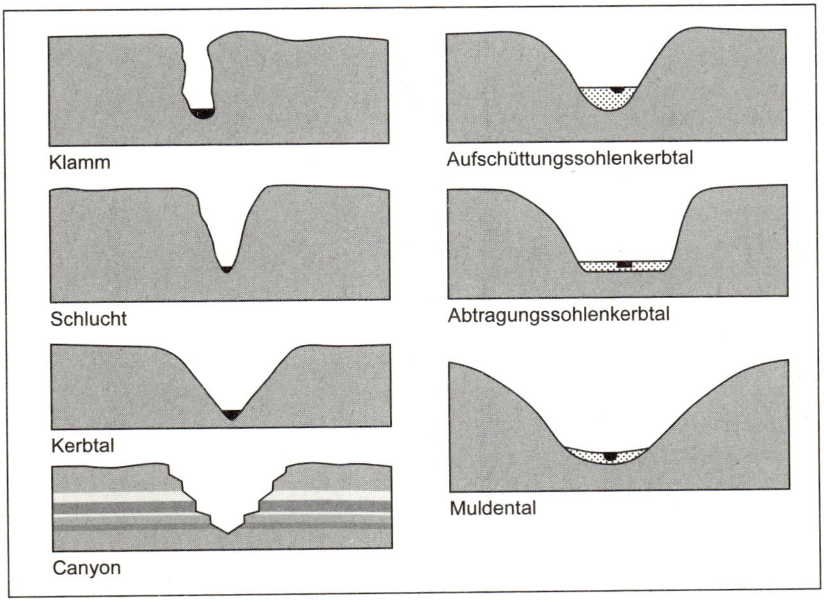

Abb. 22: Talformen (nach LENZ 1993)

teristisch **verbreiterten und übertieften Querprofils** aber durch glazialerosive Prozesse (s. Kap. 7) erfolgt.

Talasymmetrie

Asymmetrische Talquerprofile sind meist **strukturbedingt**. Die Täler wurden entweder entlang von Verwerfungen eingetieft, wobei die Talhänge in unterschiedlich widerständigem Gestein ausgebildet sind, oder in schräg liegenden Gesteinsschichten, die quer zur Talrichtung einfallen und dadurch **asymmetrische Isoklinaltäler** mit unterschiedlich steilen Talhängen bilden. Auf **klimatische Ursachen** wird eine Reihe von Talasymmetrien mitteleuropäischer Flüsse zurückgeführt. Insbesondere während des letzten Glazials sollen sich nach diesen Vorstellungen durch Lössanwehung oder durch eine von der Exposition der Talhänge abhängige unterschiedliche Erwärmung und daran gekoppelte **Solifluktionsaktivität** (s. Kap. 8.2) die asymmetrischen Talquerprofile gebildet haben.

Durchbruchstäler

Als Durchbruchstäler werden Täler bezeichnet, die ein querendes Gebirge durchbrechen. Bei einem **antezedenten Durchbruchstal** existierte der Flusslauf bereits vor der tektonischen Hebung eines Gebietes, das der Fluss heute durchschneidet. Dieser behält seine Laufrichtung bei und kompensiert die tektonische Hebung durch Tiefenerosion. Das Mittelrheintal durch das Rheinische Schiefergebirge oder das Neckartal durch den Odenwald sind auf diese Weise entstanden. Bei der Entstehung eines **epigenetischen Durchbruchstals** fließt der Fluss zunächst auf einer Landoberfläche mit geringem Relief. Im Untergrund befinden sich quer zur Fließrichtung des Flusses verlaufende Zonen mit widerständigen Gesteinen. Die Struktur im Untergrund ist älter als der Flusslauf. Im Zuge der allgemeinen Tieferlegung der Landoberfläche werden die harten Gesteine herauspräpariert, während gleichzeitig durch Tiefenerosion des Flusses in diesen Gesteinen das Durchbruchstal entsteht. Ein Beispiel für ein epigenetisches Durchbruchstal ist der Durchbruch der Donau durch die von Molasse bedeckten Randbereiche des Bayerischen Waldes bei Regensburg.

7 Glaziale Prozesse und Formen

Die Formung der Erdoberfläche, die auf die Tätigkeit von Gletschern und deren Schmelzwässer zurückzuführen ist, wird von der Glazialmorphologie untersucht. Mit der Entstehung, der Dynamik und den Formen von Gletschern beschäftigt sich die Glaziologie. Sowohl durch die Formungsprozesse der Schmelzwässer der Gletscher als auch dadurch, dass Gletscher sehr häufig bereits fluviatil geformte Landschaften überprägen, ergeben sich Überschneidungen zwischen der Glazialmorphologie und der Fluvialmorphologie. Während der Glazialzeiten des Pleistozän waren rund 44,5 Mio. km^2 der festländischen Erdoberfläche (aktuell: ca. 15 Mio. km^2) von Gletschern bedeckt. Ausgedehnte Teile der Landoberfläche Europas, Asiens und Nordamerikas unterlagen damit glazialer und glazifluvialer Formung.

7.1 Glaziologische Grundlagen

Die Entstehung von Gletschern

Gletscher sind als große, hauptsächlich aus Schnee, Firn und Eis bestehende, zusammenhängende Masse definiert. Auch Schmelzwässer, Gesteinspartikel und Luft können, teilweise in Porenräumen des Schnees/Firns/Eises, Bestandteile des Gletschers sein. Allerdings wird der Begriff Gletscher nur bei aktiver Eisbewegung verwendet, inaktive Teilbereiche eines Gletschers werden als **Stagnanteis**, vom Gletscherkörper abgetrenntes Stagnanteis als **Toteis** bezeichnet. Voraussetzung für die Entstehung eines Gletschers ist, dass über lange Zeiträume im Winterhalbjahr mehr Schnee in einer geeigneten Geländeform abgelagert wird, als während nachfolgender Sommerhalbjahre abschmelzen kann. Diese Voraussetzung ist gegenwärtig in den Polarregionen und in den Hochgebirgen der Erde erfüllt. Die **Firnlinie** (klimatische Schneegrenze) und damit die regionale Untergrenze der Existenzmöglichkeit von Gletschern steigen in ihrer Höhenlage von den Polen zum Äquator hin an. Ihre (theoretische) maximale Höhe über NN erreicht sie in den subtropischen/tropischen Trockengebieten.

Gletschereis

Gletschereis entsteht durch die **Metamorphose** von Schnee. Frisch gefallener **Neuschnee** besitzt durch seine filigranen und sperrigen Kristalle eine lockere Gefügepackung mit hohem Porenvolumen und einer Dichte von etwa 0,05–0,15 g/cm^3. Durch randliches Schmelzen und Wiedergefrieren, Pressung, Kondensation und Einwirkung von Wind werden die Neuschneekristalle zu körnigen Kristallformen umgewandelt. Das Porenvolumen nimmt dadurch ab, die Dichte zu. Der körnige so genannte **Altschnee** wird durch weitere Umwandlung schließlich zu **Firn**. Die Dichte von Firn beträgt ungefähr 0,5–0,55 g/cm^3. Nun verlangsamt sich die Umwandlung, da bei Firn der maximale Grad der Pressung/Lagerung ohne weitere Rekristallisation erreicht ist. Im Wesentlichen aufgrund des Dampfdruckgefälles wachsen nun größere Firnkörner auf Kosten kleinerer Körner. Durch Schmelzen und Wiedergefrieren oder durch Sublimation über die Dampfphase nimmt das Porenvolumen immer mehr ab. Ist der Firn annähernd luftfrei und stehen die vorhandenen Poren nicht mehr in Verbindung (Luftundurchlässigkeit), ist die Umformung zu **Gletschereis** abgeschlossen. Im Endstadium besitzt Gletschereis eine Dichte von etwa 0,9 g/cm^3 und ein Porenvolumen von annähernd 0%. Dieser Prozess der Schneemetamorphose kann an Hochgebirgsgletschern maritimer Klimaregionen in fünf bis sechs Jahren vollzogen sein, an hochkontinentalen polaren Gletschern dagegen mehr als tausend Jahre dauern. Der Übergang von Schnee zu Eis liegt dort erst in 100 m unterhalb der Gletscheroberfläche.

Gletscherdynamik

Charakteristikum eines Gletschers ist seine aktive Eisbewegung. Aus der Gletscherbewegung und den physikalischen Eigenschaften des Gletschereises leiten sich wesentliche glazialmorphologische Prozesse, Formen und Sedimente ab. Eine Ursache für die Gletscherbewegung ist das Ungleichgewicht bezüglich der Gletschermasse zwischen den einzelnen Gletscherteilen (s. u.). Zusätzlich entfaltet ab einer bestimmten Mächtigkeit die Gravitation ihre Wirkung, und es kommt zu einer Bewegung der Eiskristalle. Die Bewegungsrichtung des Gletschereises wird durch seine Oberflächenneigung, und nicht durch das Gefälle des Gletscherbetts, vorgegeben. Fließen durch interne Deformation und basales Gleiten kennzeichnen die Bewegungsmechanismen von Gletschern:

- Beim **Deformationsfließen** (interne Deformation) verhält sich das Gletschereis annähernd plastisch und die einwirkende Zugkraft resultiert in einer Deformation. Entscheidend sind der Druck des überlagernden Eises auf das einzelne Eiskristall und der Oberflächengradient der Eisoberfläche. Die Deformation wird durch Bewegungen innerhalb der Eiskristalle, parallel zu den basalen Ebenen des Kristalls, sowie durch Rotation der Kristalle erreicht. Weitere Ursachen sind gerichtetes Wachstum durch bevorzugtes Wachstum von günstig zum gerichteten Druck gelegenen Kristalle oder durch Rekristallisation in Verbindung mit Schmelzen und Wiedergefrieren. Deformationsfließen tritt an allen Gletschern auf, also auch an den so genannten **kaltbasalen** (**polaren**) Gletschern, die komplett an ihrem Gletscherbett festgefroren sind.
- Im Gegensatz dazu kann **basales Gleiten** nur an **warmbasalen** (**temperierten**) Gletschern auftreten. An diesen Gletschern existiert an der Gletscherbasis ein dünner Schmelzwasserfilm von einigen Millimetern, so dass neben dem Deformationsfließen auch eine Gleitbewegung über dem Gletscherbett auftritt. Kleinere Hindernisse im Gletscherbett können durch **Regelationsfließen** passiert werden. Das Schmelzwasser fließt um das Hindernis herum und gefriert auf der Leeseite bei niedrigerem Druck wieder (**Regelation**). Die dabei freiwerdende latente Energie wird zur Stoßseite geleitet und unterstützt dort das Schmelzen. Bei größeren Hindernissen geht man von einem **plastischen Umfließen** aus, begünstigt durch den stark ansteigenden Druck auf das Gletschereis.

Für die Gletscherbewegung und viele der daran geknüpften Formungsprozesse ist also das **thermale Regime** der Gletscherbasis von entscheidender Bedeutung. An der Gletscherbasis stehen als Wärmeenergie der geothermale Wärmefluss und die beim Deformationsfließen (zusätzlich zum basalen Gleiten) entstehende Friktionsenergie zur Verfügung. Weitgehend hängt es aber von der Eistemperatur an der Gletscheroberfläche und der Eismächtigkeit ab, ob an der Gletscherbasis der so genannte **Druckschmelzpunkt** erreicht wird und der Gletscher **warmbasal** ist. Dieser Druckschmelzpunkt wird durch den Auflastdruck des Gletschereises herabgesetzt. Durch die sehr tiefen Temperaturen an der Gletscheroberfläche in den Polargebieten kann dort nur bei großen Eismächtigkeiten der Druckschmelzpunkt an der Gletscherbasis erreicht werden. Hochgebirgsgletscher der mittleren Breiten sind trotz geringer Eismächtigkeit durch die höheren Eistemperaturen dagegen fast immer warmbasal.

Besonders an **polythermalen** (subpolaren) Gletschern, die sowohl warm- als auch **kaltbasale** Bereiche besitzen, können periodische Gletschervorstöße mit hoher Geschwindigkeit auftreten (**glacier surges**). Während die Gletscherbewegung im Regelfall durch ein laminares Fließen mit Geschwindigkeitsabnahme von der Oberfläche zum Gletscherbett bzw. von der Hauptströmungslinie zu den Rändern hin geprägt ist, zeigen Gletscher während solcher Surges ein extrem einheitliches Geschwindigkeitsprofil (das früher als **Blockschollenbewegung** bezeichnet wurde). Ursachen und Mechanismen der Surges sind noch nicht vollständig geklärt, so wird unter anderem vermutet, dass ein subglaziales Ansammeln von warmbasalem Eis, z. B. hinter einem Hindernis, bei Überschreiten einer bestimmten Mächtigkeit rasch hangabwärts rutscht.

Gletscherspalten

Da Gletschereis kein ideales plastisches Material ist, können durch Zerrungen und Spannungen im Gletscherkörper infolge der Gletscherbewegung **Scherungsflächen** und an der Oberfläche Gletscherspalten entstehen. **Querspalten** (Transversalspalten) korrespondieren zumeist mit Unebenheiten des Gletscherbettes oder treten bei steilem Gefälle auf. Ist der Gletscher in steilen Eisfällen bzw. Gletscherbrüchen durch zahllose Querspalten regelrecht zerklüftet, können turmähnliche **Séracs** entstehen. **Längs- oder Radialspalten** entstehen bei Zerrungen des Gletscherkörpers, z. B. bei Ausweitung des Gletscherbettes. Durch Reibung bilden sich in den Randbereichen von Gletschern **Randspalten**. Der **Bergschrund** ist eine Randspalte im oberen Akkumulationsgebiet zwischen Gletschereis und Talflanke oder Karrückwand (s. Kap. 7.3).

Die Massenbilanz von Gletschern

Die Massenbilanz eines Gletschers gibt Auskunft über die Massenumsätze und die Veränderungen der Gesamtmasse eines Gletschers bezogen auf ein Haushaltsjahr. Das **Haushalts-** oder **Bilanzjahr** beginnt mit der winterlichen Akkumulationssaison und dauert bis zum Ende der sommerlichen Ablationssaison. Der Vergleich von Akkumulation und Ablation innerhalb des Haushaltsjahres ergibt die **Nettobilanz** eines Gletschers. Die **Akkumulation** umfasst dabei jede Form des Massengewinns, v. a. winterlichen Schneefall, aber auch Gewinn durch Schneedrift, Lawinen oder Bildung von Aufeis. Als **Aufeisbildung** (superimposed ice) wird das Wiedergefrieren von Schmelzwasser bezeichnet. Unter **Ablation** versteht man das Abschmelzen und andere Massenverluste, z. B. durch Winddrift, Sublimation, Lawinenabgänge oder, als wichtigster Faktor bei polaren Eisschilden, Kalbung. Da Gletscher klimagesteuerte natürliche Systeme sind, führen Klimaänderungen zu Veränderungen in ihrem Massenhaushalt. Änderungen der Gletschermasse führen mit einer gletscherspezifischen Verzögerung (der Reaktionszeit oder **terminus response time**) zur Veränderung der Position der Gletscherfront in Form von **Vorstößen** oder Gletscherrückzug.

Ein Gletscher lässt sich in zwei Teilbereiche untergliedern: Im höher gelegenen **Akkumulationsgebiet** (Nährgebiet) überwiegt der Massengewinn; im **Ablationsgebiet** (Zehrgebiet) übertrifft der Massenverlust durch Ablation die winterliche Schneeablagerung. Die Trennlinie zwischen Akkumulations- und Ablationsgebiet wird als **Gleichgewichtslinie** (**equilibrium line**) bezeichnet. Die Höhe der Gleichgewichtslinie variiert in Abhängigkeit von der Nettobilanz von Jahr zu Jahr. Im Gegensatz zur rechnerisch festgelegten Gleichgewichtslinie handelt es sich bei der **temporären Schneegrenze** um eine reale Grenzlinie, die jahreszeitlichen, täglichen und sogar tageszeitlichen Schwankungen unterliegt. Die von verschiedenen Parametern wie z. B. geographischer Breite, Niederschlagsmenge oder Exposition abhängige **lokale** oder **orographische Schneegrenze** bezeichnet die reale Grenze des Schnees am Ende des Sommers. Unter der **klimatischen** oder **regionalen Schneegrenze** versteht man das Mittel der orographischen Schneegrenze einer Region.

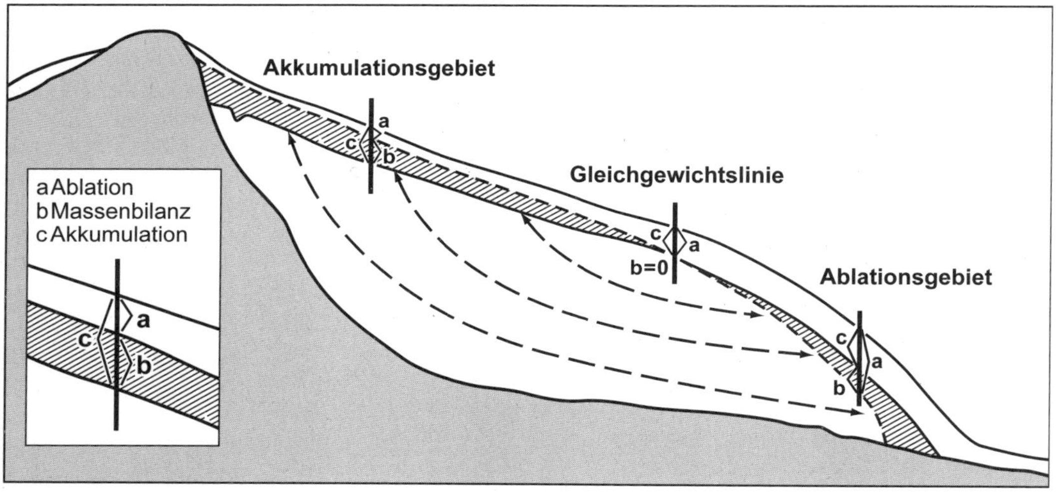

Abb. 23: Schematische Darstellung des Massenhaushalts eines Gletschers (eigener Entwurf)

7.2 Gletschertypen

Gletscher lassen sich nach unterschiedlichen Kriterien (wie z. B. Morphologie, Größe, physikalische Eigenschaften oder Charakteristika des Massenhaushalts/glaziologischem Regime) ordnen und systematisieren. Beispielhaft wird im Folgenden eine Typisierung nach morphologischen und geophysikalischen Kriterien vorgenommen.

Morphologische Gletschertypen

Die größten Gletscher der Erde sind die **polaren Eisschilde** oder **Inlandeise**. Sie besitzen Flächen von über 1 Mio. km^2 und ihr Eis fließt von einer zentralen, zusammenhängenden Eismasse in unterschiedliche Richtungen ab. Ihre Morphologie ist vom Relief des Untergrundes unabhängig, weshalb man sie als **reliefübergeordnet** bezeichnet. Das Eisschild Grönlands (1,73 Mio. km^2) und das eigentlich aus drei Teilen zusammengesetzte Eisschild der Antarktis (12,54 Mio. km^2) umfassen etwa 96% des heutigen Gletschereises auf der Erde. Sie erreichen Mächtigkeiten von 3000 bzw. 4000 m. Innerhalb eines Eisschilds kann es mehrere zentrale Erhebungen (**Eisdome**) geben. Sie führen zu einem differenzierten Fließmuster mit mehreren **Eisscheiden**. **Eiskappen** sind mit den reliefübergeordneten Eisschilden vergleichbar, jedoch mit maximal 50000 km^2 beträchtlich kleiner dimensioniert. Einzelne, aus der Eisoberfläche herausragende Gipfel des anstehenden Gesteins werden als **Nunatakker** (Singular: Nunatak) bezeichnet. Enden Eisschilde oder -kappen an der Küste im Meer oder in einem See, entsteht ein **Eisschelf** als schwimmender Gletscherteil. Lösen sich an der schwimmenden Gletscherfront Eisberge ab, spricht man von **Kalben** oder **Abkalbung**. **Plateaugletscher** verdanken den Namen ihrer flachen Oberfläche. Sie sind deutlich kleiner als Eiskappen und das Relief spielt, z.B. in Form von hochgelegenen Verebnungen in Hochgebirgen, eine größere Rolle für die Ausgestaltung ihrer Morphologie. Solche Gletschertypen bezeichnet man zusammenfassend als **reliefuntergeordnet**. Gletscherzungen, die von zentralen Eismassen wie Eisschilden, Eiskappen oder Plateaugletschern abfließen und deshalb kein eigenständiges, ihnen zuzuordnendes Akkumulationsgebiet haben, nennt man **Auslassgletscher** oder **Outlets/Outletgletscher**. Sie drainieren jeweils einen bestimmten Sektor der zentralen Eismasse.

Reliefuntergeordnete und typische Hochgebirgsgletscher sind die kleinflächigen **Kargletscher**. Man findet sie im Bereich der namengebenden Hohlformen (Kare, s. Kap. 7.3). **Talgletscher** sind ebenfalls eine typische Hochgebirgsform. Sie besitzen eine ausgeprägte Gletscherzunge und können sich aus größeren Kargletschern entwickeln. Ihr Akkumulationsgebiet umfasst häufig mehrere Kare, Talschlüsse oder vergletscherte Seitentäler. Kommt es zu einer Verbindung zwischen mehreren Talgletschern, so bilden sich Eisstromnetze. Reichen Teile dieser **Eisstromnetze** bis in eine flache Vorlandebene hinein, spricht man von **Vorlandgletschern** oder auch **Piedmontgletschern**. Dieser Gletschertyp konnte sich während der pleistozänen Eiszeiten im Bereich der Alpen entwickeln und hinterließ im Vorland die charakteristischen Landformen. Einen Sonderfall bilden **regenerierte Gletscher**, die kein eigenes Akkumulationsgebiet besitzen, sondern durch Winddrift und Schnee- oder Eislawinen ernährt werden. Dadurch können sie sich auch deutlich unterhalb des Glaziationsniveaus ausbilden.

Geophysikalische Gletschertypen

Die Ausweisung geophysikalischer Gletschertypen erfolgt auf Grundlage der Temperaturverhältnisse des Eises an der Gletscherbasis. Die Verhältnisse an der Gletscherbasis sind von großer Bedeutung für die Ausbildung des glazialen und glazifluvialen Formenschatzes. **Polare** (**kaltbasale**) **Gletscher** besitzen eine in ihrer Gesamtheit sich unterhalb des Druckschmelzpunktes befindende Eismasse. Der Gletscher ist am Gletscherbett festgefroren und basales Gleiten ist daher nicht möglich. Ablation findet nur durch

Sublimation und ganz wesentlich durch Kalbung (über 90% im Fall der polaren Eisschilde) statt. Gletscher, deren Eismassen sich größtenteils in der Nähe des Druckschmelzpunktes befinden, werden als **temperierte** (**warmbasale**) **Gletscher** bezeichnet. Sie sind durch das Auftreten größerer Schmelzwassermengen gekennzeichnet und die Gletscherbewegung setzt sich aus Deformationsfließen und basalem Gleiten zusammen. Im Falle der **subpolaren** (**polythermalen**) **Gletscher** befinden sich einige Teile des Gletschereises unterhalb, andere oberhalb des Druckschmelzpunktes.

7.3 Glaziale Formung

Glaziale Erosion

Der aus dem Englischen stammende Begriff **abrasion** (Abrasion bezeichnet im deutschen Sprachgebrauch auch das mechanische Abschleifen von Festgestein durch Brandungseinwirkung, s. Kap. 11.3) bezeichnet die Erosion von Gletschern auf einem Gletscherbett aus Gestein. Er entspricht der klassischen **Detersion** und fasst zwei Einzelprozesse zusammen: In der Gletscherbasis festgefrorene Gesteinspartikel größer als 0,2 mm (bis zur Blockgröße) wirken durch die Gletscherbewegung und den Auflastdruck des überlagernden Eises mechanisch auf den Felsuntergrund ein. So können Gesteinsfragmente absplittern und glaziale Mirkoerosionsformen wie z. B. **Gletscherschrammen**, **Parabelrisse** oder **Sichelbrüche** entstehen. Diese Mirkoerosionsformen stehen in ihrer Orientierung stets mit der Bewegungsrichtung des Eises der Gletscherbasis in Beziehung und können zur Rekonstruktion der Gletscherfließrichtung verwendet werden. Neben diesem als **striation** bezeichneten Einzelprozess umfasst Abrasion auch das flächenhaft wirkende **polishing**. Kleinere Gesteinspartikel in der Gletscherbasis und im Zwischenraum zwischen Gletscherbasis und Gletscherbett führen durch ihre Erosionswirkung zu den typischen „polierten" Oberflächen glazial überformten Gesteins. Abrasion tritt nur bei basalem Gleiten und damit bei warmbasalen Gletschern auf.

Als **plucking** oder **quarrying** bezeichnet man Anfrieren und Abtransport zerrütteter Gesteinsfragmente an der Gletscherbasis. Heute ist bekannt, dass es sich dabei nicht primär um ein Herausbrechen von Gesteinsfragmenten handelt, wie es durch den synonym verwendeten Begriff **Detraktion** definiert wurde. Vielmehr entstehen zunächst durch Druckschwankungen (Druckentlastung) infolge variierender Auflast durch den Gletscher Klüfte und Risse im Festgestein des Gletscherbetts. Erst wenn Gesteinsfragmente zuvor gelockert worden sind, können diese unter Mitwirkung von Regelation an der Gletscherbasis anfrieren und erodiert werden. Erhebungen des Felsuntergrundes werden auf ihrer dem Gletscher zugewandten Stoßseite durch Abrasion abgeschliffen und poliert, während auf der Leeseite im Bereich eines ehemaligen Hohlraums Plucking auftritt und Gesteinsfragmente abtransportiert werden. Resultat dieser Prozesse sind **Rundhöcker** mit sanft ansteigender, glatter Stoß- und steiler, abgesplitterter Leeseite. Das Anfrieren von größeren Lockergesteinsmassen und auch deren Dislozierung, meist im Bereich der Gletscherstirn, bezeichnet man als

Glazitektonik (Voraussetzung ist das Vorhandensein von Permafrost (s. Kap. 8.1) im Randbereich des Gletschers). Das durch glaziale Erosion an der Gletscherbasis entstehende feine Material, das vor allem die Schluffkorngröße umfasst, wird als **Gletschermehl** bezeichnet. Es wird als Suspensions- oder Schwebfracht durch das subglaziale Schmelzwasser transportiert und führt zu der typischen grauen Farbe der glazialen Schmelzwässer (**Gletschermilch**). Bei stärkerer Verdünnung verändert sich die Farbe des Schmelzwassers und nimmt einen türkisartigen Farbton an. Gletscher besitzen zumeist ein verzweigtes System von Schmelzwasserkanälen, die häufig durch **Gletschertore** ins Gletschervorfeld strömen.

Kare

Zu den durch glaziale Erosion entstandenen Makroformen in Hochgebirgen gehören die Kare, amphitheaterförmige, **halboffene Hohlformen mit steilen Rück- und Seitenwänden**. Kare entwickeln sich aus Quellmulden, in denen sich Firn und Eis leicht akkumulieren können. Mit zunehmender Auflast beginnt das Eis zu fließen, übt dadurch einen Zug aus und transportiert durch die Frostverwitterung gelockertes Gesteinsmaterial weg. Im Grenzbereich von Eis und Gestein entwickelt sich eine Spalte, der **Bergschrund**, mit intensivster Frostverwitterung, die zu einer zunehmenden Versteilung der Wände der ehemaligen Quellmulde führt. Durch die Eisauflast im zentralen Bereich des Kars fließt der Gletscher dort am schnellsten und erodiert am intensivsten. Folge ist die zunehmende Übertiefung der Mulde. Kare können sich durch rückschreitende Erosion weiter entwickeln, so dass sich beim Zusammentreffen ihrer Rückwände an einem Gebirgskamm, der an beiden Flanken Kare besitzt, ein scharfer **Grat** bilden kann. Ist ein Berggipfel an mehreren Seiten durch die Erosion von Kargletschern zu einer spitzen Form umgestaltet worden, nennt man ihn **Karling** oder **Horn** (abgeleitet vom Matterhorn).

An der hangabwärtigen Öffnung der Mulde ist eine **Karschwelle** ausgebildet. Sie ist auf Gefälleunterschiede bereits vor der Eisakkumulation zurückzuführen. Die glaziale Überprägung und Ausgestaltung der Schwelle wurde durch die verminderte Erosion des Gletschers im Übergangsbereich von einem flachen in ein steileres Gefälle bedingt. Das übertiefte Becken füllt nach Abschmelzen des Eises ein **Karsee** aus. Liegen mehrere Quellmulden in unterschiedlicher Höhenlage übereinander, dann kann sich nach der Vereisung eine **Kartreppe** bilden. Kartreppen sind häufig in den zentralen Teilen der Hochgebirge zu finden und an übereinander liegende, d. h. unterschiedlich alte Talschlüsse gebunden.

Trogtäler

Fluvial geformte Täler und Tiefenlinien werden durch glaziale Prozesse in charakteristischer Weise überprägt und durch Erosionsprozesse umgestaltet. So erhält ein Kerbtal, das im Zuge einer Vergletscherung der Erosionswirkung des Eises ausgesetzt ist, nach Abschmelzen des Eises ein parabelförmiges Querprofil. Durch postglaziale, fluviale Akkumulation im Bereich des Talbodens kann sich ein parabelförmiges Tal zu einem trogförmigen Tal weiterentwickeln. Täler mit einem solchen **parabel- bis trogförmigen Querprofil** werden als Trogtäler bezeichnet und sind **im Längsprofil oft getreppt**, d. h. in Becken und Schwellen gegliedert. Die Becken wiederum sind häufig stark übertieft und können nach der Vergletscherung von **Trogwannenseen** oder **Beckenseen** eingenommen werden. Auch wenn einzelne Stufen oder Becken im Längsprofil auf geologische/petrographische

Ursachen zurückgeführt werden können, steht die Treppung glazial überformter Täler in enger Beziehung zu Veränderungen der Eismächtigkeit und damit der Erosionskraft des Gletschers.

Konfluenz und Diffluenz

Am **Zusammenfluss** zweier Gletscher (Konfluenz) erhöht sich Eismächtigkeit und Erosionskraft, so dass eine **Konfluenzstufe** mit einem talabwärts gelegenen Becken entstehen kann. Eine verringerte Eismächtigkeit entwickelt sich durch **Transfluenz**, d.h. beim Überfließen in ein benachbartes Talsystem, oder durch Diffluenz, also einem **Auseinanderfließen** (z.B. beim Eintritt ins Vorland) des Gletschers. Verringerung der Erosionskraft und fehlende Übertiefung (Schwellen) im Tallängsprofil sind die Folgen.

Hängetäler

Besonders deutlich zeigen sich unterschiedliche Erosionsleistungen in Form von Hängetälern, die gebildet werden, wenn ein **Nebengletscher** aus einem Seitental **in das Haupttal einmündet**. Durch höhere Erosionskraft infolge größerer Eismächtigkeit des Hauptgletschers ist das Haupttal deutlich tiefer erodiert als das Seitental, so dass sich dessen Talboden oft hoch an der Talwand des Haupttales befindet, dort „hängt". Die Zuflüsse aus den höher gelegenen Nebentälern stürzen durch den Gefällsknick als Wasserfall (Hängetaltyp, s. Kap. 5.2) in die glazial übertieften Haupttäler hinab.

Fjord

Glazial überformte Täler vergletscherter Küstengebirge, die im Rahmen des Meeresspiegelanstiegs nach der letzten Glazialzeit **überflutet** wurden, werden als Fjorde bezeichnet. Für Fjorde wie ebenso für die anderen hier genannten glazialen Erosionsformen gilt, dass sie in typischer Ausbildung nur in Massengesteinen (Plutoniten, Vulkaniten, Metamorphiten, s. Kap. 3.2) zu finden sind. Bei Sedimentgesteinen mit ausgeprägten Schichtungsstrukturen spielen die petrographischen Eigenschaften bei der Gestaltung der Erosionsformen eine große Rolle.

Zungenbecken

Zungenbecken entstehen durch die **Erosion von Lockermaterial** als wannenartige Übertiefungen im Bereich **ehemaliger Gletscherzungen** von Piedmont-, Tal- oder Auslassgletschern. Meist sind glazitektonische Prozesse an ihrer Entstehung beteiligt. Sie werden häufig durch Endmoränenwälle begrenzt und treten sowohl in Gebieten ehemaliger Gebirgsvergletscherungen, als auch bei einzelnen Eisloben von Inlandvereisungen auf. Nach Abschmelzen des Eises können sich **Zungenbeckenseen** bilden.

Glazialer Transport

Obwohl die Eisgeschwindigkeit eines Gletschers vergleichsweise gering ist und damit dessen Materialtransport nur langsam erfolgt, können insgesamt enorme Transportleistungen erbracht werden. Während der pleistozänen Eiszeiten wurden gewaltige Materialmengen und tonnenschwere Felsblöcke über Entfernungen von weit mehr als 1000 km transportiert. Glazial transportierte Lockersedimente werden als **Debris** bezeichnet. Der Begriff **Moräne** dagegen umfasst nur die abgelagerten glazialen Sedimente und die daraus resultierenden Oberflächenformen. Wird Lockermaterial auf der Gletscheroberfläche transportiert, spricht man von **supraglazialem** Debris. Dabei handelt es sich häufig um auf der Eisoberfläche deponierten Hangschutt. Bei Transport innerhalb des Gletscherkörpers verwendet man die Bezeichnung **englazialer** Debris. An der Gletscherbasis transportiertes und im Regelfall am Untergrund erodiertes Material ist **subglazialer** Debris. Die Begriffe supra- und subglazial beziehen sich sowohl auf den Ursprungsort des Debris, als auch (ergänzt um englazial) auf die jeweils aktuelle Transportlokalität bzw. den späteren Ablagerungsort. Das heißt, dass

Debris supraglazialen Ursprungs auch englazial oder subglazial transportiert werden kann, wenn er beispielsweise in eine Gletscherspalte fällt. Die Eisbewegungslinien im Akkumulationsgebiet des Gletschers sind zur Basis hin gerichtet, da dort ständig neuer Schnee akkumuliert wird. Dadurch gelangt auch ein von der Talflanke losgesprengter Stein sukzessive in tiefere Lagen des Gletschers. Unterhalb der Gleichgewichtslinie ist im Ablationsgebiet der Bewegungssinn durch die dominierende Abschmelzung dagegen zur Eisoberfläche hin gerichtet. Auf dem zunächst englazialen Transport zur Gletscherzunge wird jener Stein deshalb irgendwann im Ablationsgebiet wieder an der Gletscheroberfläche erscheinen und dort supraglazial transportiert werden.

Glaziale und glazifluviale Akkumulationsformen

Bei den Akkumulationsformen und Sedimenten muss zwischen glazialen Ablagerungen unterschieden werden, die durch das Gletschereis entstanden sind, und Sedimenten bzw. Formen glazifluvialen Ursprungs, abgelagert durch das Schmelzwasser. Bei glazialen Ablagerungen ist zu beachten, dass im deutschen Sprachgebrauch Oberflächenformen ebenso wie Sedimente als **Moräne** bezeichnet werden. Als Sedimente sind Moränen durch eine schlechte Sortierung gekennzeichnet und bestehen aus einem Gemisch unterschiedlichster Korngrößen. Ursache dafür ist, dass für den glazialen Transport und die Akkumulation das Gewicht und die Korngröße des Debris keine Rolle spielt. Je nach Transportweg (supraglazial oder subglazial), Transportdistanz und ursprünglichen Eigenschaften können im Moränenmaterial eckige Partikel (z. B. supraglazialer Debris an Hochgebirgsgletschern), aber auch zugerundete Komponenten (subglazialer Debris bei Inlandvereisungen und langem Transportweg) vorliegen. Es existieren unterschiedliche Typen von Moränenmaterial. Sie werden nach dem Ort der Akkumulation oder den sedimentologischen Eigenschaften klassifiziert. Beispielsweise kann man zwischen **lodgement till** (Absetzmoräne), in einem aktiven Prozess subglazial unter sich bewegendem Eis abgelagert und vergleichsweise kompakt, und **melt-out till** (Ausschmelzmoräne) unterscheiden. Letztere wird sub- oder supraglazial passiv durch das Abtauen des Eises abgelagert. Eine Besonderheit ist **flow till** (Fließmoräne), wassergesättigtes Moränenmaterial, das von der Gletscheroberfläche abgleiten/ -fließen kann.

Geschiebe

Vom Eis bewegte größere Gesteinsfragmente wie **Grobkies, Steine und Blöcke** werden auch als Geschiebe bezeichnet. Auf ihren Oberflächen können sich zu Gletscherschrammen analoge Formen befinden, d. h. sie sind **gekritzt. Erratika** nennt man Gesteinsfragmente oder Blöcke, die nicht im Ablagerungsgebiet anstehen. Sie müssen demzufolge aus einem entfernten Gebiet antransportiert worden sein, in dem derartige Gesteine autochthon vorkommen. Sie sind wertvolle Indikator für die Herkunft des Eises. Große erratische Blöcke werden auch als **Findlinge** bezeichnet.

Moränen

Die Gruppe der ebenfalls als **Moränen** (**moraines**) bezeichneten, zumeist wallartigen glazialen Oberflächenformen ist überaus heterogen. Da in der Literatur die verschiedensten Abgrenzungskriterien benutzt werden, resultiert eine Vielzahl von Begriffen und Klassifikationsansätzen daraus. Ausschließlich räumlich kann man die an der Gletscherfront entstandenen **Endmoränen** (Stirnmoränen, Frontalmoränen) von den seitlich am Gletscher positionierten **Lateralmoränen** (Ufermoränen) unterscheiden. Während diese

Moränen zusammengefasst als **Randmoränen** (Marginalmoränen) bezeichnet werden und sie einer bestimmten Eisrandposition zuzuordnen sind, entstehen **subglaziale Moränen** und verwandte Formen unter dem Gletscher (in den meisten Fällen bei aktivem Gletschereis). Ist wie bei den meisten Hochgebirgsgletschern eine typische Gletscherzunge ausgebildet, kann sich ein geschlossener **Moränenkranz** entwickeln, wobei die Moränen in der Position zwischen End- und Lateralmoränen auch als **Laterofrontalmoränen** bezeichnet werden. Mehrere individuelle Moränenwälle können ineinander geschachtelte **Moränenkomplexe** oder **Moränensysteme** bilden. Ist in den Moränenwällen noch ehemaliges Gletschereis vorhanden, spricht man von **Eiskernmoränen**.

Randmoränen lassen sich auch genetisch unterscheiden. **Thrust moraines** (Stauchendmoränen i. e. S.) entstehen bei kaltbasaler Basis an der Front vorstoßender polarer oder subpolarer Gletscher. Durch Permafrost gefrorene Lockersedimente im Vorland werden durch glazitektonische Prozesse aufgestaucht. **Push moraines** (Stauchendmoränen i. w. S., zur Terminologie vgl. a. S. 91) werden dagegen an warmbasalen Gletschern ohne Permafrost im Vorland – im Zuge von (auch saisonalen) Vorstößen der Gletscherfront durch unterschiedliche Einzelprozesse – zu Wällen aufgepresst. In beiden Fällen setzen sich die entstehenden Endmoränenwälle im Regelfall aus dem bereits an der Gletscherfront vorhandenen Lockermaterial unterschiedlicher Herkunft zusammen und die eigentliche Ablagerung von (neuem) Moränenmaterial tritt zurück. Die für Hochgebirge typischen (alpinen) Lateralmoränen werden dagegen als **dump moraines** (Satzmoränen) bezeichnet, da sie durch die passive Akkumulation supraglazialen Debris an den lateralen Gletschergrenzen entstehen. Im Gegensatz zu den meisten Endmoränen können sie im Laufe mehrerer aufeinander folgender Gletscherhochstände weitergebildet werden und große Dimensionen erreichen. **Präglaziale Moränen** sind in Hochgebirgen weit verbreitet. Es handelt sich dabei um temporäre Moränen, bei denen supraglazialer Debris auf der Gletscheroberfläche wallförmig konzentriert ist. Je nach Position der Wälle bezeichnet man diese als **supraglaziale Medialmoränen** (Mittelmoränen) oder seitliche **supraglaziale Lateralmoränen** (Seitenmoränen). Ihre wallartige Morphologie verdanken supraglaziale Moränen der Isolationswirkung des Debris, der das unterlagernde Gletschereis vor der Abschmelzung schützt. Diese Moränen existieren nur während des aktiven Transports auf der Gletscheroberfläche.

Subglaziale Moränen bzw. verwandte glaziale Akkumulationsformen bedecken große Flächen ehemals vergletscherter Gebiete, treten aber meist morphologisch weniger deutlich in Erscheinung als die Randmoränen. Dies gilt insbesondere für die **Grundmoränen** (ground moraine), flache, wenig reliefierte Ablagerungen von überwiegend subglazialem Moränenmaterial. Im Gegensatz dazu ist die **kuppige Grundmoräne** (hummocky moraine) durch ein deutliches Relief bei kleinräumigem Wechsel zwischen Höhen und Tiefen gekennzeichnet. Die sich räumlich an markante Endmoränen anschließende kuppige Grundmoräne verdankt ihre Form Toteis, das während des Gletscherrückzugs abgetrennt wurde. Nach dessen Abtauen entstehen **Sölle** (**Toteislöcher**) oder **Toteisseen**. Beim Rückzug der eiszeitlichen Inlandeismassen entstanden durch große Toteisbereiche großflächige **Niedertaulandschaften** (**Eiszerfallslandschaften**), deren Topographie und

Relief durch das passive Niedertauen und das Anfallen großer Schmelzwassermengen geprägt wurde.

Drumlins

Nur unter aktiven warmbasalen Gletschern können Drumlins, hügelartige **subglaziale Akkumulationen von Lockermaterial**, entstehen. Es handelt sich um stromlinienförmige, in der Bewegungsrichtung des Eises gestreckte Rücken mit ovalem Grundriss. Ihr Querprofil ist asymmetrisch: Der steilere Hang befindet sich auf der der Eisbewegung zugewandten Seite, der Leehang fällt flach ab. Sie treten oft vergesellschaftet in **Drumlinfeldern** auf und können bei Längen von mehreren hundert Metern Höhen zwischen wenigen und mehreren Zehnern von Metern besitzen. Obwohl ihre Entstehung nicht abschließend geklärt ist, wird eine subglaziale Verformung unverfestigter Sedimente derzeit als wahrscheinlich angenommen.

Glazifluviale Formen

Im Gegensatz zu den Sedimenten, die unmittelbar durch das Eis transportiert wurden, sind die durch das Gletscherschmelzwasser transportierten und abgelagerten glazifluvialen Sedimente geschichtet und nach Korngrößen sortiert. Sie werden bei abnehmender Transportkraft entweder noch im Bereich des Gletschers sub-, en- oder supraglazial oder **proglazial** im Gletschervorland abgelagert. Die glazifluvialen Akkumulationen jenseits des Eisrandes bzw. eines zugehörigen Endmoränenzuges werden als **Sander** bezeichnet. Sie entstehen im Zuge länger andauernder Stillstands- oder langsamer Rückzugsphasen durch seitliches Zusammenwachsen von individuellen Sanderkegeln einzelner Schmelzwasseraustrittsstellen (Gletschertore) zu einer Sanderfläche. Den Übergang zwischen Endmoränen und Sander bilden steile Schwemmkegel, die als **Übergangskegel** bezeichnet werden. Den Schmelzwasserdurchbruch durch eine Endmoräne nennt man aufgrund seiner Form **Trompetentälchen**. Die Korngrößenzusammensetzung der Sander kann sehr stark variieren. So sind sie im süddeutschen Alpenvorland als Schotterflächen ausgebildet, während sie im Bereich der norddeutschen Vereisung aus Sanden bestehen. Mit wachsender Entfernung vom Eisrand nimmt die Korngröße des Sandermaterials ab.

Oser und Kames

In Schmelzwasserkanälen unter dem Gletscher kann Material zu lang gezogenen, geschichteten Tunnelfüllungen aus Sand und Kies akkumuliert werden. Nach Abtauen des Eises bleiben diese so genannten Oser (Singular: Os) als **lang gestreckte Dämme**, häufig von mehreren Zehner Kilometern Länge, erhalten. Auch zwischen oder auf abtauenden und zerfallenden Gletscherteilen können glazifluviale Sedimente abgelagert werden, welche man als Kames bezeichnet. Im Gegensatz zu Osern ist ihre Morphologie oft unregelmäßig. **Kamesterrassen** sind Ablagerungen im Zwischenraum von Gletscher und benachbartem Talhang.

Bändertone

Im unmittelbaren Umfeld der Gletscher können sich **Seen** bilden, in denen Bändertone abgelagert werden. Diesen entsprechen die nahe der Gletscherfront im Meer zu findenden **Warventone**. Durch jahreszeitlich bedingte Wechsel im Sedimentationsgeschehen entsteht eine charakteristische Bänderung der Sedimente. Während des Winterhalbjahres kommen dünne, dunkle und tonige Schichten zur Ablagerung; im Sommer bilden sich hellere, grobkörnigere und mächtigere Schichten. Winter- und Sommerschicht bilden zusammen eine Warve. Basierend auf dieser charakteristischen Schichtenabfolge wurde die für Datierungszwecke verwendete **Warvenchronologie** entwickelt.

Glaziale Serie

Eine idealtypische räumliche Anordnung und Abfolge glazialer und glazifluvialer Sedimente und Oberflächenformen des Alpenvorlandes wurde von A. PENCK und E. BRÜCKNER (1901–1909) beschrieben. Ihre „glaziale Serie" beginnt mit der **Grundmoränenlandschaft** (und deren Einzelformen wie Drumlins etc.) innerhalb eines Zungenbeckens. Die das Zungenbecken nach außen begrenzenden **Endmoränenzüge** markieren die äußersten Vorstoßpositionen des Gletscherlobus. An die äußeren Flanken der Endmoränen schließen sich die in Süddeutschland als Schotterfelder ausgebildeten proglazialen, glazifluvialen Ablagerungen an, denen im norddeutschen Tiefland die weitläufigen Sanderflächen entsprechen. Den Abschluss der glazialen Serie bilden dort die glazialen Entwässerungsrinnen, die **Urstromtäler**. Sie verlaufen von Südost nach Nordwest, dem äußeren Rand der Sanderflächen und der generellen Abdachung der Landoberfläche folgend zum Becken der heutigen Nordsee. Im Alpenvorland fehlen vergleichbare Urstromtäler. Die Schmelzwassermassen flossen nach Norden, ehe sie in die Donau mündeten.

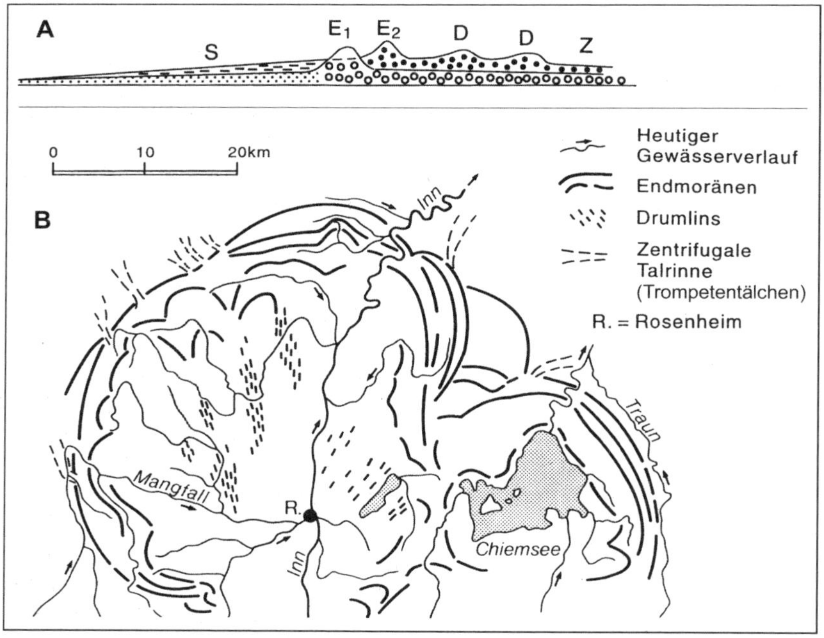

Abb. 24: A) Schematischer Längsschnitt der glazialen Serie (verändert nach PENCK/BRÜCKNER 1901–1909, aus AHNERT 1999, S. 347); Z = Zungenbecken, D = Drumlins, E = Endmoränen, 1 = älterer Gletschervorstoß, 2 = jüngerer Gletschervorstoß, S = Sander/Vorschüttschotter. B) Glaziale und glazifluviale Formen des Inn-Chiemsee-Gletschers (nach TROLL 1924, aus AHNERT 1999, S. 347)

8 Periglaziale Prozesse und Formen

Der Begriff Periglazial

Periglazial bezeichnet als Sammelbegriff sowohl **Klimabedingungen** als auch **Landformen** (also zeitlich wie räumlich), die durch die Vorherrschaft frostdynamischer Prozesse gekennzeichnet sind. Voraussetzung für periglaziale Formungsprozesse sind mittlere Jahrestemperaturen unter 0°C. Die sommerliche Erwärmung reicht jedoch aus, um den im Jahresverlauf fallenden Schnee bis auf perennierende Schneefleckenreste zu schmelzen, so dass sich keine permanente Schneedecke oder Gletscher bilden können. Periglazialgebiete sind sowohl im Polar- und Subpolargebiet als auch in der periglazialen/subnivalen Höhenstufe der Hochgebirge zu finden. Während der pleistozänen Kaltzeiten gab es auch in Mitteleuropa weiträumige Periglazialgebiete. In Deutschland lagen diese im eisfreien Gebiet zwischen der alpinen und der nordeuropäischen Vereisung.

Der Begriff Permafrost

Permafrost ist die Bezeichnung für Lithosphärenmaterial, das während der Dauer von mindestens einem Jahr Temperaturen unter 0°C aufweist und somit über die **Zeit** und die **Temperatur** definiert wird. Bodeneis ist eine mögliche Konsequenz, jedoch nicht die Ursache von Permafrost. Oberflächeneis wie z.B. Gletscher (auch kalte Gletscher) werden als Bestandteil der Hydrosphäre angesehen und nicht dem Permafrost zugeordnet.

Gletschereis entsteht durch die Transformation von Schnee über Firn zu Eis und wird deshalb auch als sedimentäres Eis bezeichnet. Permafrost dagegen enthält überwiegend **„magmatisches Eis"**, das durch Gefrieren von Wasser z.B. im Untergrund entsteht. Im Gegensatz zum **eisreichen Permafrost** (ice-rich permafrost) ist beim **trockenen Permafrost** (dry permafrost) weder Eis noch freies Wasser vorhanden. Wenn das Eis die Porenräume des Substrats nicht ausfüllt, spricht man auch von **untersättigtem (undersaturated) Permafrost**. Beim **gesättigten (saturated) Permafrost** befinden sich Eis und Poren im Gleichgewicht, während beim **übersättigten (supersaturated) Permafrost** der Eisgehalt das Porenvolumen übersteigt.

Der häufig verwendete Begriff Dauerfrostboden ist problematisch, da es sich bei dem gefrorenen Material nicht um „Boden" im eigentlichen, bodenkundlichen Sinn handeln muss und oft auch nicht handelt. Insgesamt sind etwa 25% der Festlandfläche der Erde von Permafrost bedeckt, der im hochkontinentalen Sibirien eine Mächtigkeit von bis zu 1500 m erreichen kann.

Der oberste Bereich im Permafrost wird **Auftaubereich** oder **active layer** genannt. Seine Mächtigkeit beträgt im Allgemeinen zwischen wenigen Dezimetern und etwa drei Metern. Die Bezeichnung Active Layer rührt von den im Wesentlichen hier stattfindenden periglazialen Formungsprozessen. Die **Permafrosttafel**, auch Permafrostspiegel genannt, trennt den Auftaubereich vom dauerhaft gefrorenen Untergrund. Die Permafrostmächtigkeit ist die vertikale Distanz zwischen Permafrostspiegel und Permafrostbasis. Unterhalb der Permafrostbasis folgt der ungefrorene Untergrund. Der Permafrost lässt sich in zwei Teilbereiche untergliedern. Im oberen sind noch periodische bis episodische Temperaturschwankungen zu beobachten. Unterhalb der thermischen Nullamplitude finden keine Temperaturschwankungen mehr statt. Dieser Teil wird als **isothermer Permafrost** bezeichnet. Mit zunehmender Tiefe steigt die Temperatur schließlich sukzessive wieder an. Dort, wo sie den Gefrierpunkt übersteigt, beginnt der Niefrostbereich. Wenn die Auftauschicht im Winter nicht vollständig durchfriert, spricht man von **inaktivem Permafrost**. Vom Permafrost mit jahreszeitlicher Auftauschicht ist die jahreszeitliche bzw. saisonale Bodengefrornis zu unterscheiden.

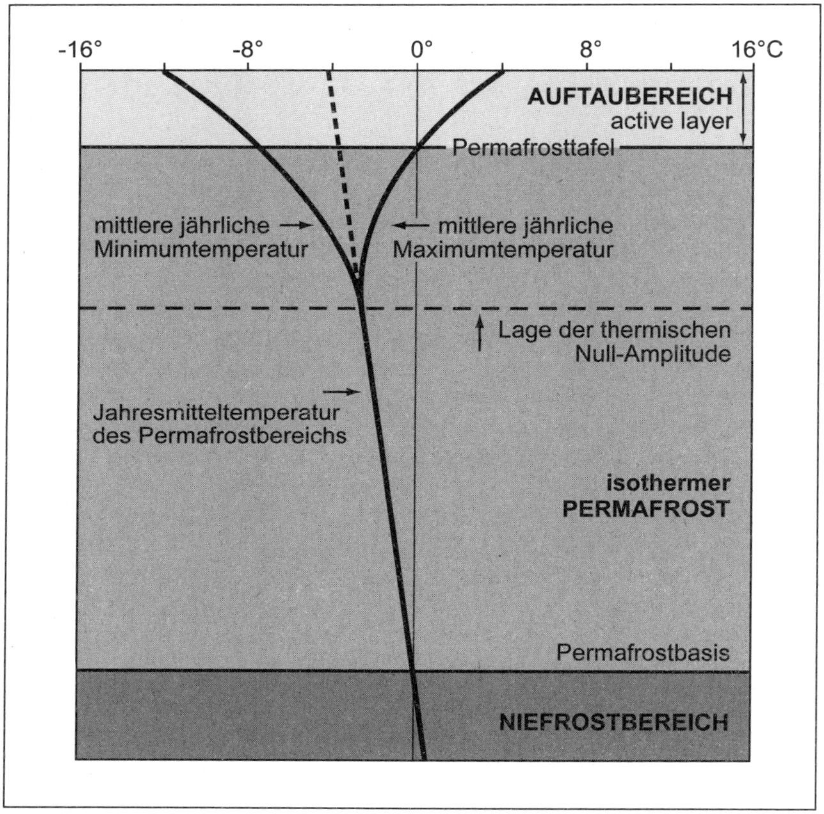

Abb. 25: Schematisiertes Vertikalprofil des Permafrostes (verändert nach KARTE 1979 und BLÜMEL 1999)

Nicht gefrorene Bereiche innerhalb des Permafrostes werden als **Taliks** bezeichnet. Taliks können als Linsen oder Taschen im Permafrost selbst (Intra-Permafrost-Talik), als Auftaubereich darüber (saisonaler Talik) oder als Niefrostbereich unterhalb des Permafrostes (Sub-Permafrost-Talik) auftreten.

Ist der Untergrund – abgesehen von den Taliks unter großen Seen, Flüssen oder dem Meer – durchgehend gefroren, so spricht man von **kontinuierlichem Permafrost**. **Diskontinuierlicher** (fleckenhafter) **Permafrost** erstreckt sich zwischen der Zone mit kontinuierlichem Permafrost und der Zone ohne Permafrost bzw. dem Bereich mit **sporadischem** (inselhaftem)

Permafrostvorkommen. Kontinuierlicher Permafrost geht äquatorwärts normalerweise in diskontinuierlichen über, der schließlich vom sporadischen Permafrost abgelöst wird. Es gibt allerdings keine scharfen Grenzen zwischen den einzelnen Bereichen. Diese Dreiteilung wird auch für die Gliederung des Hochgebirgspermafrostes verwendet. Die Sonderform des submarinen Permafrostes (offshore permafrost) ist an negative Salzwassertemperaturen gebunden oder hat sich in einst negativen Temperaturen ausgesetzten Küstenbereichen gebildet, die später durch Meerestransgression überflutet wurden (vorzeitlicher, reliktischer Permafrost).

Permafrost ist dort anzutreffen, wo die mittlere Jahresmitteltemperatur der Luft unter 0°C liegt. Bei Temperaturen zwischen ca. –6 bis –8 °C handelt es sich um kontinuierlichen Permafrost und bis ca. 0 bis –1 °C um diskontinuierlichen Permafrost. Sporadischer Permafrost kann auch bei positiven Jahresmitteltemperaturen vorkommen, entweder reliktisch oder aufgrund eines speziellen Mikroklimas mit entsprechender, dieses Mikroklima bestimmender Faktorenkonstellation.

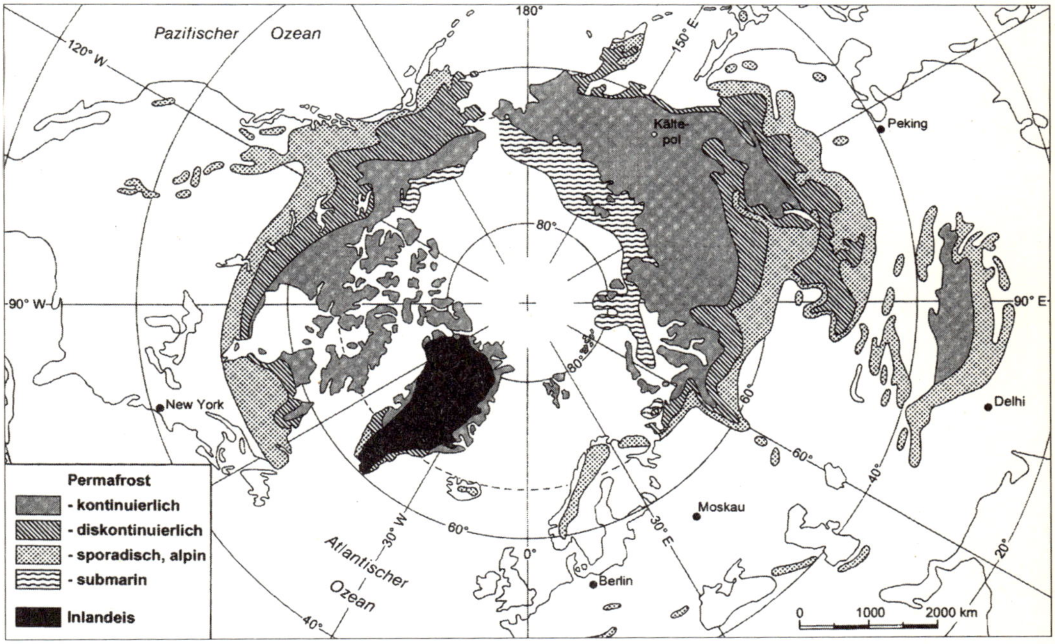

Abb. 26: Permafrostverbreitung auf der Nordhemisphäre (aus BLÜMEL 1999, S. 139)

8.1 Grundlagen frostdynamischer Prozesse in Periglazialgebieten

Von grundlegender Bedeutung für frostdynamische Prozesse sind zum einen die **Existenz der Permafrosttafel**, die durch ihre wasserstauende Wirkung die Zone des Active Layer nach unten begrenzt, sowie zum anderen der Einfluss von **Frost und Frostwechseln**. Wenn Wasser zu Eis gefriert, nimmt sein Volumen um rund 9% zu. Bei dieser Volumenzunahme werden so genannte **kryostatische Drücke** erzeugt. Fällt dagegen innerhalb kurzer Zeit die Temperatur sehr stark ab, zieht sich ein gefrorener Körper zusammen, so dass sich sein Volumen verringert und Spalten und Risse entstehen können. Dieses Phänomen wird als **Tieffrostkontraktion** bezeichnet. Beim Eis im Untergrund kann es sich um epigenetische oder syngenetische, rezente oder reliktische Bildungen handeln. Das Eis lässt sich weiter in die beiden aus geomorphologischer Sicht besonders bedeutenden Formen Segregationseis und Injektionseis differenzieren.

Segregationseis

Segregationseis entsteht durch die Wanderung des Wasserdampfes aufgrund eines Dampfdruckgefälles in Richtung zur Gefrierfront. Es liegt meist in Form **oberflächenparalleler Eislinsen** vor und entsteht vor allem in feinkörnigem Material. Bei Gefrier- und Tauprozessen resultieren deutliche Hebungs- und Setzungserscheinungen.

Injektionseis

Injektionseis ist im Gegensatz zum Segregationseis relativ rein und entsteht durch in das Substrat aufgrund hydrostatischen Drucks eindringendes Wasser.

8.2 Periglaziale Formung

Kryoturbation

Durch Frosteinwirkung kommt es nicht nur zu einer Materialaufbereitung (Frostverwitterung, s. Kap. 4.1), sondern es wird im Auftaubereich des Permafrostes (Substrat) eine Reihe von **Sortierungsprozessen** und **Gefügeveränderungen** in Gang gesetzt. Voraussetzung ist meist ein genügend großer Anteil von Feinmaterial (Wasserspeicherfähigkeit bzw. Bildung von Segregationseis). Die durch frostdynamische Prozesse bedingten Bewegungen, Materialverlagerungen und Sortierungsprozesse bezeichnet man als Kryoturbation.

Das vertikale Anheben von Steinen wird als **Frosthebung** bezeichnet. Hierdurch werden Steine innerhalb des Active Layers zur Oberfläche hin verlagert, wobei sie vielfach gleichzeitig aufgerichtet werden. Frosthebung spielt nicht nur im Periglazialgebiet eine Rolle, sie findet auch bei saisonalem Frost im Bereich der Mittelbreiten statt.

Während der sommerlichen Auftauphase, die von der Oberfläche in die Tiefe voranschreitet, sackt das Feinmaterial durch die Volumenverkleinerung zusammen, die größeren Steine lagern auf noch gefrorenem Substrat. Beim weiteren Voranschreiten der Taufront rutscht weiteres Feinmaterial unter die Steine, so dass diese insgesamt eine relative Aufwärtsbewegung erfahren, die auch als Auffrieren von Steinen bezeichnet wird. Seitliches Eindringen der Frostfront kann analog zu einer Lateralbewegung der Grobbestandteile führen, die **Frostschub** genannt wird. Die durch Frosthebung und Frostschub bedingte Materialsortierung führt zur Bildung von **Frostmusterstrukturen** („Struktur- oder Frostmusterböden", patterned ground). Sie können in eine Vielzahl geomorphologischer Untertypen eingeteilt werden.

Steinnetze und Steinstreifen

Wenn im Herbst der Frost von der Oberfläche her in den sommerlichen Auftaubereich eindringt, wird zwischen Frostfront und Permafrosttafel ein Talik eingeschlossen. Beim Gefrieren des Taliks kommt es zu Spannungen und Druckunterschieden, die sich in Stauchungen und Verwürgungen des Substrats äußern. Je nach Ausprägung wurden derartige Formen in der deutschen Literatur als **Würge-**, **Brodel- Taschen-**, **Zapfen-** oder **Tropfenböden** bezeichnet.

Bei skelettarmem Material können **nicht-sortierte Feinerdekreise, Feinerdenetze** oder **nicht-sortierte Polygone** (nonsorted circles, nets polygons) auftreten, deren Muster z.T. auf den Wechsel von vegetationsbedeckten und vegetationslosen Bereichen zurückgeht. Bei skelettreichem Substrat entstehen **Strukturböden** mit deutlicher Materialsortierung. Sie treten zum Beispiel in Form von **sortierten Steinringen**, **-polygonen** oder -netzen (sorted circles, polygons, nets) mit Feinerdekernen auf. Bereits bei geringer Hangneigung (ab ca. 2°) werden diese Strukturen mit dem Einsetzen der Solifluktion in längliche Formen bis hin zu gefällsparallelen Steinstreifen deformiert.

Solifluktion

Solifluktion ist neben der Kryoturbation der zweite charakteristische Formungsprozess in Periglazialgebieten, auch wenn Solifluktion nicht zwangsläufig an das Auftreten von Permafrost gebunden ist. Allgemein bezeichnet Solifluktion eine langsame, hangabwärts gerichtete Bewegung wassergesättigten Materials (s. Kap. 5). Die Wassersättigung wird durch eine stauende Schicht im Untergrund erreicht. Handelt es sich hierbei um eine Permafrosttafel, so spricht man meist von **Gelifluktion**, in vegetationslosen Gebieten von **freier** oder **ungebundener Solifluktion**. Vollzieht sie sich dagegen unter einer geschlossenen Vegetationsdecke, nennt man sie **gebundene Solifluktion**. Wulstartige Zungen, so genannte **Solifluktionsloben** und **Solifluktionsterrassen**, sind typische Formen der gebundenen Solifluktion. Die ungebundene Solifluktion umfasst geregelte und ungeregelte Formen. Zu den ungeregelten Formen zählen die **Solifluktions-** oder **Hangschuttdecken**. Bei einsetzender Materialsortierung entstehen Übergangsformen wie **Schuttloben** und **Blockzungen** mit Anhäufungen von Grobmaterial im Stirnbereich. Geregelte Formen entstehen durch das Zusammenspiel von Frostsortierung und Solifluktion, so dass **Streifenböden** mit sortierten Steinstreifen bzw. nicht-sortierte Streifen aus Feinerde entstehen.

Als Sonderform der Solifluktion wird häufig die **Kammeissolifluktion** erwähnt, die jedoch nur im Feinmaterial wirksam ist. Sie tritt in Hochgebirgen auf, wobei sich bei Temperaturen unterhalb des Gefrierpunkts Eisnadeln bilden. Die aus Luft- und Bodenfeuchtigkeit gespeisten Kristalle wachsen senkrecht zur Oberfläche. Dabei können kleine Substratpartikel angehoben werden, die bei Zerstörung der Eiskristalle durch Tauen oder Abknicken der Gravitation folgend nach unten wieder abgesetzt werden. Dieser Mechanismus führt, vor allem bei häufigen Frostwechseln, zu einer sukzessiven, hangabwärts gerichteten Verlagerung von Feinmaterial.

Nivation

Bei der Nivation handelt es sich nicht um einen Einzelprozess, sondern um die weitgreifende und nicht schlüssig definierte Sammelbezeichnung für Prozesse, die mit der Wirkung längerfristig liegenden oder perennierenden Schnees auf den Untergrund im Zusammenhang stehen. Während Schneekriechen und Massentransporte über die Schneeoberfläche mit Schnee in direktem Zusammenhang stehen, verstärkt dessen Schmelzwasser die physikalische und chemische Verwitterung und führt aufgrund des wassergesättigten Untergrundes zu einer Intensivierung der Solifluktion. Hangabwärts können als Akkumulationsformen Schneeschuttwälle (pronival ramparts, protalus ramparts) entstehen. Die im initialen Stadium zunächst kleinen Hohlformen, **Nivationsnischen** (nivation hollows), entstehen durch die lokal besonders intensiv wirkenden Teilprozesse Verwitterung, Frostdynamik und Solifluktion. Im Laufe der Zeit können bei rückwärtiger Ausdehnung der Nivationsprozesse deutliche Verebnungen wie **Nivationsterrassen** entstehen, bzw. bei größeren Dimensionen **Kryoplanationsterrassen**.

Abluation bezeichnet eine korngrößenselektive, meist flächenhafte Abspülung von Feinmaterial im Periglazialbereich. Als Residuum (Rest) bleiben in erster Linie die gröberen Korngrößen zurück.

Eiskeile

Durch die frostdynamischen Prozesse, insbesondere im Bereich des eisreichen Permafrostes entstehen im **polaren/subpolaren** und **alpinen Periglazial** charakteristische Formen: Im kontinuierlichen polaren Permafrost bilden sich durch **thermische Kontraktion** bei schneller Abkühlung und tiefen Temperaturen Risse und Spalten (**Tieffrostkontraktion**) im eisreichen Feinmaterial. Die Spalten füllen sich im Frühjahr bzw. Frühsommer mit wiedergefrierendem Schmelzwasser. Dadurch wird das vollständige Schließen der Risse unterbunden und es bildet sich unterhalb der Auftauschicht Spalteneis (Segregationseis). Die häufige Wiederholung dieser Prozesse führt zur Bildung von massiven Eiskeilen, die bei flächenhafter Verbreitung zu polygonalen Eiskeilnetzen (Eiskeilpolygone) zusammenwachsen können. Durch die Volumenexpansion bei der Bildung des Segregationseises weisen die überlagernden Feinsedimente meist eine charakteristische Aufwölbung auf. Eiskeilpolygone gehören als spezieller Typ zu den Frostmusterstrukturen. Da die Spalten nach Abtauen des Eises mit Sedimenten verfüllt werden, bleibt die Form erhalten. Auch in Mitteleuropa findet man weit verbreitet fossile Eiskeile. Sie gelten als Indikatoren periglazialer Formungsprozesse während der pleistozänen Kaltzeiten.

Pingos

Besonders auffällige periglaziale Landschaftsformen sind Eis- oder Frosthügel. Die größten Vollformen der periglazialen Landoberflächen mit Durchmessern von 30–600 m und bis zu 70 m Höhe werden als Pingos bezeichnet. Sie bestehen aus einem massiven Eiskern und einer darüber liegenden sedimentären Deckschicht. Es lassen sich zwei Typen verschiedener Entstehung unterscheiden:

- Der **geschlossene** oder **Mackenzie-Typ** (closed-system-pingos) im kontinuierlichen Permafrost kann beim Verlanden eines Sees, unter dem sich ein Talik ausgebildet hat, entstehen („geschlossenes hydrologisches System“). Der Talik gefriert von oben und von der Seite, wodurch der kryostatische Druck auf das noch ungefrorene Wasser immer größer wird und schließlich das Wasser in Richtung des geringsten Widerstandes und damit nach oben gedrückt wird. Es bildet sich ein massiver Eiskörper aus Injektions- und Segregationseis, der die überlagernde Deckschicht aufwölbt.

- Beim **offenen** oder **Ostgrönland-Typ** (open-system-pingos) im diskontinuierlichen Permafrost gerät versickerndes Oberflächenwasser als Sub- oder Intrapermafrostwasser unter hydrostatischen Druck und wird nach oben gepresst („offenes hydrologisches System"). Da diese Pingos an austretendes Subpermafrostwasser gebunden sind, treten sie häufig an flachen Unterhängen oder an Talflanken im subpolaren Periglazial auf und sind meist an polythermale Gletscher gebunden. Überschreiten Pingos eine bestimmte Größe, kann deren Deckschicht aufreißen. Dadurch geht die isolierende Wirkung verloren, der Eiskörper beginnt aufzutauen und der Pingo wird abgebaut.

Palsas

Palsas sind 10–30 m breite, 15–150 m lange und bis zu 10 m hohe Torfhügel, die in Mooren in der diskontinuierlichen oder sporadischen Permafrostzone vorkommen. Die Aufwölbung der mineralischen und organischen Lagen erfolgt durch die Bildung von zwischengelagerten Segregationseislinsen. Torf besitzt in feuchtem Zustand eine hohe Wärmeleitfähigkeit, während er bei (sommerlicher) Austrocknung isolierend wirkt. Bei Zerstörung der isolierenden Torfschicht, z. B. durch fortgeschrittenes Größenwachstum, schmelzen die Eislinsen und die Form zerfällt. Sowohl Palsas als auch Pingos können sich im Hochgebirgsperiglazial nicht entwickeln.

Thufure (Rasenhügel, Erdbülten, earth hummocks) sind rundliche bis ovale, vegetationsbedeckte Kuppen mit feinmaterialreichem Kern. Sie werden bis zu einem halben Meter hoch. Im Gegensatz zu den Pingos und den Palsas sind sie nicht an das Auftreten von Permafrost gebunden, da sie sich bereits bei saisonalem Frost bilden.

Thermokarst

Thermokarst bezeichnet die Degradation von eisreichem Permafrost. Allerdings wird dieser in der Literatur immer noch häufig verwendete Begriff sehr missverständlich benutzt und von karstähnlichen Hohlformen (s. Kap. 9) abgeleitet, die bei der Permafrostdegradation entstehen können.

Blockgletscher

Die für das **alpine Periglazial** auffälligsten Formen sind Blockgletscher (rockglaciers) und **Stauchmoränen** (push moraines), zwischen denen es Übergangs- und Mischformen gibt. Beide Formen sind Ausdruck von Kriechbewegungen im eisreichen Permafrost, wobei Blockgletscher Schutt-Eis-Gemische darstellen, die sich aufgrund der Hangneigung talwärts bewegen und dabei häufig „lavastromartige" Fließstrukturen ausbilden. Ihren Namen verdanken sie der Ähnlichkeit mit Gletscherzungen bzw. der früheren Vermutung, dass es sich bei diesen Formen um stark schuttbedeckte Gletscher handelt. Das Eis in den **Blockgletschern** besteht vorwiegend aus Segregationseis. Daneben kommen aber auch sedimentäres Eis aus begrabenem Lawinenschnee und Reste von Gletschereis vor. An der Blockgletscherbewegung sind vermutlich zwei Komponenten beteiligt: Zum einen die Deformation des Schutt-Eis-Gemisches, dessen Eisgehalt das Porenvolumen übersteigt, und zum anderen ein Gleitprozess an der Permafrostbasis. Aktive Blockgletscher gelten als sicherer Indikator für diskontinuierlichen Permafrost. Inaktive Blockgletscher zeigen zwar keine Kriechbewegungen mehr, enthalten aber noch Eis. Bei fossilen Blockgletschern ist das

Eis ausgeschmolzen und die Form kollabiert. **Stauchmoränen** sind durch Gletscher verformte, gefrorene Lockersedimentmassen. Die Eissättigung führt zur Kohäsion und die auf die Stauchmoräne durch einen vorrückenden Gletscher ausgeübten Spannungen führen zur Bildung von Wülsten, Faltenstrukturen und Überschiebungen.

Aufgrund intensiver Frostverwitterung und der Steilheit des Reliefs sind die periglazialen Prozesse im Hochgebirge oft durch hohe Massenumsätze gekennzeichnet. Dies zeigt sich z.B. bei der Bildung von Hangschutthalden, Hangschuttkegeln und insbesondere bei den periglazialen Murgängen mit ihrem hohen Erosionspotenzial.

Fluviale Formung

Einige Besonderheiten weist die fluviale Formung in den Periglazialgebieten der Erde auf. So ist der Abflussgang durch eine **extreme Saisonalität** mit Spitzenwerten in der Auftauperiode gekennzeichnet. Da der Untergrund durch den Permafrost größtenteils abgedichtet ist, findet nahezu ausschließlich Oberflächenabfluss statt. Die Flüsse verfügen zu diesen Zeiten über eine enorme Transportkapazität. Dennoch ist Tiefenerosion nur beschränkt möglich. Neuere Untersuchungen zeigen, dass die ehemals herrschende Auffassung einer intensiven Talbildung nicht mehr haltbar ist. Die typische Flussgrundrissform stellt mit Aufschotterungssohle und der Verteilung des Abflusses auf mehrere Stromstriche eine verzweigt Form dar.

Äolische Formung

Aufgrund der natürlichen Gegebenheiten können in Periglazialgebieten äolische Prozesse äußerst wirksam werden. Im unmittelbaren Randbereich der Eisschilde wehen beständige, starke Winde vom Gletscher in das Vorland, **katabatische Fallwinde**. Die physikalische Verwitterung stellt große Mengen an Feinmaterial zur Verfügung. Geringe Niederschläge und schüttere Vegetation bewirken, dass das aufbereitete Feinmaterial weder durch Feuchtigkeit noch durch Pflanzen(wurzeln) festgehalten wird, so dass es leicht ausgeweht und an anderer Stelle wieder abgelagert werden kann.

Löss

Das wichtigste **äolische Lockersediment**, das vor allem während der pleistozänen Kaltzeiten gebildet wurde, ist der Löss (s. Kap. 10). In Deutschland findet man Löss im Alpenvorland, in den Becken der Mittelgebirge und des süddeutschen Schichtstufenlandes sowie in der Bördenlandschaft am Nordrand der Mittelgebirge. Das Material wurde durch Frostverwitterung zerkleinert und aufbereitet, bevor es aus den periodisch trockengefallenen Flussbetten, den Gletschervorfeldern und Sanderflächen ausgeweht werden konnte. Für die Sedimentation ist eine gewisse Vegetationsdecke nötig, die als Staubfänger dient. Dies wird beispielsweise in der Höhengrenze der Lössverbreitung deutlich, die man als ehemalige Höhengrenze der Vegetation interpretiert.

Flugsand

Ein weiteres äolisches Sediment des kaltzeitlichen Mitteleuropas ist der Flugsand. Aufgrund seiner **gröberen Korngröße** sind die Transportdistanzen geringer als beim Löss. Flugsandfelder mit Dünenbildung finden sich deswegen zumeist in unmittelbarer Nähe der Liefergebiete im Osten größerer Flüsse (s. Kap. 10).

9 Karst

Karst ist die Landschaftsbezeichnung für die Kalksteinhochflächen im westlichen Slowenien. In der Geomorphologie beschäftigt sich die Karstmorphologie mit der erklärenden Beschreibung von Landformen in Regionen mit vorherrschender Lösungsverwitterung und -abfuhr (s. Kap. 4.2) und dominierender unterirdischer Entwässerung. Die durch Lösungsprozesse erzeugten spezifischen Landformen bilden das **Karstrelief**, zu dessen Kennzeichen insbesondere außerhalb der Tropen das verstärkte Auftreten geschlossener Hohlformen zählt. Darüber hinaus sind Karstgebiete durch hydrographische Besonderheiten gekennzeichnet.

9.1 Petrographische und hydrologische Grundlagen und Voraussetzungen

Voraussetzungen für die Karstentwicklung sind die Löslichkeit und die Reinheit des Gesteins, eine ausreichendes Wasserangebot, die Wasserwegsamkeit (Wasserdurchlässigkeit) des Gesteins und die Möglichkeit der Drainage zum Vorfluter (s. Kap. 6.2).

Löslichkeit der Gesteine

Die Gesteine mit der höchsten Löslichkeit sind **Salzgesteine** wie Kalisalz (Sylvinit, KCl) oder Steinsalz (Halit, NaCl). Ihre Löslichkeit ist derart hoch, dass sie – außer unter extrem ariden Klimabedingungen – nicht oberflächlich vorkommen. Treten Salzgesteine im Untergrund auf, so kann es bei Kontakt mit Boden- oder Grundwasser zu Auslaugung (**Subrosion**) kommen. Die entstehenden Hohlräume können Einbrüche oder Sackungen an der Erdoberfläche verursachen. Lösungserscheinungen an Salzgesteinen werden auch als **Salinarkarst** bezeichnet. Gips und Anhydrit (die wasserfreie Form des Gipses) sind verkarstungsfähige **Sulfate** (s. Kap. 3.1). Die wichtigste Gruppe der verkarstungsfähigen Gesteine ist jedoch die der weit verbreiteten **Carbonate**, deren Löslichkeit stark vom Kohlensäuregehalt des Wassers abhängt (s. Kap. 4.2). Neben Kalkstein (in Reinform $CaCO_3$) ist der etwas weniger leicht lösliche Dolomit ($CaMg\,(CO_3)_2$) zu nennen. Trotz ihrer erheblich geringeren Lösungsanfälligkeit können Korrosionserscheinungen unter gewissen Voraussetzungen auch an **Silikatgesteinen** (s. Kap. 3.2), insbesondere an **Sandsteinen**, beobachtet werden. Man spricht dann von **Silikat**- bzw. von **Sandsteinkarst**.

Wasserangebot und Wasserwegsamkeit

Neben der Löslichkeit des Gesteins ist als weitere Voraussetzung für eine Verkarstung **ausreichend verfügbares Wasser** nötig. Um Kalkstein angreifen zu können, muss das Wasser **Kohlendioxid** enthalten. Da Wasser Kohlendioxid vor allem aus der Bodenluft aufnimmt, ist diese Bedingung in der Natur im Normalfall erfüllt. Um eine fortgesetzte Kalklösung und damit eine voranschreitende Entwicklung der Verkarstung zu gewährleisten, darf das Wasser nicht stagnieren, da sich sonst eine gesättigte Lösung bilden würde. Damit sind neben der Anwesenheit von Wasser auch die **Wasser-**

wegsamkeit im Untergrund und die Drainage des kalkgesättigten Wassers zum Vorfluter wichtig. Karstgebiete befinden sich aus diesem Grund stets oberhalb des Grundwasserniveaus, und Verkarstungsprozesse können nur dann einsetzen, wenn das verkarstungsfähige Gestein höher als der Vorfluter liegt und dadurch eine Drainage zum Vorfluter möglich ist. Bewegt sich das Wasser durch Risse, Klüfte oder Fugen im Kalkstein, so werden diese zunehmend durch Lösung erweitert und es kommt zur Ausbildung der typischen Karstformen.

Reinheit der lösungsfähigen Gesteine

Die Lösung ist umso intensiver, je größer die Reinheit des Gesteins ist. Wird verunreinigter Kalkstein (Ton- und Schluffpartikel anderer Minerale) gelöst, reichern sich diese mineralischen Verunreinigungen im Gestein an und können als **Residualtone** oder **-lehme** die wasserwegsamen Hohlräume verstopfen und damit die Weiterentwicklung des Karsts behindern.

Lösung und Ausfällung

Korrosion bezeichnet die chemische Lösung von Kalk durch CO_2-haltiges Wasser. Pro Liter Wasser können – abhängig von CO_2-Gehalt und Temperatur – etwa 100–400 mg $CaCO_3$ aufgenommen werden. Mit zunehmendem Kohlendioxidgehalt steigt die Fähigkeit des Wassers zur Lösung von Kalk.

Der Prozess der Korrosion lässt sich schematisch in zwei Teilprozesse gliedern.

Kohlendioxid (z. B. aus der Bodenluft) und Wasser verbinden sich zunächst zu **Kohlensäure**:

$$CO_2 + H_2O \rightarrow H_2CO_3$$

Das wasserunlösliche Calciumcarbonat reagiert mit der Kohlensäure und wird zu wasserlöslichem **Calciumhydrogencarbonat** umgewandelt:

$$CaCO_3 + H_2CO_3 \rightarrow Ca(HCO_3)_2$$

Die Intensität, mit der die beschriebenen Prozesse ablaufen, hängt von verschiedenen Bedingungen ab. Zu diesen zählen v. a. der CO_2-Partialdruck der Bodenlösung, die Wassertemperatur sowie pflanzliche und mikrobiologische Aktivitäten. Je höher der Partialdruck der Bodenluft ist, umso mehr CO_2 wird im Wasser gelöst. Der Partialdruck selbst wiederum steigt mit der CO_2-Konzentration in der Atmosphäre. Eine niedrige Wassertemperatur begünstigt die Kalklösung, denn je kälter das Wasser ist, umso mehr CO_2 wird gelöst.

Umgekehrt kann es zur **Ausfällung** von Kalk kommen, wenn einer Lösung Kohlendioxid entzogen wird. CO_2 wird dem Bodenwasser beispielsweise direkt durch Photosynthese treibende Pflanzenteile (CO_2-Aufnahme!) entzogen. Werden die Pflanzenteile von ausgefälltem Kalk verkrustet, entsteht Kalktuff. Wenn eine Kalklösung aus dem Untergrund an die Erdoberfläche mit veränderten Umgebungsbedingungen (geringerer Druck, höhere Temperatur) austritt, kann ebenfalls CO_2 entweichen und es kommt zur Kalkausfällung in Form so genannter **Sinterkalke**.

Mischungskorrosion

Die bei gegebenen Kohlendioxid-Gehalten maximal lösliche Kalkmenge lässt sich anhand der **Sättigungskurve** (W1-A-W2, vgl. Abb. 27) darstellen. Sie repräsentiert das Gleichgewicht zwischen Kalk und Kohlensäure. Wird der CO_2-Gehalt an der Abszisse gegen den $CaCO_3$-Gehalt an der Ordinate aufgetragen, so kennzeichnet der Bereich oberhalb der Sättigungskurve kalkübersättigtes, der darunter liegende Bereich kalkaggressives Wasser.

Beim Kontakt zweier kalkgesättigter Wässer unterschiedlicher Temperatur kommt es zum Phänomen der **Mischungskorrosion** (BÖGLI 1964). Abbildung 27 macht deutlich, dass die Mischungsgerade (W1-B-W2) unterhalb der Sättigungskurve linear im kalkaggressiven Bereich verläuft. Im Gegensatz dazu verläuft die Sättigungskurve nicht linear. Das bedeutet, dass aus zwei kalkgesättigten Wässern ein Mischwasser entsteht, das nicht kalkgesättigt ist und einen Kohlendioxid-Überschuss aufweist, der zu weiterer Kalklösung führt.

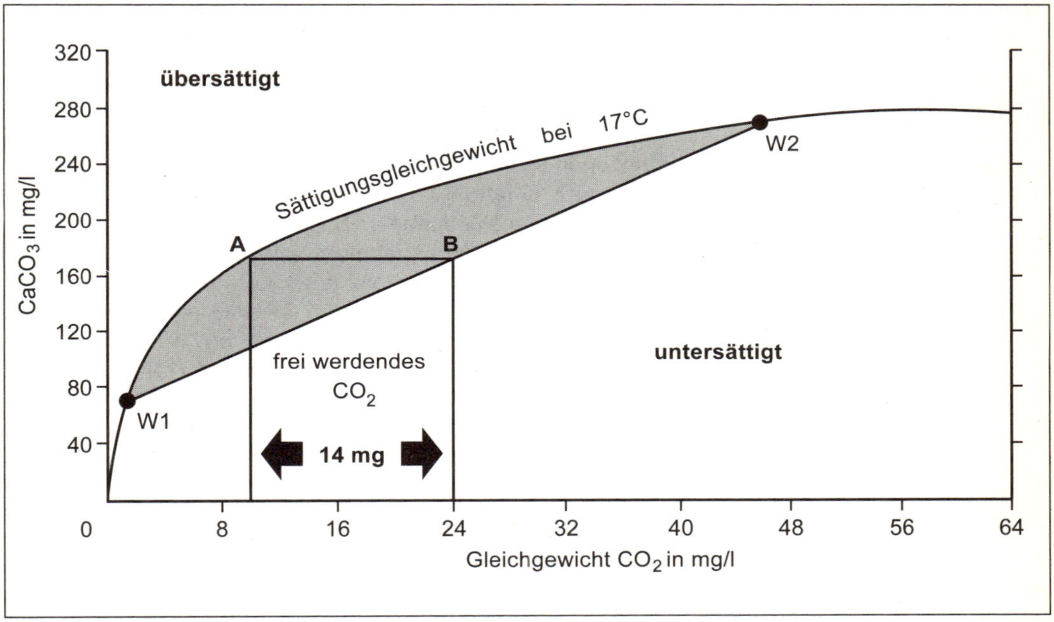

Abb. 27: Mischungskorrosion (nach BÖGLI 1964, vereinfacht)

9.2 Karsthydrographie

Die hydrographische Besonderheit von Karstlandschaften ist die dominierende unterirdische Entwässerung bei gleichzeitigem Fehlen oberirdischer Fließgewässer. Das Niederschlagswasser kann entweder diffus in den Untergrund einsickern oder konzentriert in Schlucklöchern (**Ponoren**) verschwinden. Ebenso können allochthone Flüsse, die aus nicht verkarsteten Gebieten in Karstregionen fließen, entweder deutlich an Wasser verlieren oder auch ganz im Untergrund verschwinden (Donauversickerungen an der oberen Donau bei Immendingen und Fridingen). Darüber hinaus bilden die Hohlräume des Untergrundes ein komplexes System kommunizierender Spalten und Röhren, in denen Druckunterschiede wirksam werden, die zu Veränderungen der normalen – der Schwerkraft folgenden – unterirdischen Abflüsse des Wassers führen können.

Karsthydrographische Zonen

Der Bereich zwischen Erdoberfläche und der Karstwasserfläche (s.u.) wird als **vadose Zone** bezeichnet. Ihre Hohlräume und Röhren sind meist luftgefüllt und werden vom einsickernden Wasser entsprechend der Schwerkraft von oben nach unten durchflossen. Das Wasser sammelt sich in der darunter liegenden **phreatischen Zone**, deren Hohlräume wassergefüllt sind. Dazwischen befindet sich der phreatisch-vadose Grenzbereich. Er ist in seiner Höhenlage nicht konstant und kann je nach Wasserzufuhr (z.B. durch starke Niederschläge oder Schneeschmelze) deutlich variieren. Dieses Niveau ist besonders für die Ausbildung von Höhlen disponiert, da sich hier unterschiedlich stark gesättigte Karstwässer mischen und damit die Mischungskorrosion wirksam wird. Die Obergrenze der phreatischen Zone bildet die **Karstwasserfläche**, eine piezometrische Fläche, die jahreszeitlichen Schwankungen unterworfen ist. Sie ist nicht identisch mit dem Grundwasserspiegel, da sich deutliche Unterschiede im Wasserstand des Systems kommunizierender Hohlräume, Spalten und Röhren (abhängig von Durchmesser des Hohlraums, Fließgeschwindigkeit, Druck) einstellen.

Karstquellen

Aufgrund der raschen Wasserbewegungen im Karstsystem reagieren Karstquellen sehr zügig auf Veränderungen der Wasserzufuhr und unterliegen deshalb starken Schwankungen der Quellschüttung. Als **Hungerbrunnen** bezeichnet man Wasseraustritte an höher gelegenen Hangpositionen, die nur bei Hochständen der phreatischen Zone gespeist werden, während sie in Trockenzeiten kein Wasser schütten. Bei **Quelltöpfen** steht das Wasser unter Druck und die Schüttung erfolgt der Schwerkraft entgegengesetzt, aufsteigend aus der phreatischen Zone. Die Bewegung, bei der das Wasser unter Druck durch die Hohlräume des Karstsystems gepresst wird, nennt man **Druckfließen**.

9.3 Karstformen und Karstlandschaften

Karstlandschaften sind durch spezifische Oberflächenformen gekennzeichnet, die in ihrer Verbreitung auf Regionen mit den oben genannten petrographischen und hydrographischen Voraussetzungen beschränkt sind. Karstformen können entweder direkt an der Erdoberfläche (**Oberflächenkarst**) oder im Untergrund (**Tiefenkarst**) auftreten. Ist das verkarstete Gestein – abgesehen von einzelnen Resten – weder von Boden noch von Vegetation bedeckt, so spricht man von **nacktem Karst**. Beim **bedeckten Karst** sind eine Boden- und in der Regel auch eine Vegetationsdecke vorhanden. **Überdeckter Karst** bezieht sich auf eine nachträglich mit Sediment (z.B. Löss oder Flugsand) überzogene Karstfläche. **Unterirdischer Karst** umfasst die Gesamtheit der unterirdischen Karstphänomene unter jüngeren Deckschichten. Für Karstformen, die unter Vorzeitklimaten gebildet wurden und die aktuell ohne weitere Entwicklung lediglich erhalten bleiben, verwendet man die Bezeichnung **Paläokarst** oder **fossiler Karst**.

Oberflächenformen der Karstgebiete

Die Oberflächenformen der Karstgebiete reichen von Kleinformen von wenigen Zentimetern Größe bis hin zu Megaformen im Kilometer-Bereich. Die **Kleinformen** des Karstes werden als **Karren** bezeichnet. Im nackten Karst sind die verschiedenen Karrentypen im Normalfall scharfkantig ausgebildet, während im bedeckten Karst stärker gerundete Formen dominieren. Je nach Form und Bedeckung lassen sich verschiedene Typen unterscheiden. Von **Kluftkarren** spricht man, wenn sich Karren am Kluftmuster des Gesteins als Ansatzstelle der Korrosion orientieren und dieses nachzeichnen; an Schnittpunkten verschiedener Kluftrichtungen bilden sich oftmals **Karrentische**. **Rinnen-** und **Rillenkarren** folgen als länglich gestreckte Formen dem Einfallen von Gesteinsflächen. Im Gegensatz zu den Rillenkarren, die an unbedeckte Oberflächen gebunden sind, können die formenreicheren Rinnenkarren sowohl im bedeckten als auch im nackten Karst auftreten. **Rund-**, **Napf-** und **Lochkarren** sind rundliche bis ovale Hohlformen, die eine Karstgesteinsschicht auch vollständig durchziehen können. Sie entstehen durch Wasserstau auf flachen Gesteinspartien. Auch in silikatischen Gesteinen treten rundliche Eintiefungen auf, die wohl aus dem Zusammenspiel zwischen Gesteinslösung und chemischer Verwitterung resultieren. Man nennt diese Form des Silikatkarstes **Opferkessel**.

Dolinen

Die wichtigste, in nahezu allen Karstlandschaften anzutreffende Leitform des Karstes ist die Doline. Dolinen sind **runde bis ovale Hohlformen** des Oberflächenkarstes mit Durchmessern von wenigen Metern bis weit über tausend Meter. Grundsätzlich lassen sich **Einsturzdolinen** von **Lösungsdolinen** unterscheiden, wobei erstgenannte durch Nachbruch über Hohlräumen im Untergrund entstehen. Frische Einsturzdolinen haben oft scharfe Ränder und steile, senkrechte oder auch überhängende Wände. Dagegen entstehen Lösungsdolinen durch Gesteinslösung, wobei die Lösungsintensität mit der Tiefe abnimmt, so dass eine schüssel- bis trichterförmige Hohlform entsteht. Sie finden sich häufig an besonders lösungsanfälligen Stellen wie z.B. an Kreuzungen von Klüften. An diesen Stellen können sich auch **Karstschlote** bis weit in den Untergrund erstrecken. Wenn wasserunlösliche Deckschichten über Hohlräumen im unterlagernden Kalkstein nachstürzen, handelt es sich nicht um eine Doline, sondern um einen **Erdfall**. Mit Lösungsrückständen und Akkumulationsmaterial verfüllte Kluftkarren und Dolinen mit geringem Durchmesser werden als **Schlotten** bezeichnet. Befinden sich mehrere in unmittelbarer Nachbarschaft nebeneinander, so spricht man von einer **geologischen Orgel**. **Trockentäler** sind Täler mit gleichsinnigem Gefälle in Karstgebieten, die durch fluviale Prozesse geschaffen wurden, aber heute ohne sichtbare oberflächliche Entwässerung sind. Sie werden häufig von Dolinen unterbrochen. Besonders ausgeprägt sind Trockentäler im Bereich der Schwäbisch-Fränkischen Alb. Allerdings beschränken sich diese Trockentäler nicht allein auf Karstregionen, sonder finden sich auch in Trockengebieten oder in Regionen mit anderen wasserdurchlässigen Gesteinen.

Uvalas

Uvalas sind **abflusslose Hohlformen**, die größer als Dolinen sind, jedoch nicht die Ausmaße von Poljen erreichen. Sie lassen sich als Übergangsformen interpretieren, die vermutlich aus dem Zusammenwachsen mehrerer Lösungsdolinen hervorgehen. Uvalas besitzen mehrere Tiefenzentren, über die in den Untergrund entwässert wird. Die beckenartigen **Poljen** erstrecken sich häufig über mehrere Kilometer und sind damit die größten geschlossenen Hohlformen des Karstes. Der ebene Boden der Poljen ist meist von Lösungsrückständen und allochthonem Akkumulationsmaterial bedeckt. Häufig liegt der Boden der Poljen etwa auf dem Niveau des Karstwasserkörpers. Dadurch stellen die Poljen oft Gunsträume innerhalb der kargen Karstlandschaft dar, die landwirtschaftlich intensiv genutzt werden. Bei schwankendem Karstwasserspiegel können sie saisonal überflutet werden, ansonsten auch von einem Fließgewässer durchflossen werden. In diesem Fall tritt dieses an einer Seite aus einer Karstquelle zu Tage und verschwindet auf der anderen Seite in einem **Ponor** oder **Schluckloch**. Dolinen, Uvalas und Poljen lassen sich als **Großformen** des Karstes auffassen. Es sind typische Formen des **dinarischen** oder ektropischen Karstes.

Karstformen in den Tropen

Mega- bzw. Extremformen finden sich im **tropischen Karst**. Im Gegensatz zum dinarischen Karst, dessen Bild von Hohlformen dominiert wird, ist der tropische Karst durch die äußerst effiziente Lösung von Gesteinen gekennzeichnet, die sich in Vollformen mit zwischengeschalteten Senken äußert. Bei den Vollformen (**Kegel- oder Turmkarst, Mogoten**) handelt es sich um Reste der größtenteils bereits weggelösten carbonatischen Gesteine. Die Basis der steilwandigen Vollformen liegt entweder auf dem Niveau der Karstwasserfläche oder über unlöslicherem Gestein. Je nach ihrer relativen Höhe und Steilheit werden die Vollformen, die ebenfalls von Lösungsformen durchsetzt sind, als **Karstkegel** oder **Karsttürme** bezeichnet. Mit fortschreitender Lösung und Herauspräparierung dieser großen Vollformen entstehen gleichfalls für den tropischen Karst typische Hohlformen: Eine Sonderform bzw. Weiterentwicklung der Dolinen sind Cockpits. Beim **polygonalen Karst** berühren sich mehrere Dolinen bei ihrer horizontalen Ausweitung, bis ein Hohlformennetz aus Einzelelementen mit poly- bis hexagonalem Grundriss die Karstfläche überzieht. Bei weiterer Eintiefung bis auf das Niveau der Karstwasserfläche oder einer weniger löslichen Schicht im Untergrund entstehen **Cockpits**, große Lösungshohlformen mit sternförmigem Grundriss und ebenem Boden. Von dort aus kommt es zur Versteilung der umgebenden Vollformen durch Lösungsunterschneidung.

Als Voraussetzungen zur **Genese** des tropischen Vollformenkarstes werden u.a. diskutiert: Rezente Bildung durch extreme klimatische Gegebenheiten in den feuchten Tropen und lange Zeitdauer der Verkarstung, da während der Kaltzeiten – im Gegensatz zu vielen außertropischen Karstgebieten – keine Unterbrechung der Korrosion infolge langer Frostphasen stattfand. Neben den genannten Formen des tropischen Karstes können in den Tropen auch alle Formen des dinarischen Karstes auftreten. Obwohl immer noch häufig dargestellt, verläuft die Entwicklung von Karstlandschaften nicht in einem **Karstzyklus**, der mit der allmählichen Anlösung einer Karstgesteinsfläche und damit der Bildung initialer Hohlformen beginnt und in der weitgehenden Auflösung des betreffenden Gesteins mit nur noch wenigen verbleibenden Resten – den Vollformen – bzw. sogar deren Auflösung endet. Vielmehr zeigen alle neueren Untersuchungen, dass die Karstformen schaffenden Prozesse regional sehr unterschiedlich ausgeprägt sind. Die Entwicklung der Karstformen ist stärker von den klimatischen Gegebenheiten abhängig als vom Faktor Zeit.

Tiefenkarst

Tiefenkarst umfasst alle unterirdischen Karstphänomene. Seine Leitform ist die **Höhle**. Ausgangspunkt der Höhlenbildung sind häufig Kreuzungsstellen großer, stark wasserführender Klüfte, an denen intensive Lösung stattfindet. Die Entwicklung zu Höhlen und die Ausgestaltung von Höhlensystemen erfolgt bevorzugt im Schwankungsbereich des Karstwasserspiegels. Man spricht deshalb auch von **epiphreatischen** Höhlen. Nach Niederschlagsereignissen wird frisches, kohlendioxidreiches Wasser angeliefert, womit das Niveau des nun lösungsaktiveren Wassers steigt. Als weiterer Aspekt kommt das Phänomen der Mischungskorrosion hinzu. Da die Höhenlage der Karstwasserfläche auf das Niveau des Vorfluters ausgerichtet ist, kann es durch Hebung des Karstgebietes und/oder Eintiefung des Flusses zur Ausbildung mehrerer **Höhlenstockwerke** kommen. Große und gut entwickelte Höhlensysteme entstehen, wenn der Vorfluter über lange Zeiträume eine konstante Höhenlage beibehält.

In Karsthöhlen wird Kalk aber nicht nur gelöst, sondern auch abgeschieden, wenn dem Wasser z. B. durch Druckminderung beim Austritt aus Klüften in offene Höhlenräume Kohlendioxid entzogen wird. In diesem Fall bilden sich **Sinterkalke** oder **Tropfsteine** (**Speleotheme**). **Stalaktiten** entstehen an der Höhlendecke, wenn kalkgesättigtes Sickerwasser mit der CO_2-ärmeren Höhlenluft bei gleichzeitiger Druckminderung in Kontakt kommt. Kohlendioxid diffundiert in diesem Fall – dem Gradienten entsprechend – vom Wasser in die Luft, und aus der nun übersättigten Lösung wird Kalk ausgefällt. In der direkten Verlängerung von Stalaktiten findet man am Höhlenboden häufig **Stalagmiten**. Von der Höhlendecke fallende Wassertropfen setzen bei ihrem Aufprall CO_2 frei, das zur Kalkausfällung führt. **Travertinsäulen** entstehen durch das Zusammenwachsen von Stalaktiten und Stalagmiten.

10 Äolische Prozesse und Formen

„Äolisch“, abgeleitet von Aiolos, dem griechischen Gott des Windes, bezeichnet alle durch die Windwirkung geschaffenen Formen. Die Verbreitungsschwerpunkte der windbestimmten Formung befinden sich in den **Trockengebieten** der Erde. Charakteristisch ist dort eine durch die klimatisch-hygrischen Bedingungen hervorgerufene spärliche bis nicht vorhandene Vegetation. Steht darüber hinaus Lockermaterial an der Oberfläche zu Verfügung, können äolische Prozesse wirksam werden. Trockenheit kann unterschiedliche Ursachen haben. Ausgedehnte Trockengebiete finden sich im Bereich der **subtropischen Hochdruckgürtel** sowie in Regionen mit **ausgeprägt kontinentalem Klima. Küstenwüsten** sind an tropischen und subtropischen Küsten zu finden und entstehen unter dem Einfluss kalter Meeresströmungen. Dort wird kalte Meeresluft von wärmeren Luftmassen überlagert. Diese Inversion verhindert Konvektion, also das Aufsteigen erwärmter Luft mit anschließender Wolkenbildung, und damit auch Niederschlag. Obwohl die ariden Gebiete der Erde vielfach gleichzeitig durch Hitze gekennzeichnet sind, ist diese Kopplung nicht zwangsläufig, denn auch bei den **polaren Kältewüsten** handelt es sich um Trockengebiete. Häufig treten Trockengebiete auch im **Lee von Gebirgszügen** auf.

10.1 Grundlagen äolischer Formung

Physikalische Grundlagen

Bei der äolischen Dynamik handelt es sich, dem fließenden Wasser vergleichbar, um ein **Grenzflächenphänomen** zwischen fester Oberfläche und der darüber hinwegstreichenden Strömung. Ebenso wie beim Wasser verursacht der Wind im Normalfall eine turbulente Bewegung, die mit zunehmender Strömungsgeschwindigkeit größer wird. Aufgrund seiner extrem geringen Dichte, die nur rund 1/1000 der Dichte von Wasser beträgt, ist die Transportkompetenz des Winds allerdings erheblich geringer als die des Wassers.

Unebenheiten der Erdoberfläche werden als **Rauigkeit** bezeichnet. Sie wird durch die **Rauigkeitslänge** ausgedrückt. Die **Schubspannung** ist die auf eine Flächeneinheit wirkende Reibungskraft, die von einer unteren (Erdoberfläche) auf eine obere (Luftstrom) Strömungsschicht ausgeübt wird. Die **Schubspannungsgeschwindigkeit** beschreibt den Reibungswiderstand der Luft. Rauigkeitslänge und Schubspannungsgeschwindigkeit sind die wesentlichen Parameter des **logarithmischen Windgesetzes**, das eine Abschätzung der Windgeschwindigkeit in unterschiedlichen Höhen ermöglicht. Luftströmungen weisen generell ein **logarithmisches Bewegungsprofil** auf: Die Windgeschwindigkeit nimmt mit der Höhe über der Erdoberfläche aufgrund des geringeren Einflusses der Bodenreibung zu, wobei unterschiedliche Rauigkeitslängen differenzierte Bewegungs- oder Geschwindigkeitsprofile in der Reibungsschicht erzeugen.

Materialtransport durch Wind

Voraussetzung für den Transport ist zunächst die Überschreitung der kritischen Schubspannungsgeschwindigkeit, so dass der Luftstrom Teilchen von der Bodenoberfläche ablösen und aufnehmen kann. Je nach Korngröße und wirksamer Schubspannungsgeschwindigkeit lassen sich unterschiedliche Arten des Transports unterscheiden. Ton- und Schluffkorngrößen werden in Suspension transportiert, während der Transport der Sandfraktion durch Saltation und Reptation erfolgt. Bei ausreichender Turbulenz können durch den Transport in **Suspension** sehr große Distanzen überwunden werden. Vor allem sehr kleine Partikel mit einem Durchmesser von <20 µm halten sich über längere Zeiträume in der Luft. Schluff- und Tonteilchen können darüber hinaus, durch elektrostatische Anziehungskräfte an gröberen haftend, durch „Huckepacktransport" verlagert werden.

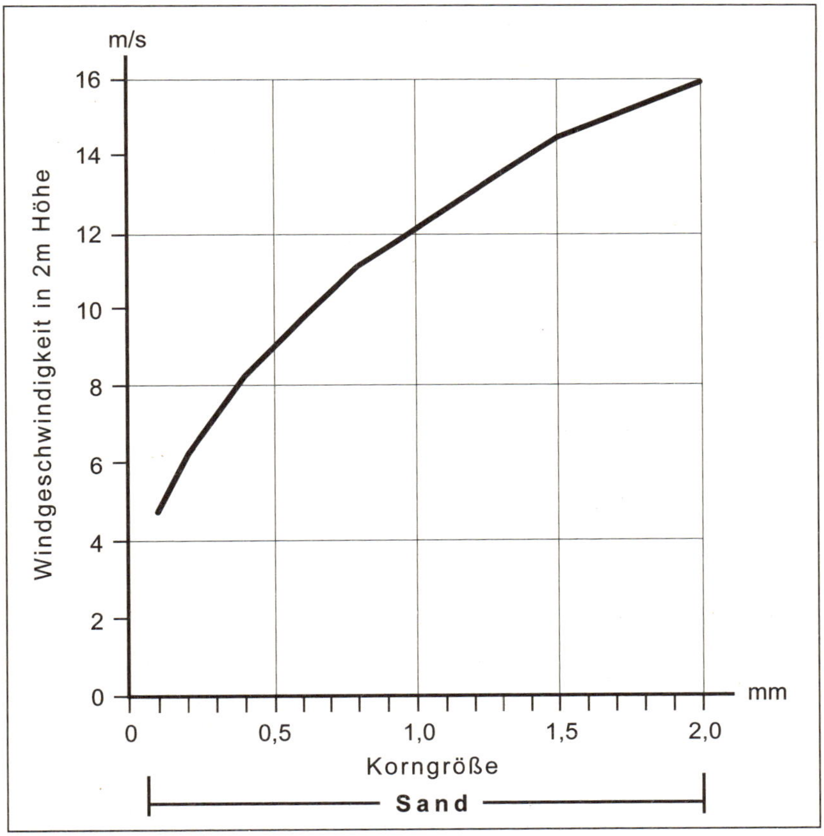

Abb. 28: Die Beziehung zwischen dem Beginn des äolischen Transports verschiedener Korngrößen und der Windgeschwindigkeit (nach BAGNOLD 1941 aus AHNERT 1999, S. 156)

Saltation

Im Gegensatz zur Suspension erfolgt der Transport von Sand in unmittelbarer Nähe der Bodenoberfläche durch Saltation und Reptation. Die Saltation ist durch eine vorwiegend **springende und hüpfende Bewegung** der Sandkörner gekennzeichnet. Sie wird durch mehrere Faktoren wie Windschub, Windsog und Auftrieb verursacht. Bei der Saltation beschreiben die einzelnen Körner parabelförmige Flugbahnen. Beim Aufsteigen bis zu einer Höhe von etwa 1–2 m bewegen sie sich in einer steil nach oben gerichteten Kurve, bevor sie in spitzem Winkel wieder auf die Oberfläche zurückfallen. Bei diesem Aufprall geben sie einen Teil ihrer kinetischen Energie an die dabei getroffenen Körner weiter, die dadurch bei entsprechender Größe entweder ebenfalls zu saltierender Bewegung veranlasst oder aber vorwärts gestoßen werden. Diesen Vorgamg nennt man Reptation.

Reptation

Dabei handelt es sich um eine **kriechende Vorwärtsbewegung** größerer Sandkörner über die Bodenoberfläche. In diesem Zusammenhang sind auch elektrostatische Kräfte von großem Einfluss. Sie resultieren aus der Reibung der einzelnen Körner aneinander. Dadurch bedingt können Sandkörner „zittern" und sogar Bewegungen entgegengesetzt der Windrichtung ausführen. Gleiche Ladungen ermöglichen eine Vorwärtsbewegung auch gröberer Komponenten. Im Gegensatz zu den in Suspension über größere Distanzen transportierbaren Schluff- und Tonteilchen erfolgt der Transport von Sand in der Regel über erheblich geringere Entfernungen.

Äolische Prozesse werden primär durch die Wechselwirkungen zwischen Wind, Bodenoberfläche und Bodeneigenschaften gesteuert. Beim Wind sind vor allem die Geschwindigkeit sowie die Intensität der auftretenden Turbulenzen die wesentlichen Faktoren. Eine Vegetationsdecke, die Rauigkeit, das Relief und schließlich eventuelle Hindernisse beeinflussen die äolische Dynamik zusätzlich, während Bodeneigenschaften wie Korngrößenzusammensetzung, Dichte, Gefüge und Feuchtigkeit maßgeblich Materialablösung und Materialaufnahme steuern.

Äolische Erosion

Winderosion erfolgt durch Deflation oder durch Korrasion. **Deflation** bezeichnet die flächenhafte äolische Abtragung von Lockermaterial. Sie beginnt mit dem Überschreiten der kritischen Schubspannung, d.h. die auf- und vorwärts gerichteten Kräfte übertreffen die gravitativen und kohäsiven Kräfte. Am leichtesten können Körner im Feinstsandbereich mit einem Durchmesser von rund 100 µm aufgenommen werden. Bei größeren Körnern erweist sich das zunehmende Gewicht als hinderlich, kleinere werden durch Kohäsionskräfte festgehalten oder bieten dem Wind durch eine aerodynamisch glatte Oberfläche wenig Angriffsstellen. Die Kohäsionskräfte resultieren im Wesentlichen aus elektrostatischer Anziehung und aus kapillaren Kräften. Schluff- und Tonteilchen sind dann besonders anfällig für Winderosion, wenn sie durch den Aufprall saltierender Sandkörner aus dem Verband gelöst oder zumindest gelockert werden.

Die zweite Form der äolischen Abtragung ist die schleifende Wirkung des mitgeführten Materials, die als **Korrasion** bezeichnet wird. Allerdings findet man Korrasion in der Geomorphologie auch als Oberbegriff für die schleifende Bearbeitung von Material und Oberflächen, sei es durch glaziale, periglaziale, fluviale oder äolische Prozesse. Handelt es sich bei den transportierten Partikeln um gröbere Sandkörner, wirkt die Korrasion wie ein Sandstrahlgebläse mit überwiegend zerstörenden Effekten. Feinere Körner verursachen dagegen eher eine Politur von Oberflächen. Da die Geschwindigkeit des windbewegten Materials ihre maximalen Werte knapp über der Bodenoberfläche erreicht, ist die Korrasion dort auch am wirksamsten.

Äolische Akkumulation

Äolische Akkumulation findet immer dann statt, wenn die Transportkapazität des Windes nicht mehr ausreicht, um die entsprechenden Korngrößen fortzubewegen. Die charakteristischsten Formen, die aus der Akkumulation von Sand resultieren, sind **Dünen**, während feineres Material aus der Schluff- und Tonfraktion meist **flächenhaft** akkumuliert wird. Die Verringerung der Transportleistung und Transportkapazität kann verschiedene Ursachen haben. Veränderungen des Windfeldes oder der Oberfläche (Rauigkeit, Vegetation) können dafür ebenso ursächlich sein wie topographische Faktoren oder Hindernisse.

10.2 Äolische Formung

Äolische Deflationsformen

Charakteristische Formen der flächenhaften Ausblasung kennzeichnenden Deflation sind Deflationswannen und Deflationspflaster. **Deflationswannen** sind geschlossene, in Windrichtung gestreckte Ausblasungshohlformen. Das Längsprofil ist asymmetrisch mit sanft eintauchender Luvachse und steilem Anstieg im Lee. Sie treten an leicht angreifbaren Stellen in trockenem und nicht bis wenig konsolidiertem Lockermaterial auf. So bilden sich in Ton- und Salzpfannen nach Befeuchtung und späterer Austrocknung Trockenrisse mit Absonderungen kleiner Schuppen und Fragmente, die der Wind ausblasen kann.

Besteht die Oberfläche aus einem Gemisch unterschiedlicher Korngrößen, so kann die Deflation selektiv wirken. Die feineren Komponenten werden ausgeweht und die gröberen Partikel reichern sich residual an. Dadurch wird mit der Zeit die Oberflächenrauigkeit erhöht, so dass verstärkt Verwirbelungen auftreten, die wiederum die Ausblasung des Feinmaterials verstärken. Schließlich bleibt eine stabile Oberfläche mit Kies- und Steinbedeckung, ein **Deflations-** oder **Wüstenpflaster** (auch als **Serir** oder **Reg** bezeichnet), zurück. Derartige Steinpflaster sind nicht nur in den trockenheißen Regionen zu finden. Sie entstehen überall dort, wo die genannten Rahmenbedingungen gegeben sind, so auch in Periglazialgebieten.

Äolische Korrasionsformen

Korrasionsformen entstehen durch die schleifende Wirkung des Windes, so dass man auch von **Windschliff** spricht. Eine wichtige Voraussetzung für Windschliff ist die Geschwindigkeit des Windes. Sie muss deutlich höher sein, als es zum Materialtransport notwendig wäre. Die überschüssige Energie steht für die Schleifwirkung an Oberflächen von Objekten zur Verfügung. Beim Aufprall der bewegten Sandkörner auf eine Oberfläche werden sowohl feinste Splitterchen als auch einzelne Elektronen aus dem Verband herausgesprengt. Korrasion wirkt selektiv und akzentuiert bzw. präpariert Härteunterschiede heraus. Dabei bleiben härtere Partien als Vollformen erhalten, während weichere ausgeräumt werden. Bei extrem starken und beständigen Winden erfolgt ein Abschleifen jedoch auch ohne Unterschied bei widerständigeren Gesteinspartien.

Einzelne Steine oder Schotter, deren Luvseite durch Windschliff facettenartig so überformt wird, dass sich dort eine quer zur Windrichtung orientierte Kante bilden kann, werden als **Windkanter** bezeichnet. Bei Störung der Lagerung kann ein anderer Teil des Steins dem Wind ausgesetzt werden und es können sich weitere Kanten bilden. Windkanter sind auch häufig im periglazialen Formungsbereich (s. Kap. 8.2) zu finden.

Hohlkehlen sind Einkerbungen oder Einbuchtungen an Felswänden oder Einzelfelsen und treten auch an Küsten im Brandungsbereich auf (s. Kap. 11). Durch Windschliff geschaffene Hohlkehlen befinden sich aktuell im Einflussbereich der Saltation bis in eine Höhe von maximal zwei Metern. Für die Ausgestaltung von Hohlkehlen ist es am günstigsten, wenn der Wind in spitzem Winkel auf die Felswand auftrifft und dann an ihr entlangströmt. Bei frontalem Auftreffen wird er vor der Wand abgebremst und die schleifende Wirkung bleibt unbedeutend.

Häufig wird auch die Entstehung von **Pilzfelsen** auf Korrasion zurückgeführt. Andererseits kann es sich bei Pilzfelsen in heutigen Trockengebieten durchaus auch um überprägte Vorzeitformen handeln, die unter humiden Klimabedingungen durch selektive Verwitterung von weniger widerständigem Gestein im Sockelbereich entstanden sind.

Yardangs

Eine weitere auf Korrasion zurückzuführende Form sind **Yardangs**, an der vorherrschenden Windrichtung orientierte, stromlinienförmige, bis 10 m breite und 100 m und mehr lange Vollformen oder Rücken mit parallelem Verlauf, die häufig zwischen Deflationswannen zu finden sind. Ihre Entstehung, die noch kontrovers diskutiert wird, ist wahrscheinlich auf Initialformen wie Rinnen, Trockenrisse oder tektonische Strukturen zurückzuführen.

Windgassen sind Öffnungen oder Aussparungen zwischen zwei Vollformen, z. B. Bergen oder Yardangs. Der Wind wird kanalisiert, erhält dadurch eine höhere Geschwindigkeit und führt in den Windgassen zu einer Intensivierung von Transport, Deflation und Korrasion. Windgassen entstehen häufig entlang von tektonischen Schwächezonen oder folgen in der Hauptwindrichtung angelegten Tälern.

Windrelief

Das Windrelief als eigener Relieftyp ist durch die intensive äolische Ausgestaltung der Landschaft gekennzeichnet. Jedoch wurden viele der beschriebenen Formen in Zeiten mit erheblich stärkeren Winden gebildet. Insbesondere während der Hochglazialphasen der pleistozänen Kaltzeiten ist aufgrund erheblich stärkerer Luftdruckgegensätze eine intensivere Formung durch den Wind anzunehmen. Eine Vielzahl der beschriebenen Formen wird aktuell nur noch in wenig widerständigen Gesteinen gebildet, so dass es sich bei einigen der heute zu beobachtenden Formen um **Vorzeitformen** handelt, die aktuell lediglich überprägt werden.

Äolische Akkumulationsformen

Die äolischen Akkumulationsformen sind in hohem Maße an den jeweils vorherrschenden Transportmechanismus (Suspension, Saltation, Reptation) gebunden. Beim Transport von Schluff- und Tonteilchen kommt es dann zur Deposition, wenn die Sinkgeschwindigkeit größer wird als die wirksame Schubspannungsgeschwindigkeit. Die Sinkgeschwindigkeit kann nach dem Stokeschen Gesetz berechnet werden. Stäube werden neben der trockenen Deposition durch Absinken auch durch Niederschläge aus der Atmosphäre ausgewaschen. Staubsedimente bedecken das vorhandene Relief und wirken nivellierend. Die Sedimentation wird durch eine Vegetationsdecke begünstigt, die zu einer höheren Bodenrauigkeit führt und die Windgeschwindigkeit vermindert. Die Ablagerung von staubigen Sedimenten erfolgt ohne Schichtung mit Depositionsraten bis zu einigen Millimetern pro Jahr.

Löss

Das äolische Staubsediment Löss wurde bereits erwähnt (s. Kap. 8.2). Löss besteht ganz wesentlich aus Grobschluff und etwas Feinsand, mineralogisch dominiert Quarz. Weitere Bestandteile sind Feldspat, Glimmer, Tonminerale und Carbonate. Liefergebiete für den Löss sind trockengefallene Flussbetten und Seen, Gletschervorfelder und Sanderflächen, Endbecken in Trockengebieten, Schwemmfächer oder bereits vorhandene Lössgebiete. Die beschriebenen Staubablagerungen werden auch als **Primärlöss** bezeichnet, von denen sich der so genannte **Sekundärlöss** dadurch unterscheidet, dass er bereits zumindest einmal umgelagert wurde. **Schwemmlöss** ist durch Abspülungsprozesse verlagerter Löss.

Insgesamt sind rund 10% der Festlandsoberfläche der Erde von einer Lössdecke von mehr als einem Meter Mächtigkeit bedeckt. Aktuell werden die größten Mächtigkeiten mit einigen hundert Metern in Nordost-China erreicht. Liefergebiete für diesen Löss sind die zentralasiatischen Trockengebiete. Löss in Mitteleuropa ist kaltzeitlich unter periglazialen Bedingungen entstanden. Die Bedeutung des Lösses ist insbesondere in seinen günstigen Eigenschaften als **Ausgangsmaterial für die Bodenbildung** begründet. Die mineralogische Zusammensetzung ermöglicht eine nachhaltige Nährstofffreisetzung, während die granulometrischen Eigenschaften für günstige hydrologische Verhältnisse sorgen. Die im Löss entwickelten Böden gehören zu den fruchtbarsten Deutschlands. Lössprofile sind gleichzeitig aber auch **Landschaftsarchive**. Die Spuren bodenbildender Prozesse erlauben Rückschlüsse auf frühe Umweltbedingungen und deren Veränderungen in Raum und Zeit durch den Vergleich von Lössstratigraphien, die inzwischen aus nahezu allen Lössgebieten der Erde vorliegen.

Windrippeln

Bei den Sand- und Feinkieskorngrößen dominiert die Reptation. Charakteristische Formen dieses Prozesses sind Windrippeln, kleinste Akkumulationsformen mit Wellenlängen zwischen 1–25 cm bei 0,5–1 cm Höhe. In Ausnahmefällen können auch „Megarippeln" mit Höhen von > 50 cm auftreten. Sie sind im Allgemeinen asymmetrisch aufgebaut mit flacher Luv- und steiler Leeseite. Ihre Kämme stehen senkrecht zur Windrichtung, wobei die Körner im Kammbereich gröber sind als in den dazwischen gelegenen Vertiefungen. Zur Entstehung von Rippeln schreibt Huggett (2003): „Seemingly simple aeolian bedforms, ripples have withstood attempts to explain them".

Dünen

Dünen bilden sich durch die Akkumulation von Sand mit Korngrößen zwischen 0,125–0,25 mm. Wie die Genese der Windrippeln ist auch die Dünenbildung derzeit noch nicht vollständig verstanden. Dünen haben meist einen flachen Luv- und einen steilen Leehang mit einer Neigung von etwa 30°, dem inneren Reibungswinkel von Sandkörnern entsprechend. Sind auf dem Luvhang Windrippeln ausgebildet, so ist dies ein Zeichen dafür, dass die Düne aktiv ist. Anders als bei den Windrippeln sind die Korngrößen im Kammbereich kleiner als in den zwischengeschalteten Depressionen. Verfolgt man den **Weg eines Sandkorns** über eine Düne, so wird dieses zunächst mittels Saltation auf der windzugewandten Seite hangaufwärts bewegt. Schließlich erreicht das Korn den Dünenkamm und stürzt von diesem den Leehang hinab. Sukzessive wird es durch nachstürzende

Körner überdeckt und die Düne wandert über das Sandkorn hinweg. Letzten Endes wird das Korn am Luvhang wieder freigelegt und beginnt seine Wanderung an dessen Fuß erneut hangaufwärts. Dünen besitzen – im Gegensatz zu Lössablagerungen – eine **innere Schichtung**. Dabei wechseln sich gröbere mit feineren Lagen ab.

Bei der **Klassifikation von Dünen** können grundsätzlich freie von gebundenen Dünen unterschieden werden. **Gebundene Dünen** entstehen als Sandakkumulationen an Barrieren im Strömungsfeld des Windes wie z.B. an Pflanzen, Felsen oder Hügeln. Sie können sowohl im Luv als auch im Lee des Hindernisses entstehen. Zu den gebundenen Dünentypen gehören **Kupsten** (**Nebkas**), **Sandschwänze**, **Echodünen** und **Sandrampen**. Sandschwänze werden im Lee kleiner Pflanzen bei geringem Sandangebot gebildet. Echodünen und Sandrampen bilden sich im Luv von Hindernissen. Erstere sind durch eine Depression zwischen Dünenkörper und Hindernis gekennzeichnet. Sie entstehen vor einem Hindernis mit steilem Luvhang dadurch, dass Sand durch Luftwalzen zurückgeworfen wird. Ist der Luvhang flach ausgebildet, fehlt die Depression und die Rampe schmiegt sich als mehr oder minder sanfter Anstieg an die Barriere an.

Bei den **freien Dünen** lassen sich **Einzeldünen** von **komplexen Dünen** und **Querdünen** von **Längsdünen** unterscheiden. Die Dünenform ist stets sichtbarer Ausdruck der äolischen Dynamik.

Barchane

Barchane oder **Sicheldünen** sind Wanderdünen – also freie Dünen – mit bogenförmigem Grundriss, wobei die Hörner dem Zentrum vorauseilen. Sie treten häufig als Einzelkörper auf, wobei der Luvhang flach und der Leehang steil ausgebildet ist. Der innere Bau weist eine Schichtung parallel zum Leehang auf. Barchane zählen zu den Quer- oder Transversaldünen und benötigen eine weitgehend einheitliche Windrichtung sowie eine feste, vegetationsfreie Bodenoberfläche. Entstünden Barchane in Lockermaterial, würden durch Verwirbelungen im Lee Vertiefungen erzeugt und es käme zur Einebnung. Barchane können Höhen bis zu 30 m erreichen, in Einzelfällen auch deutlich mehr. Höhe und Wanderungsgeschwindigkeit sind indirekt proportional, so dass kleinere Exemplare größere überholen können.

Parabeldüne

Der Grundriss der Parabeldüne ist ebenfalls bogenförmig, allerdings sind die Sandschwänze dem Wind zugewandt, so dass in diesem Fall der zentrale Teil vorauseilt. Sie benötigen für ihre Entstehung eine gewisse Vegetationsbedeckung des Bodens. Durch Gras-, Kraut- oder Strauchbewuchs wird die Rauigkeit erhöht und damit der Sandtransport insbesondere im Bereich der Sandschwänze gebremst. In Ostdeutschland und Polen sind bis zu dreißig Meter hohe Parabeldünen zu finden, deren Entstehung bis in das Weichsel-Spätglazial zurückreicht.

Längsdünen

Längs- oder **Longitudinaldünen** stellen gestreckte Sandwälle mit einem linearen bis leicht gekrümmten Grundriss im Einflussbereich der Passatwinde dar. Sie sind auf der Nordhalbkugel im allgemeinen NE-SW orientiert und lassen sich über mehrere Zehner von Kilometern verfolgen.

Transversaldünen

Transversaldünen dagegen befinden sich quer zur Windrichtung. **Sterndünen** erreichen Höhen von mehr als hundert Metern. Sie entstehen bei großem Sandangebot unter wechselnden Windrichtungen.

Draa

Riesen- oder Megadünen werden als Draa bezeichnet. Sie kommen im Gegensatz zu den anderen Dünentypen ausschließlich in Sandwüsten (im

Bereich der Sahara auch **Erg** genannt) vor und sind deren wesentlichste Formenelemente. Bei den Draa handelt es sich stets um Vorzeitformen aus dem Pleistozän.

Da diese Formen normalerweise **im Binnenland** anzutreffen sind, werden sie in ihrer Gesamtheit als Binnendünen bezeichnet. Binnendünen

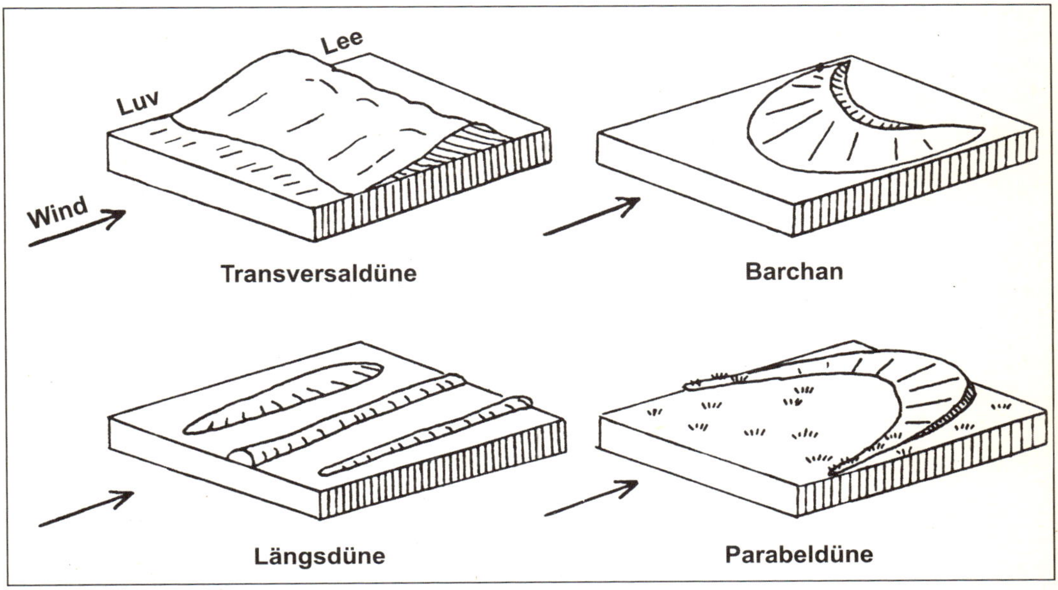

Abb. 29: Dünenformen und Schema der Sandbewegung bei Dünen (eigener Entwurf)

11 Litorale Prozesse und Formen

Litorale Prozesse fassen alle im Küstenbereich eines Meeres wirksamen Kräfte und Vorgänge zusammen. Als Küste wird der Übergangsraum zwischen Land und Meer bezeichnet, in dem sich die Prozesse der Erosion, des Transports und der Akkumulation des Festlandes und die Wellenbewegungen und Strömungen des Meeres wechselseitig beeinflussen.

11.1 Wellen und Brandung – Physikalische Grundlagen

Wellenhöhe, Wellenlänge und der Tiefgang der Wellen werden von **Windstärke**, Dauer (**Wirkdauer**) und Einwirkungsstrecke des Windes (**Wirklänge**) bestimmt. Allerdings gilt dies nur, wenn die Wellenbewegungen nicht durch den Meeresboden beeinflusst werden.

Komponenten der Wellenbewegung

Die Wellenbewegung lässt sich als stationäre **Orbitalbewegung** von Teilchen beschreiben, die ortsfesten Kreisbahnen folgen, deren Durchmesser mit zunehmender Tiefe geringer wird und an der **Wellenbasis** zum Erliegen kommen. Diese Art von Welle bezeichnet man auch als **Oszillationswelle**. Die Wellenbasis befindet sich in einer Tiefe, die etwa der halben Wellenlänge entspricht. Man bezeichnet sie auch als **kritische Wassertiefe**. Der höchste Punkt einer Welle ist der **Wellenkamm**, der niedrigste das **Wellental**. Die Distanz zwischen beiden ist die **Wellenhöhe**. Der horizontale Abstand zwischen zwei aufeinander folgenden Wellenkämmen bzw. Wellentälern wird als **Wellenlänge** (λ) bezeichnet. Die **Wellenperiode** gibt den Zeitabstand des Durchlaufs einer Wellenlänge an einem festen Ort an. Die **Fortpflanzungsgeschwindigkeit** einer Welle errechnet sich durch die Division von Wellenlänge und Wellenperiode. Bildet man den Kehrwert der Periode, so erhält man die **Frequenz**.

Wellenbewegung in Ufernähe

Der Begriff **Dünung** wird für Wellen verwendet, die nicht mehr dem Einfluss des sie erzeugenden Windes unterliegen. Dies kann entweder darauf zurückzuführen sein, dass die Wellen sich vom Einflussbereich des Windes entfernen oder aber ein Nachlassen des Windes festzustellen ist. Läuft eine Welle dem Ufer entgegen, können sich die Orbitalbewegungen nach dem Unterschreiten einer kritischen Wassertiefe nicht mehr ungehindert vollziehen. Dieses verkürzt die Wellenlänge, während gleichzeitig die Wellenhöhe zunimmt. Die Welle wird immer steiler, bis sie schließlich in einen instabilen Zustand übergeht und sich zum **Brecher** entwickelt. Je nach Ufersteilheit entstehen unterschiedliche Formen von Wellenbrechern. Bei flachem Anstieg bilden sich **Schwallbrecher**, bei steilerem Ufer mit größeren Wellen **Sturzbrecher**. An Steilküsten werden Wellen wieder zurückgeworfen und bilden dabei **Reflexionsbrecher**. Beim Wellenbrechen werden die transversalen Oszillationswellen in longitudinale **Translationswellen** umgewandelt, so dass das Wasser dem Strand entgegenströmt.

Wellenbewegung am Strand

Mit dem Einsetzen der Wellenbrechung, die an der Brecherlinie erfolgt, beginnt die **Brandungszone**. Sie ist die wichtigste geomorphologische Zone der Küste. Der **Wellenauflauf** transportiert Material strandwärts, der **Wellenrücklauf** verfrachtet einen Teil wieder zurück in das Meer. Allerdings ist die Transportkapazität des Wellenrücklaufs geringer, da ein Teil des Wassers im oberen Bereich der Strandböschung versickert. Zwischen Brecherzone und Strand stellt sich häufig eine küstenparallele **Längsströmung** ein. Im Abstand von einigen hundert Metern wird die Brandungszone durch Rinnen vom Strand zum Meer durchbrochen, in denen das aufgelaufene Wasser in starken, linienhaften **Ripströmen** wieder der offenen See zufließt. Beobachtet man an einem Strand die Wellen, so fällt auf, dass diese stets in einem nahezu rechten Winkel auf diesen auflaufen. Ursache ist die **Refraktion**. Wenn Wellen sich in einem Winkel in Richtung Strand bewegen, wird der Teil, der zuerst im flachen Wasser ankommt, auch am stärksten gebremst. Die weiter entfernten Teile der Welle behalten dagegen ihre ursprüngliche Geschwindigkeit zunächst bei, so dass alle Teile der Welle den Strand nahezu gleichzeitig erreichen.

Tsunamis

Eine besondere Wellenart stellen Tsunamis dar, Schockwellen, die durch Erd-/Seebeben oder durch submarine Rutschungen ausgelöst werden. Sie besitzen enorme Wellenlängen und breiten sich mit Geschwindigkeiten von etwa 500–800 km/h aus, wobei sie auf dem offenen Meer kaum wahrzunehmen sind. Nähern sie sich aber dem Ufer, türmen sie sich bei Einsetzen der Bodenreibung zu Wellenbergen mit Höhen von bis zu 30 m auf und entfalten eine gewaltige Zerstörungskraft.

11.2 Die Gezeiten und deren himmelsmechanische Grundlagen

Massenwirkung von Erde und Mond

Als **Gezeiten** oder **Tiden** werden die regelmäßigen Wasserstandsschwankungen des Meeresspiegels bezeichnet, die durch das Zusammenwirken verschiedener Kräfte im System Erde – Mond erzeugt werden. Dabei treten jeweils zwei Flutwellen gleichzeitig auf, eine auf der dem Mond zugewandten Seite und eine auf der abgewandten. Die Entstehung des Flutberges auf der „Vorderseite" wird durch die Massenanziehung von Erde und Mond hervorgerufen. Da sich Erde und Mond um ihren gemeinsamen Schwerpunkt drehen, wird an jedem Punkt der Erde eine Fliehkraft erzeugt. Die Anziehungskraft des Mondes ist – im Gegensatz zur Fliehkraft, die an jedem Punkt gleich groß ist – entfernungsabhängig. Da die mondabgewandte Seite am weitesten von diesem entfernt liegt, ist die Massenanziehungskraft dort besonders gering, so dass an dieser Stelle die Fliehkraft überwiegt und diese den zweiten Flutberg erzeugt. Stellt man sich vor, dass die beiden Flutberge ortsfest sind und die Erde sich unter ihnen hinwegbewegt, wird deutlich, wie bei halbtägigen Gezeiten jeder Punkt im Laufe eines Tages zweimal einen Flutberg und zweimal den Bereich des Niedrigwassers passiert. Allerdings beträgt der **Zyklus** nicht genau 24 h, sondern 24 h 50 min. Dieser Zeitraum entspricht der Dauer eines Mondtages. In dieser Zeit stellen sich Ebbe und Flut jeweils zweimal ein, die zeitliche Differenz von Ebbe/Flut bis zur nächsten Ebbe/Flut beträgt also 12 h 25 min. An einigen Küsten der Erde kann unter bestimmten Voraussetzungen der Gezeitenzyklus auch ganztägig ausgebildet sein.

Gezeitenzyklus

Als **Flut** bezeichnet man das Steigen des Wasserspiegels, als **Ebbe** das Sinken. Der höchste Punkt wird bei **Hochwasser** erreicht, der niedrigste bei **Niedrigwasser**. Hoch- und Niedrigwasser sind also jeweils die Wasserstände, an denen Ebbe und Flut sich ablösen. **Tidekurven** geben über die zeitliche Entwicklung des Wasserstandes innerhalb einer Tide (von einem Niedrigwasser zum nächsten Niedrigwasser) Auskunft. Die Differenz zwischen Niedrigwasser und Hochwasser nennt man **Tidenhub**. Unter bestimmten Voraussetzungen können Tiden sehr stark oder sehr schwach ausgebildet sein. Bei Voll- und bei Neumond stehen Sonne, Erde und Mond auf einer Linie, so dass sich die Kräfte überlagern und ausgeprägte Tiden, so genannte **Springtiden**, hervorrufen. Bei sehr geringem Tidenhub, der **Nipptide**, stehen Erde, Sonne und Mond im rechten Winkel aufeinander, so dass sich die Kräfte gegenseitig teilweise aufheben. **Sturmfluten** entstehen immer dann, wenn ein besonders hoher Tidenhub und außergewöhnliche Witterungsverhältnisse wie auflandige Winde zusammentreffen und dadurch extremes Hochwasser verursachen.

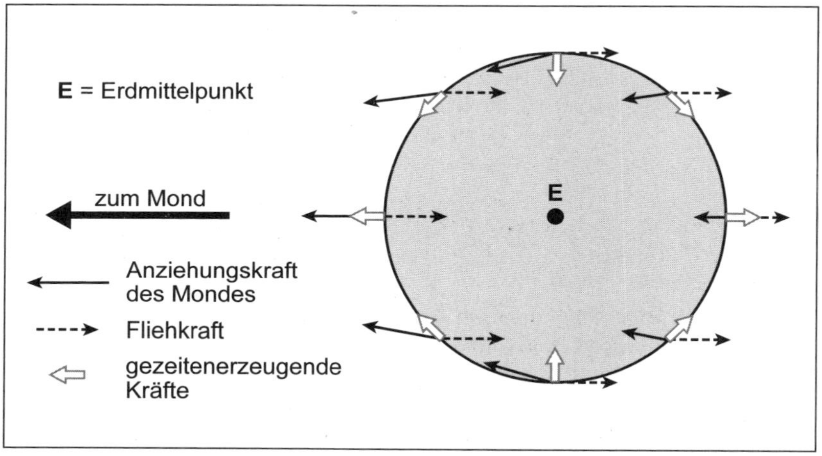

Abb. 30: Entstehung der Gezeiten (aus BUSCH 1986, S. 59)

11.3 Litorale Formung

An der Küste, einem Grenzsaum, in dem sowohl die Eigenschaften als auch die Formungskräfte von Lithosphäre, Atmosphäre, Hydrosphäre und Biosphäre wirksam werden, führt die räumliche Konzentration der Formungsenergie zu raschen Veränderungen der Formen. Die **Küste** wird zum Meer hin durch das erste Auftreten der Brandung, landwärts durch den äußersten Einfluss des Meerwassers (in Form von Spray einerseits oder extremen Sturmfluten andererseits) begrenzt. Die Linie des mittleren Hochwassers – an Gezeitenküsten des mittleren Tidehochwassers – heißt **Uferlinie**. In der Geomorphologie ist es von besonderem Interesse, die Dimensionen einer betrachteten Form zu berücksichtigen. So erfasst und beschreibt die Küstenmorphologie Landformen, deren Größe von wenigen Zentimetern bis zu mehreren hundert Kilometern reichen kann (z. B. Rippelmarke – Stranddelle – Nehrung – Fördenküste – Küste des Roten Meeres als tektonisch bedingte Großform).

AHNERT (1999) bezeichnet die Abfolge von charakteristischen Formen im Küstenbereich in Analogie zur glazialen Serie als litorale Serie. Dabei muss jedoch zunächst zwischen Flachküste und Steilküste differenziert werden.

Flachküste

Im Bereich der aus Lockermaterial aufgebauten Flachküste sind Sedimentation und Materialumlagerung die dominierenden Prozesse. Die Flachküste gliedert sich stets in **Schorre** und **Strand**. Die Schorre ist ständig der Wirkung des bewegten Wassers unterworfen. Sie wird landseitig von der Linie mittleren Niedrigwassers begrenzt und zum Meer hin von der Wellenbasis. Typische Elemente der Schorre sind **Riffe** oder **Barren**, lang gezogene, küstenparallele Sand- oder Kiesakkumulationen. Sie resultieren aus den Wellenbewegungen, die sich oberhalb der Wellenbasis bis zum Meeresboden fortsetzen. Sind mehrere Riffe hintereinander ausgebildet, werden sie von küstenparallelen Rinnen, den Prielen, getrennt. Priele nennt man im Gezeitenwatt allerdings auch Entwässerungsbahnen. Oberhalb der mittleren Hochwasserlinie findet sich häufig ein uferparalleler Sand- oder Kiesrücken, der **Strandwall**. Die Materialakkumulation ist auf die nachlassende Transportkraft des auflaufenden Wassers zurückzuführen. Sie verringert sich aufgrund der zunehmenden, das auflaufende Wasser bremsenden Bodenreibung. Darüber hinaus versickert ein Teil des auflaufenden Wassers. Auf der landzugewandten Seite des Strandwalls können sich entweder weitere Strandwälle befinden oder eine flach bis sanft zum Meer geneigte Ebene. Sie wird als **Strandrinne** oder **Strandebene** bezeichnet. Fällt sie trocken, kann sie äolisch weitergeformt werden bis hin zur Bildung eines **Dünengürtels**. Werden die Dünen bei Sturmereignissen an ihrem Fuß angeschnitten, entsteht ein **Sandkliff**.

Steilküste

Im Gegensatz zu den Flachküsten dominieren bei den Steilküsten im Festgestein Prozesse der marinen Abrasion. Wesentliche Merkmale einer Steilküste sind das sehr steil bis senkrecht abfallende **Kliff** und die **Abrasionsplattform** oder **Brandungsplattform**. Dabei handelt es sich um eine flach ausgebildete Verebnung, die durch die schleifende Wirkung bewegter Gesteinsfragmente geformt wird. Am Außenrand der Abrasionsplattform können Geröllakkumulationen angehäuft werden, die man als **Meerhalde** bezeichnet. Analog dazu heißt die Akkumulation an der Basis des Kliffs, die aus herabgestürzten Gesteinstrümmern aufgebaut ist, **Kliffhalde**. Im Fußbereich des Kliffs können auch Auskolkungen vorhanden sein, die man als **Brandungshohlkehlen** bezeichnet. Ist das anstehende Gestein stark geklüftet oder aus unterschiedlich abtragungsresistenten Schichten aufgebaut, werden mitunter bizarre Formen wie **Brandungshöhlen**, **-nischen**, **-tore**, **-gassen** oder **-pfeiler** aus dem Fels modelliert. Unterliegt ein Kliff nicht mehr der aktiven Formung des Meeres, spricht man von einem toten Kliff oder **Ruhekliff**. Ebenso kann ein totes oder fossiles Kliff wieder reaktiviert und zum **Arbeitskliff** werden. Ursachen hierfür sind sowohl Meeresspiegelschwankungen als auch tektonische Prozesse, die zu Hebungen/Senkungen des Landes führen.

Die litorale Serie

Die morphologische Ausgestaltung der Flachküsten im Lockermaterial wird im Wesentlichen durch die Wirkung von Wellen und Strömungen verursacht. Aufgrund der Transportkapazitätsabnahme der auf den Strand auflaufenden Wellen durch Reibung und Versickern erfolgt ein Netto-Transport von Lockermaterial zum Ufer hin. Bei Sturmwellen dagegen findet seewärtiger Materialtransport statt und am Strand wird erodiert. Infolge der äußerst variablen Welleneigenschaften unterliegt der Strand einer andauernden Materialaufarbeitung.

Zu den kurzlebigen Kleinformen eines Strandes gehören keilförmig zum Meer hin abfallende Erhebungen, die **Strandhörner** genannt werden. Die Einmuldungen in den Zwischenräumen heißen **Stranddellen**. Sie können konstruktiv, erosiv oder aus einer Kombination beider Prozesse entstehen. Die Dimension der zusammengehörenden Formen ist von Größe und Periode der dominierenden Wellen abhängig. Trotz des Phänomens der Refraktion bleibt beim Auflaufen der Wellen ein Restwinkel erhalten. Da der Rückstrom senkrecht die Strandböschung hinabfließt, kommt es zu einer küstenparallelen Materialverlagerung, der **Strandversetzung**. An Vorsprüngen oder Einbuchtungen der Küstenlinie können sich durch Strandversetzung Haken und Nehrungen bilden. **Haken** wachsen als längliche, schmale und häufig gekrümmte Akkumulationskörper in Leerichtung der vorherrschenden Wellen vom Strand ins Meer hinaus. Wird durch eine der-

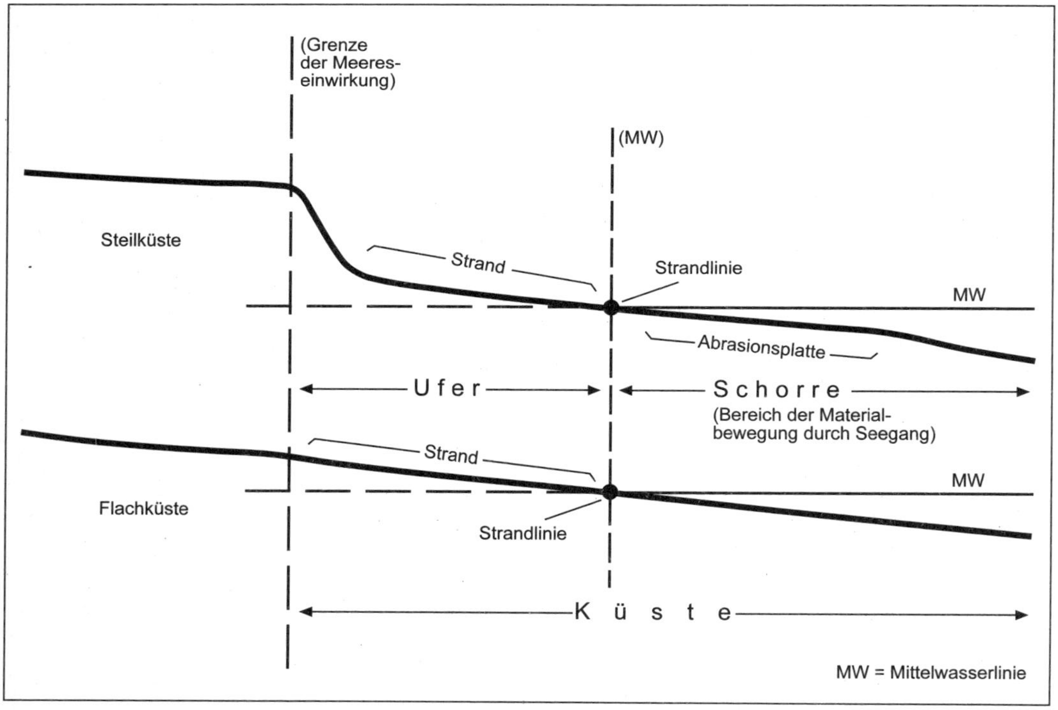

Abb. 31: Schorre und Strand an Steil- und Flachküsten, schematisiert (eigener Entwurf)

artige Landzunge eine ganze Bucht mehr oder weniger komplett abgeschlossen, spricht man von einer **Nehrung**. An Küsten mit geringem Tidenhub (< 1 m) können sich **landfeste Nehrungen** aus Vorsprüngen der Küstenlinie entwickeln. Der abgeschnürte Meeresteil wird als **Haff** oder **Lagune** bezeichnet. Durch Süßwasserzufluss kann er sich zu einem **Strandsee** entwickeln, wenn die Verbindung zum Meer komplett gekappt ist. Bei größerem Tidenhub verhindern die Gezeitenströmungen die Ausbildung einer geschlossenen Nehrung und es entwickeln sich **Nehrungsinseln** oder **freie Nehrungen** ohne Landverbindung. Einbuchtungen der Küste können also durch Nehrungen, Küstenvorsprünge durch marine Abrasion ausgeglichen werden, so dass die Küste dann einen geradlinigen Verlauf zeigt. In diesem Fall spricht man von einer **Ausgleichsküste**.

Küstenformung

Die Küstenformen entstehen durch das komplexe Zusammenwirken einer Vielzahl von Faktoren. Das Festland nimmt Einfluss über Lithosphäre, Relief und Sedimentzufuhr. Die Art der dominierenden Prozesse bestimmt, ob eine Küste aufgebaut (konstruktiv), abgebaut (destruktiv) oder nur erhalten (konservativ) wird. Hebungen und Senkungen des Festlandes und Meeresspiegelschwankungen entscheiden, ob eine Küste auf- oder abtaucht. Die Interaktionen zwischen Auftauchen, Abtauchen, Aufbau und Zerstörung bestimmen über Landgewinn (Küste rückt vor) oder Landverlust (Küste weicht zurück). Bei Präsenz entsprechender Lebewesen werden Küsten durch deren Einfluss, sei es phytogen durch die Aktivitäten von Pflanzen oder zoogen durch Tiere, gestaltet. Alle genannten litoralen Prozesse und Formen können in einer Vielzahl von Kombinationen auftreten und spiegeln sich in der jeweiligen Küstenform wider.

11.4 Küstentypen

Da die Form einer Küste durch eine vielfältige Kombination von Faktoren bestimmt wird, die in unterschiedlichen zeitlichen und räumlichen Dimensionen wirksam werden, ist die Klassifikation nach ihrer Entstehung sehr schwierig. Der Grundbauplan oder die großstrukturelle Anlage wird durch die endogene Dynamik bestimmt und durch exogene Prozesse überprägt. Veränderungen des Meeresspiegels oder Senkung bzw. Hebung des Landes führen zu einem Vordringen der Uferlinie (**Transgression**) mit einer positiven Strandverschiebung, die zum Untertauchen von Landformen führt und damit untergetauchte, zurückgewichene oder **Ingressionsküsten** bildet, während **Regression** – das Zurückweichen der Uferlinie und damit negative Strandverschiebung – zu **aufgetauchten Küsten** führt, bei denen marine Formen hinter der Uferlinie liegen. Der überwiegende Teil der heutigen Küsten gehört, als Folge des weltweiten Meeresspiegelanstiegs um 90–100 m durch das Abschmelzen des während der letzten Kaltzeit auf den Festländern als Gletschereis gebundenen Wassers, zu den Ingressions- oder zurückgewichenen Küsten.

Untergetauchte Küsten

Zu den überfluteten, durch glaziale Formung gekennzeichneten Küsten gehören die **Fjord-Küsten** Norwegens und Alaskas (untergetauchte Trogtäler) ebenso wie die Rundhöckerlandschaft der **Fjord-Schärenküste** Schwedens, die Zungenbecken und fluvioglazialen Rinnen der **Fördenküste** Schleswig-Holsteins und die überfluteten Grundmoränenlandschaften der **Boddenküste** Vorpommerns.

Untergetauchte Flusstäler, die aufgrund des Zurückweichens der Uferlinie während der letzten Kaltzeiten des Pleistozäns kräftiger erodieren mussten und durch die seit dem Ende der letzten Kaltzeit erfolgende positive Strandverschiebung überflutet sind, bilden **Riasküsten**, benannt nach den Rias in Galicien, NW-Spanien. Überflutete subsequente und antezedente Täler bilden **Canaleküsten** (Dalmatien). Von Flussmündungen geformte Küsten heißen **Deltaküsten**, **Ästuarküsten** sind durch starke Gezeiten trichterförmig erweiterte Mündungen von Flachlandflüssen (Elbe- und Themsemündung).

Zu den Gezeitenküsten gehören auch die **Wattküsten**. Als Watt, dessen Entstehung auf den Meeresspiegelanstieg nach der letzten Kaltzeit, dem Weichsel-Glazial, zurückzuführen ist (s. Kap. 12.1), bezeichnet man Meeresteile, die zwischen mittlerem Tideniedrigwasser und mittlerem Tidehochwasser liegen und daher durch die Gezeitenwirkung periodisch überflutet werden oder trockenfallen. Die Wattflächen bestehen im tieferen meerwärtigen Bereich (offenes Watt) mit stärkerer Strömung aus Sand (Sandwatt), bei geringerer Wassertiefe und Strömung in Buchten oder auf der landwärtigen Seite von Inseln (Rückseitenwatt) wird Schlick abgelagert, eine Mischung aus Schluff, Ton und organischem Material (Schlickwatt). Die Sedimentation erfolgt vor allem beim Kentern der Strömung, also beim Gezeitenwechsel. Natürlich trockengefallene oder anthropogene, z. B. durch Eindeichung, trockengelegte ehemalige Wattflächen werden als Marsch bezeichnet. Priele sind Entwässerungsbahnen im Watt, tiefere, schiffbare Wasserrinnen werden als Baljen, durch die Gezeitenwirkung erodierte Durchlässe zwischen Inseln im Wattenmeer als Seegatten bezeichnet. Die Wattsedimente an der deutschen Nordseeküste sind 10–20 m mächtig und überlagern glaziale Sedimente. **Mangrovenküsten** sind die tropische Form der Wattküsten. Sind es bei der norddeutschen Wattküste salzliebende Pflanzen wie der Queller (salicornia herbacea), der insbesondere mit seinen Stengeln die Sedimenation von Schlick begünstigt, so übernehmen an den tropischen Gezeitenküsten die Stelzwurzeln der Mangroven diese Aufgabe.

Aufgebaute Küsten

Ebenso wie die Mangrovenküste gehören die **Korallenküsten** und Korallenriffe auch zu den organisch gestalteten, aufgebauten Küsten. Ein **Riff** ist eine lang gestreckte, meist bis zur Wasseroberfläche reichende Aufragung des Meeresbodens. Je nach Baumaterial lassen sich Fels-, Sand und Korallenriffe unterscheiden. **Korallen** wachsen lediglich in den lichtdurchfluteten Bereichen der Ozeane bis zu einer Tiefe von etwa 15–25 m. Sie benötigen warmes, klares und sauerstoffreiches Wasser von mindestens 18°C. Aktuell sind derartige Bedingungen nur im Bereich der tropischen Flachmeere anzutreffen. Dort, wo heute deutlich größere Riffmächtigkeiten auftreten, muss entweder eine Absenkung des Untergrundes oder aber ein Anstieg des Meeresspiegels stattgefunden haben. An der dem Meer zugewandten Außenseite befindet sich die **Riff-Front** oder das **Vorriff**. Es besteht aus den ineinander verwachsenen Skeletten aktiv wachsender,

Kalk abscheidender Organismen wie Korallen und Kalkalgen, die ein hartes und resistentes Carbonatgestein bilden. Es fällt in der Regel steil zum Meeresboden hin ab und ist von brandungsaufbereitetem Riffschutt bedeckt. An das Vorriff schließt sich der als flache Plattform ausgebildete **Riffkamm** oder **Riffkern** an, der im **Rückriff**-Bereich in eine Lagune, einen wenigen zehn Meter tiefen Flachwasserbereich, übergeht. Als wichtigste Rifftypen bzw. Entwicklungsstadien von Riffen lassen sich Saumriff, Barriereriff und Atoll voneinander unterscheiden. Eine Vulkaninsel bildet den Untergrund für ein **Saumriff**, das nur als küstennahes, schmales Band in Erscheinung tritt. Sein Verlauf folgt der Strandlinie, eine Lagune ist nicht entstanden. Bei fortschreitender Entwicklung durch Abrasion, Absenkung des Untergrundes und/oder steigenden Meeresspiegel kann sich zwischen Küstenlinie und Riff eine Lagune ausbilden. Man spricht dann von einem **Barriereriff**. In der Lagune bilden sich kleine, wenig differenzierte **Fleckenriffe** unterschiedlicher Größe. Ist der über den Meeresspiegel hinausrei-

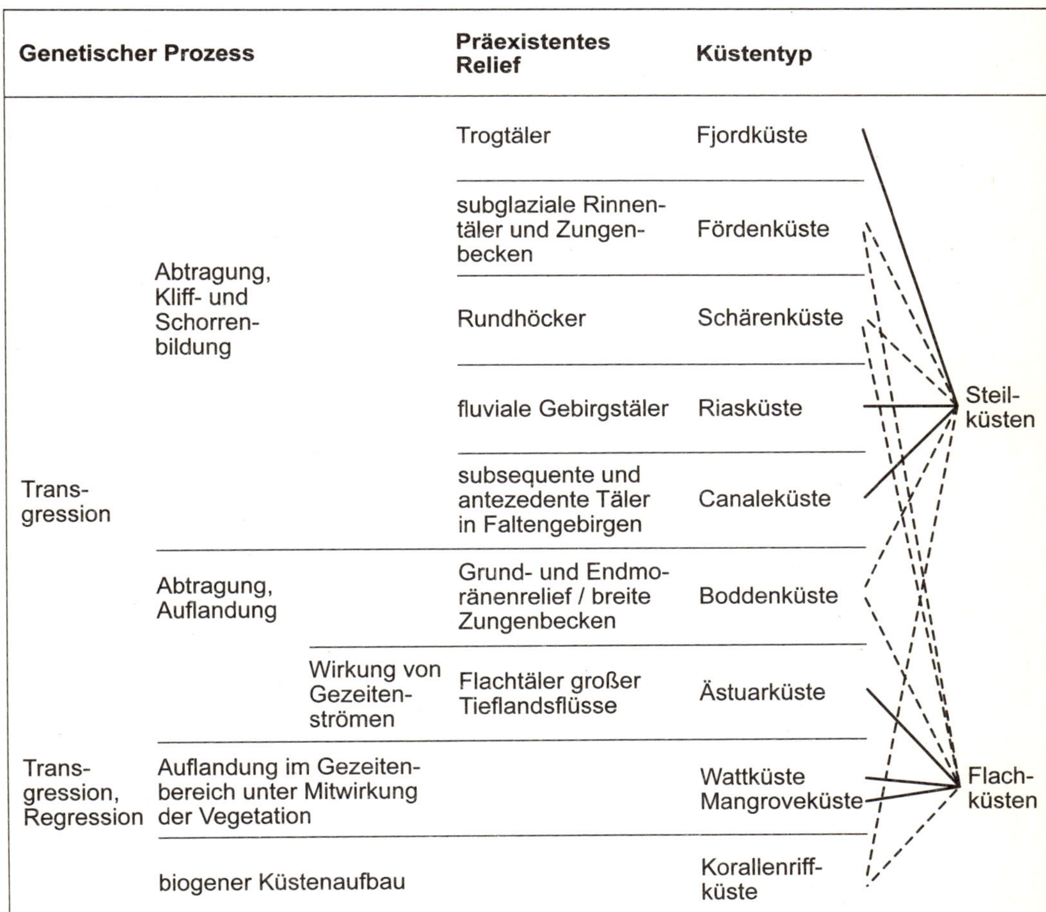

Abb. 32: Klassifikation der Küstentypen (eigener Entwurf)

chende Teil des vulkanischen Unterbaus komplett abgetragen bzw. abgesunken und überflutet, so dass nur noch ein ring- oder hufeisenförmiger Riffkranz mit zentral gelegener Lagune übrig bleibt, spricht man von einem **Atoll**. Übersteigt die Sinkrate des vulkanischen Unterbaus die Wachstumsrate des Riffs, stirbt dieses schließlich ab und aus dem Vulkan wird ein **Guyot** (unter dem Meeresspiegel bleibender Einzelberg).

12 Die geomorphologischen Haupteinheiten Deutschlands

Deutschland, als zentraler Teil Mitteleuropas, gliedert sich nach geologischen Gegebenheiten und Oberflächenformen in die Küstenregionen der Nord- und Ostsee, das Norddeutsche Tiefland, die Mittelgebirgszone, die wiederum in Mittelgebirgsschwelle, Süddeutsches Stufenland und Alpenvorland unterteilt wird, und den Hochgebirgsraum der Alpen.

12.1 Küsten

Nordsee und Nordseeküste

Die Nordsee, ein Randmeer des Atlantiks, war seit dem Tertiär (s. Kap. 2.6) tektonisches Senkungsgebiet, in das im Quartär (s. Kap. 2.6) bis zu 1000 m mächtige Sedimente abgelagert wurden. Während des elster- und saalekaltzeitlichen Eisvorstoßes wurde das Nordseebecken glazial überprägt. Im letzten Hochglazial (Weichsel) lag der Meeresspiegel rund 90–100 m tiefer als heute. Die Oberflächengestalt der landfesten und eisfreien Deutschen Bucht, die von Rhein und Elbe durchflossen wurde, zeigte eine Altmoränenlandschaft. Der postglaziale Meeresspiegelanstieg, der eustatisch im Gefolge der abschmelzenden nordischen Inlandeismassen in mehreren Transgressionen erfolgte, erreichte mit etwa 1,20 m/Jh. während der Calais-Transgressionen vor 9000 und 6000 Jahren seine größte Intensität. Vor 6000 Jahren nahm die Nordsee ihre heutige Küstenlinie ein.

Die deutsche Nordseeküste ist als **Flachküste** ausgebildet, für deren Formung die Dynamik der Gezeiten verantwortlich ist. Das **Wattenmeer**, der aus Sand, Schlick und Muschelschalen aufgebaute und zwischen mittlerem Tideniedrigwasser und mittlerem Tidehochwasser liegende Meeresteil, ist durch den gezeitengesteuerten Wechsel von Überflutung und Trockenfallen geprägt. An der Nordseeküste unterscheidet man offene Watten und Rückseitenwatten sowie Buchtenwatten wie im Dollart und Jadebusen. Rückseitenwatten sind durch **Düneninseln**, den Ostfriesischen Inseln, vom offenen Meer abgegrenzt. Diese gelten als Teil eines von den Niederlanden nach Dänemark ziehenden Barrieresystems. Die Düneninseln der West- und Ostfriesischen Inseln werden nach Osten zunehmend kleiner, bevor sie schließlich durch Platen (flache Sandbereiche) und Sandbänke abgelöst werden. Die zwischen den Inseln gelegenen Verbindungen zum offenen Meer bezeichnet man als **Seegatts**. Sie fungieren als Leitbahnen der Gezeitenströme und können mehr als 20 m Wassertiefe erreichen, so dass ihnen große Bedeutung für die Schifffahrt zukommt. **Baljen**, **Tiefs** (Tiefenlinien) und **Gatts** gliedern die Wattfläche in einzelne, von Rippelmarken besetzte Platen. Die kleineren, zur Landseite hin verästelten Rinnen sind die **Priele**. Sie sind im Gegensatz zu den meerwärts folgenden Baljen bei Ebbe nicht mehr schiffbar.

Landwärts schließen sich an natürlichen, nicht eingedeichten Küstenabschnitten an die Wattflächen die höher gelegenen und bei mittlerem Tide-

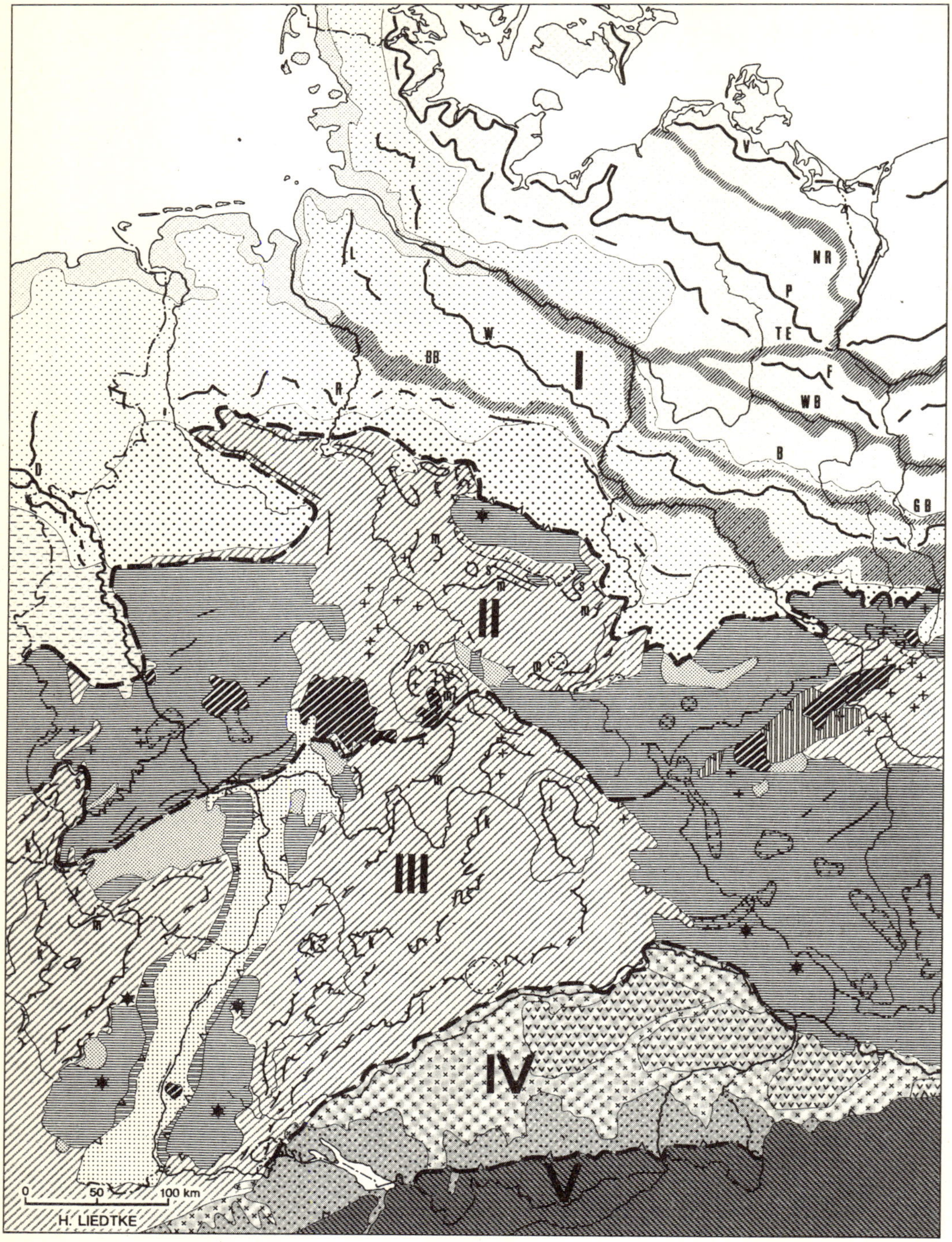

Abb. 33: Übersichtskarte der Oberflächenformen Deutschlands (nach KLINK/LIEDTKE 1984 aus LIEDTKE 1995, vereinfacht)

- Inseln und Marschensaum der deutschen Nordseeküste
- Norddeutsches seenreiches Jungmoränengebiet mit Eisrandlagen und Urstromtälern einschließlich der Kliff- und Nehrungsküste an der Ostsee
- Norddeutsches seenarmes Altmoränengebiet mit verwaschenen Endmoränen und Urstromtälern
- Norddeutsches seenarmes Altmoränengebiet, stellenweise mit Lößdecken und (oder) gelegentlichen Durchragungen älteren Gesteins
- Flachland aus lockeren Flussablagerungen und Tertiärsedimenten, teilweise von Löß bedeckt
- Rumpfschollengebirge aus stark gefalteten paläozoischen Sedimentgesteinen, stellenweise auch magmatische Gesteine mit Härtlingszügen
- Rumpfflächen oder Hügelländer auf Rotliegendsedimenten mit altvulkanischen Durchragungen oder Decken
- Flachland des Oberrheingrabens mit Randschollen und Alzeyer Platte
- Flach- und Hügelland des Egergrabens
- Tafelländer und Stufenlandschaften mit Schichtrippen und Schichtkämmen, vorwiegend aus mesozoischen Sandsteinen und Kalken, im Norden mit kleinräumigen Aufbeulungen und Becken, im Schweizer Jura stark gefaltet
- Flachwelliges Hügelland des deutschen Alpenvorlandes aus tertiären oder quartären Aufschüttungen, teilweise lößbedeckt
- Altmoränen, Schotterplatten und Talböden im deutschen Alpenvorland
- Seenreiche Jungmoränenlandschaft des deutschen Alpenvorlandes, mit Durchragungen von Festgestein
- Alpine Hochgebirgsformen
- Größere zusammenhängende Decken und Kuppenfelder tertiärer vulkanischer Gesteine
- Größere Becken durch Tektonik, Ausraum, Auslaugung oder Meteoriteneinschlag
- Bruchstufen
- Schichtstufe im: **s** Buntsandstein, **m** Muschelkalk, **k** Keuper, **j** Jura
- Schichtkamm
- Saaleeiszeitliche Eisrandlagen: **D** Drenthestadium, **R** Rehburger Stadium, **L** Lamstedter Vorstoß, **W** Warthestadium
- Weichseleiszeitliche Eisrandlagen: **B** Brandenburger Stadium, **F** Frankfurter Stadium, **P** Pommersches Stadium, **V** Velgaster Staffel
- Urstromtäler: **BB** Breslau-Bremer Urstromtal, **GB** Glogau-Baruther Urstromtal, **WB** Warschau-Berliner Urstromtal, **TE** Thorn-Eberswalder Urstromtal, **NR** Netze-Randow-Urstromtal
- ✱ Nachgewiesene eiszeitliche Vergletscherung von Mittelgebirgen

I Nord- und Ostseeküste und norddeutsches Tiefland (s. 12.1 und 12.2)

II Mittelgebirgsschwelle (s. 12.3)

III Süddeutsches Stufenland, Oberrheingraben und Ries (s. 12.4)

IV Alpenvorland (s. 12.5)

V Alpen (s. 12.6)

hochwasser nicht mehr überfluteten **Marschen** an, deren Sedimentation ganz wesentlich während der Dünkirchen-Transgressionen (vor 3200, 2200 und 1400 Jahren) erfolgte. In Küstennähe ragt das junge Marschgebiet bis 1,50 m über NN auf. Es geht weiter landwärts in die alte Marsch über. Typisch für die Marsch sind kalkhaltige, sandige und durchlässige Böden. Im Gegensatz zu den **Seemarschen** weisen die im Bereich von Flussmündungen sedimentierten **Flussmarschen** niedrigere Kalk- und Salzgehalte auf. Bei der **Neulandgewinnung** wird Marschland eingedeicht und damit landwirtschaftlich nutzbar gemacht.

Weiter landwärts an die Marsch schließt sich die **Geest** an, die Altmoränenlandschaft des Norddeutschen Tieflandes. Bereits seit dem 11. Jahrhundert versucht man durch den Bau von Deichen, dem amphibischen Küstenstreifen des Wattenmeeres einerseits Neuland abzuringen und andererseits die Küste insbesondere vor Sturmfluten zu schützen. **Sturmfluten** treten immer dann auf, wenn auflandiger Wind den Flutstrom an der Küste staut und erhöht. Sie gingen in früheren Zeiten häufig mit beträchtlichen Land- und Menschenverlusten einher. Viele der alten Deichbauten wurden durch die mittelalterlichen Sturmfluten zerstört. Reste von ehemals zusammenhängendem Marschland, das im Mittelalter durch Sturmfluten überflutet wurde, sind die jungen Inseln Pellworm und Nordstrand sowie die **Halligen**. Auch Dollart, Jadebusen und Wesermündung entstanden erst vor wenigen Jahrhunderten durch Sturmflutereignisse. Als schwerste Sturmflut an der deutschen Küste gilt die Marcellusflut von 1362, die auch als „große Mandränke“ bezeichnet wird.

Die **Ostfriesischen Inseln** sind erst im Holozän entstanden. Sie entwickelten sich im Zuge der postglazialen Transgression aus marinen Sanden über Sandplaten zu Düneninseln. Durch den Gezeitenstrom und die vorherrschenden Westwinde unterliegen die Inseln ständiger Veränderung, die durch Landverlust (Westseiten), Hakenbildung (Ostseiten) und Bildung von Marschflächen (Südseiten) bestimmt ist. Die **Nordfriesischen Inseln** Sylt, Amrum und Föhr sind alte Inseln, die aus einem Geestkern aus saalezeitlichen Moränen aufgebaut sind. Eine Sonderstellung nimmt **Helgoland** ein. Hier wurden mesozoische Gesteine durch aufdringende Zechsteinsalze gehoben und durch glaziale und marine Abtragung überprägt.

Ostsee und Ostseeküste

Die Ostsee besitzt über das Skagerak im Bereich der dänischen Inseln nur eine enge marine Verbindung zur Nordsee. Durch den geringen Wasseraustausch mit dem Atlantik einerseits und der starken Süßwasserzufuhr der in die Ostsee mündenden Flüsse andererseits ist der **Salzgehalt** dieses Nebenmeeres **gering**, so dass die Ostsee in extremen Wintern vollständig zufrieren kann. Im Gegensatz zur Nordsee sind die **Gezeiten nur schwach ausgeprägt** und damit für die litorale Dynamik ohne Bedeutung.

Nord- und Ostsee unterscheiden sich grundlegend in ihrer Entstehung. Die Ostsee war noch im Jungtertiär (Pliozän) landfest und entwickelte sich erst nach dem Abschmelzen des nordischen Inlandeises durch **Landhebung** und eustatischen **Meeresspiegelanstieg.** Als Vorläufer der heutigen Ostsee gelten der Baltische Eisstausee und das Yoldiameer, deren Uferlinien die heutige südliche Ostseeküste nicht erreichten. Der durch fluvialen Zufluss stark ausgesüßte Ancylussee reichte bei seinem Höchststand an mehreren Stellen an die heutige polnische und deutsche Ostseeküste heran. Zwischen 9700 und 7900 vor heute fielen große Randgebiete des Ostseebeckens trocken, bevor sich vor rund 7900 Jahren das Litorinameer entwickelte. Zwischen 7900 und 5700 vor heute stieg der Meeresspiegel um rund 0,9 cm/a bis zum jetzigen Niveau an. Gleichzeitig finden im Gefolge des abgeschmolzenen nordeuropäischen Inlandeises bis zur Gegenwart glazialisostatische Ausgleichsbewegungen statt.

Aufgrund der glazialen Überprägung des Ostseeraums während des Pleistozäns dominieren an der Ostseeküste glaziale Geschiebemergel und glazifluviale Sedimente, die durch litorale Prozesse erodiert und umgelagert werden. Die Küstenformen der Ostsee sind mit Förden-, Buchten-, Ausgleichs- und Boddenküste abwechslungsreich. Die **Fördenküste** erstreckt sich in Schleswig-Holstein von der Flensburger Förde im Norden bis zur Kieler Förde im Süden. Die langen, schmalen Einbuchtungen der Förden sind durch die schürfende Wirkung einer Gletscherzunge in Grund- und Endmoränenmaterial entstanden, begleitet von der Erosion subglazialer Schmelzwässer. Nach Osten schließt sich mit Hohwachter Bucht, Lübecker Bucht und Wismarbucht die etwa bis Kühlungsborn reichende **Buchtenküste** an. Dabei handelt es sich um glaziale Zungenbecken, die von Moränengürteln umgeben sind. Weiter nach Osten folgt die Mecklenburger **Ausgleichsküste**. Ihr Verlauf ist ohne bedeutende Ein- oder Ausbuchtungen nahezu geradlinig gestaltet. Im lockeren Geschiebematerial hat sich hier eine Steilküste mit vorgelagertem Strand entwickelt. Die östlich anschließende **Bodden**- oder **Boddenausgleichsküste** (mit Saaler-, Jasmunder- und Greifswalder-Bodden) bildete sich im Gefolge der postglazialen Überflutung der dortigen Grund- und Endmoränenlandschaft. Flach- und Steilküste, Erosion und Akkumulation wechseln einander kleinräumig ab. Dabei kommt es zu einer häufig sehr schnellen Ausbildung von Haken und Nehrungen.

12.2 Norddeutsches Tiefland

Der **Landschaftscharakter** des Norddeutschen Tieflandes wird durch pleistozäne Alt- und Jungmoränen geprägt. Größere Höhenunterschiede finden sich nur im Bereich der jungpleistozänen Endmoränenzüge. Die höchste Erhebung mit einer Höhe von 201 m über NN ist der Hagelberg im Hohen Fläming östlich von Magdeburg. Einige Gebiete an der Nordseeküste liegen unter dem Meeresspiegel (z. B. Umgebung von Emden). Der Übergang des Norddeutschen Tieflandes zur Mittelgebirgsschwelle ist nicht überall deutlich ausgeprägt, bisweilen vollzieht er sich fließend wie beim Anstieg zur Pultscholle des Erzgebirges.

Geologische Entstehung und glaziale Überprägung

Aufgrund der **tektonischen Absenkung** während der jüngeren Erdgeschichte dominierte in Norddeutschland die Akkumulation lockerer oder wenig verfestigter tertiärer und quartärer Sedimente über den unterlagernden mesozoischen Festgesteinen. Während das Tertiär eine bis zu 3000 m hohe Mächtigkeit aufweist, erreichen die quartären Lockersedimente stellenweise höchstens 500 m, teilweise aber auch nur einige wenige Meter Mächtigkeit. Halokinetische Prozesse der aus dem jüngeren Perm, dem

Zechstein, stammenden plastischen Salze im Untergrund führen vorwiegend zu Muldenstrukturen. Im Gegensatz zur Mittelgebirgsschwelle in Süd-Niedersachsen, Thüringen und Nord-Hessen spielt die **Salztektonik** im Oberflächenbild nur eine untergeordnete Rolle. Vielmehr ist das Relief des Norddeutschen Tieflands wesentlich durch das im Pleistozän von Skandinavien vorrückende Inlandeis und dessen **glaziale Ablagerungen** geprägt. Holozäne Bildungen finden sich lediglich in Form geringmächtiger Auensedimente und Moorbildungen. Mit der Annäherung an die Mittelgebirgsschwelle erfolgt eine Abnahme der Mächtigkeit der quartären Ablagerungen. Die quartären Sedimente Norddeutschlands beginnen mit Ablagerungen der Elster-Vereisung, die in Küstennähe durch Tone der anschließenden Holstein-Warmzeit überlagert werden. Darauf folgen Ablagerungen der saalekaltzeitlichen Vereisung, die regional von Sedimenten der Eem-Warmzeit überlagert werden. Weichselzeitliche Sedimente finden sich nur im Jungmoränengebiet östlich der Elbe, da die Vereisung auf dieses Gebiet beschränkt blieb. Die Eisvorstöße des nordeuropäischen Inlandeises während der pleistozänen Kaltzeiten erstreckten sich weit nach Süden. So reicht der elsterzeitliche Eisvorstoß südöstlich des Harzes in einem Streifen bei Chemnitz und Dresden bis an den Rand der Mittelgebirgsschwelle. Der maximale Eisvorstoß während des Saaleglazials erreichte zwar östlich des Harzes nicht die Ausdehnung der elsterzeitlichen Vereisung, drang aber im Westen bis an den Niederrhein und den nördlichen Rand der östlichen Ausläufer des Rheinisches Schiefergebirges vor.

Alt- und Jungmoränenlandschaften

Nach den für die Reliefentwicklung in Norddeutschland bestimmenden Formungsprozessen lässt sich das Norddeutsche Tiefland in eine Alt- und eine Jungmoränenlandschaft gliedern. Die Grenze bilden die **weichselzeitlichen Endmoränenzüge.** Ihr Verlauf ist in Schleswig-Holstein Nord-Süd-orientiert mit auf geringer Horizontaldistanz dicht gescharten Endmoränen. In der Höhe von Hamburg erfolgt ein Umschwenken in NW-SE-Richtung bis Berlin, östlich davon sind die einzelnen Endmoränenzüge in West-Ost-Richtung orientiert. In Brandenburg und Mecklenburg-Vorpommern ist ein deutliches Auseinanderweichen der Endmoränenzüge, die Rückzugsstadien des letzten Vorstoßes des nordischen Inlandeises markieren, zu beobachten. Zu den einzelnen **Rückzugsstadien** hat sich jeweils ein eigenes, den Eisrand nachzeichnendes Urstromtal entwickelt. Dem am weitesten im Süden gelegenen Brandenburger Stadium mit dem **Glogau-Baruther Urstromtal** folgen in nördlicher Richtung das Frankfurter Stadium mit dem **Warschau-Berliner Urstromtal** sowie das Pommersche Stadium mit dem **Thorn-Eberswalder Urstromtal**.

Die Jungmoränenlandschaft wird durch Formen der Weichsel-Vereisung geprägt. Das Relief ist deutlicher ausgeprägt als das der Altmoränenlandschaft. Die Ursache liegt in der fehlenden periglazialen Überprägung des Gebietes. Die kuppige Grundmoräne bildet den inneren, ehemals eisbedeckten Teil. Sie wird nach außen vom jungen Gürtel der Endmoränenzüge begrenzt. An diesen schließt sich die Zone der Altmoränen und jungen Sander an. Im Gegensatz zum Altmoränengebiet haben sich im Bereich der Jungmoränen mit Braunerden und Parabraunerden überwiegend **fruchtbare Böden** entwickelt. Aufgrund der kurzen Zeitspanne seit dem Ende der letzten Vereisung konnte sich noch kein **dendritisches Gewässer-**

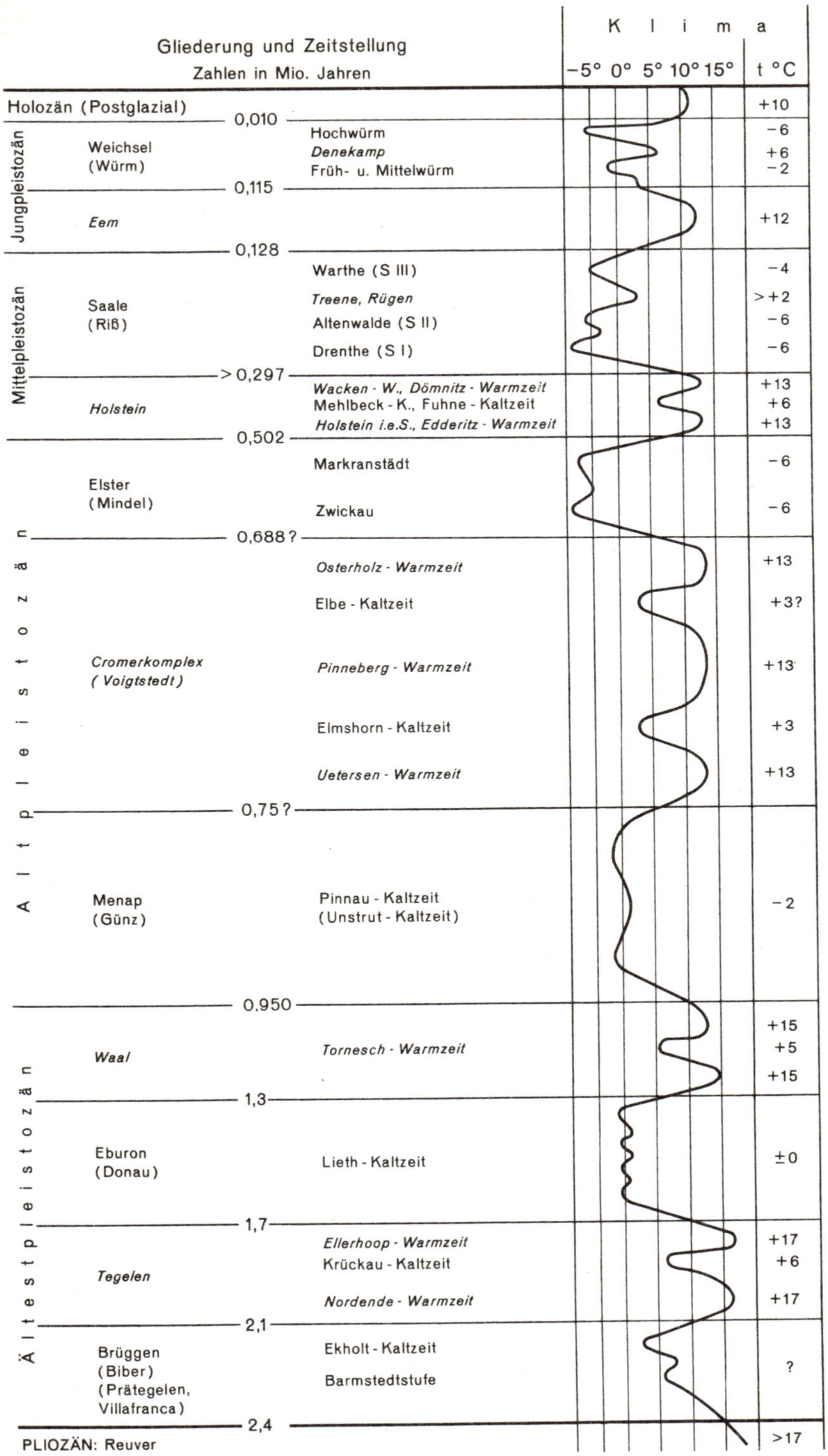

Abb. 34: Gliederung des Pleistozän (aus LIEDTKE 1995, vereinfacht)

netz mit einer vorherrschenden, bevorzugten Entwässerungsrichtung ausbilden. Ein weiteres geomorphologisches Merkmal der Jungmoränenlandschaft ist der Reichtum an **abflusslosen Hohlformen und Seen**. Vielfach handelt es sich dabei um ehemalige Toteislöcher. In Norddeutschland konnten sich auf diese Weise die **Holsteinische**, **Mecklenburgische** und **Brandenburgische Seenplatte** bilden.

Als Altmoränengebiet wird der südlich und westlich des Jungmoränengebiets anschließende Bereich zwischen den weichselzeitlichen Endmoränenzügen und der maximalen Eisausbreitung der älteren Eisvorstöße bezeichnet. Das Altmoränengebiet wurde während der weichselzeitlichen Vereisung von Tundrenklima, Permafrost und periglazialer Formung geprägt. Von geomorphologischer Bedeutung waren vor allem **spüldenudative** Prozesse und die Aufbereitung älteren Moränenmaterials durch **frostdynamische Prozesse** inklusive Solifluktion, die zur Ausbildung eines periglazialen Geschiebedecksands führten. Gleichzeitig kam es unter den semiaridem bis ariden Bedingungen zu Deflation äolischer Sedimente, die heute **Löss- und Flugsandablagerungen** bilden. Die Oberflächenformen wurden durch die periglazialen Prozesse so stark überprägt, dass im Altmoränengebiet glaziale Formen nicht mehr deutlich zu erkennen sind. Der innere Bereich des Altmoränengebietes wurde dabei von den Sanderablagerungen der jüngeren Eisvorstöße flächenhaft überdeckt. Nur einige höherliegende Teile der Altmoränen ragen dabei über die Sanderoberfläche hinaus. Als Böden dominieren Podsole und Histosole. Die Altmoränenlandschaft wird häufig auch als Geest bezeichnet. Die Geest in Schleswig-Holstein gliedert sich in eine höher gelegene hohe Geest und die niedere Geest. Während die **hohe Geest** aus den periglazial überprägten Altmoränen mit flachem Kuppenrelief besteht, wird die **niedere Geest** von Sanderflächen der Weichselvereisung gebildet, die in die Senken zwischen den Altmoränen geschüttet wurden. Die vor der Weichsel-Vereisung in großer Anzahl vorhandenen Seen sind mittlerweile verlandet oder zu **Mooren** geworden. Aus dem chaotischen Gewässernetz der Jungmoränenlandschaft hat sich hier bereits ein **dendritisches Flussnetz** entwickelt.

12.3 Mittelgebirgsschwelle

Das variszische Gebirge, dessen **Hauptfaltung während des Karbons** erfolgte, bildet das Fundament der Mittelgebirge. Es wurde noch vor dem Ende des Paläozoikums weitgehend abgetragen und zur „**Permischen Rumpffläche**“ eingeebnet. Liedtke und Marcinek (1995, S. 324) bezeichnen die mit dem Zechstein beginnende Abfolge der überlagernden Sedimentgesteine als (mesozoisches) **Tafeldeckgebirge**. Über den vielfach salinaren Ablagerungen des Zechsteins folgen mit den Sedimenten von Trias, Jura und Kreide mesozoische Gesteinsserien. Im Tertiär dominierten, von einzelnen Meeresvorstößen in die Mittelgebirgsschwelle abgesehen, terrestrische Verhältnisse. Während des Quartärs konnte das elsterzeitliche Inlandeis von Norden bis in den Mittelgebirgsbereich vordringen (z. B. Weser-bergland, Unterharz, Elbsandsteingebirge). In den höchsten Lagen von Schwarzwald, Vogesen, Harz und Bayerischem Wald bildeten sich in den pleistozänen Kaltzeiten eigenständige Kar- und z.T. sogar Talgletscher (Schwarzwald, Vogesen).

Geologische Entstehung

Im Zuge der alpidischen Gebirgsbildung wurden durch den Druck der afrikanischen Platte auch in der Mittelgebirgsregion Spannungen ausgelöst, so dass der spröde und starre Untergrund zerbrach und in ein **Mosaik aus Groß- und Kleinschollen** (**Rumpfschollengebirge**) zerlegt wurde. Die Schollen wurden unterschiedlich stark gehoben und teilweise verkippt. Während das Tafeldeckgebirge auf den höher herausgehobenen Schollen durch Abtragung nahezu vollständig entfernt wurde, blieb es auf den weniger stark gehobenen Schollen zum Großteil erhalten. Im Zuge der Abtragung wurden Einebnungsflächen angelegt, so dass unter wechselfeucht-tropischem Klima bis ins Tertiär **Rumpftreppengebirge** entstanden (z.B. Harz, Erzgebirge). Durch das Zerbrechen des Untergrunds am Ende des Mesozoikums und im Tertiär kam es zum Aufstieg von Magma und bis in die jüngere erdgeschichtliche Vergangenheit zu aktivem **Vulkanismus** (z.B. Rhön, Vogelsberg, Erz- und Elbsandsteingebirge, Eifel vor 11.000 Jahren).

Reliefentwicklung

Das charakteristische geomorphologische Merkmal der Mittelgebirge stellt der häufige, tektonisch bestimmte Wechsel zwischen Hoch- und Beckenlagen dar. Für die Gestaltung der Oberflächenformen ist im Mittelgebirgsraum neben der Entwicklung der einzelnen Schollen in erster Linie die unterschiedliche Verwitterungs- und Abtragungswiderständigkeit der Gesteine unter den jeweiligen klimatischen Gegebenheiten von Bedeutung. Im Bereich der Hochschollen dominieren schwach reliefierte und durch Stufen getrennte Hochflächen. Diese werden einerseits von Einzelbergen, Berggruppen oder Bergrücken überragt, andererseits von schmalen Tälern tief zerschnitten. Im Quartär wurden die von Tafeldeckgebirgen eingenommenen Bereiche aufgrund ihrer geringeren Gesteinswiderständigkeit stärker überprägt als die Hochflächen im Grundgebirge. Die Genese (Strukturform – Verebnung als Skulpturform) und zeitliche Einordnung (Tertiäre Fläche – Teile der Permischen Rumpffläche) der Hochflächen in den deutschen Mittelgebirgen ist nach wie vor umstritten und nicht abschließend geklärt. Im Gegensatz zu den überwiegend exogen geprägten Formen des Norddeutschen Tieflandes ist bei der Reliefentwicklung im Mittelgebirgsraum die Wechselwirkung von endogener und exogener Dynamik maßgeblich.

12.4 Süddeutsches Stufenland, Oberrheingraben und Ries

Süddeutsches Stufenland

Das Relief Süddeutschlands ist durch **weiträumige Verebnungen** bestimmt, die durch **Steilanstiege** stufenartig voneinander abgesetzt sind. Eine nur schwache tektonische Verkippung sowie eine abwechselnde Lagerung geomorphologisch unterschiedlich widerständiger Gesteine des mesozoischen Deckgebirges Süddeutschlands bilden durch die bevorzugte **Abtragung der weichen Gesteine** jeweils auf der liegenden harten Schicht eine

Verebnung („Landterrasse“), über der die nächstjüngere (hangende) harte Schicht eine Stufe bildet. Rechts des Rheins fallen die Schichten überwiegend nach Osten bzw. Südosten ein, linksrheinisch nach Westen. Das seit der Oberkreide aktive Hebungszentrum bilden **Vogesen** und **Schwarzwald**. Dort tritt kristallines Grundgebirge zu Tage. Im Westen schließen das **Saarländisch-Pfälzische** und das **Elsässisch-Lothrinigische Stufenland** an, das in das Pariser Becken überleitet. Hier reicht die Stufenfolge vom Buntsandstein bis zur Kreide, in Süddeutschland jedoch nur bis zum Jura. Die Anordnung der Stufen ist das Ergebnis der Verkippungsrichtung und der Intensität der tektonischen Verstellung (Einfallsrichtung und Einfallwinkel) der unterschiedlichen Sedimentgesteine des Deckgebirges. Bei stärkerer Verstellung sind die Abstände zwischen den einzelnen Stufen geringer, flachere Einfallswinkel bedingen dagegen größere Distanzen. In den Sedimentgesteinen des mesozoischen Deckgebirges fungieren die abtragungswiderständigerer Sand- oder Kalksteine als Stufenbildner. Die markanteste, bis zu 300 m Höhe erreichende Stufe bilden die jurassischen Malmkalke der **Schwäbisch-Fränkischen Alb**. Diese sind stark verkarstet und neben dem typischen Formenschatz durch ein Karstwassersystem gekennzeichnet. Das Vorland der Stufenhänge und deren Sockel bestehen vielfach aus weniger widerständigen, wasserstauenden Tonen und Mergeln. Stufenhänge mit tonigen Sockelbildnern können sehr anfällig für Massenbewegungen und insbesondere Rutschungen sein. Die Stufenflächen sind weiträumig lössbedeckt, woraus die große Fruchtbarkeit der Böden dieser **Gäulandschaften** Süddeutschlands resultiert.

Ebenso wie bei den Hochflächen der Mittelgebirgsschwelle sind auch die Entwicklung und das Alter der Süddeutschen Schichtstufenlandschaft nicht abschließend geklärt. Insbesondere die Fragen, ob sich die Stufen aus tertiären Rumpfflächen gebildet haben oder im Tertiär bereits strukturelle Merkmale bestanden sowie Ausmaß und Geschwindigkeit der Stufenrückverlegung werden noch diskutiert.

Oberrheingraben

Der Oberrheingraben ist mit etwa 300 km Länge und über 30 km Breite die **größte Grabenstruktur Mitteleuropas** und damit Teil einer großen Grabenzone, die vom Oslograben in Norwegen bis zur Rhônemündung reicht (**Mittelmeer-Mjösen-Zone**). Er entstand seit dem Alttertiär nördlich der sich hebenden Alpen als Dehnungsstruktur aus einer Aufwölbung des oberen Erdmantels. Im Dach der Aufwölbung kam es aufgrund der Dehnungsprozesse seit dem Eozän zur Einsenkung des Grabens. Gleichzeitig mit der **Absenkung des zentralen Teils** erfolgte eine **Heraushebung der umgebenden Hochschollen** mit Schwarzwald, Vogesen, Odenwald und Haardt. Der Graben wurde mit bis zu 3000 m mächtigen Sedimenten verfüllt, so dass einer relativen Absenkung oder Sprunghöhe von über 4000 m ein tatsächlicher Höhenunterschied von lediglich etwa 1000 m gegenübersteht. Der Übergang zu den Grabenschultern ist vielfach durch Staffelbrüche markiert.

Von entscheidender Bedeutung ist der Einbruch des Oberrheingrabens für die **Entwicklung des Flussnetzes** in Süddeutschland. Durch die tektonische Absenkung des Oberrheingrabens wurden seit dem Jungtertiär die Flusseinzugsgebiete im gesamten süddeutschen Raum verändert. So zapfte der **Urrhein**, der seit der Wende Pliozän/Pleistozän im Oberrheingraben floss, aufgrund der Tieferlegung seiner Erosionsbasis im Gefolge der tektonischen Absenkung des südlichen Oberrheingrabens die große Teile der Schweizer Alpen und des Jura entwässernde Aare an. Sie war im Jungtertiär noch der Donau tributär, änderte an der Wende Tertiär/Quartär ihren Lauf und floss, bevor sie dem Rhein tributär wurde, über die burgundische Pforte nach Süden in den Rhone-Graben. Durch das tektonisch bedingte größere Fließgefälle vergrößerte der Rhein seit dem Jungtertiär durch **rückschreitende Erosion** und **Talanzapfungen seiner Zuflüsse** sein Einzugsgebiet, während gleichzeitig das Einzugsgebiet der Donau, deren Flussgefälle gegenüber demjenigen des Rheins erheblich geringer sind, und ihrer Zuflüsse immer kleiner wird. Auf diese Weise verlor die Donau z. B. ihre ehemaligen Zuflüsse Neckar und Oberer Main mit ihren großen Einzugsgebietsflächen, und erst am Ende des Pleistozän entzog der Rhein durch Anzapfung der Wutach große Gebiete des Schwarzwaldes der Entwässerung in die Donau.

Nördlinger Ries

Eine Besonderheit im Relief Süddeutschlands stellt das die Schwäbische von der Fränkischen Alb trennende Nördlinger Ries und das rund 20 km davon entfernte Steinheimer Becken dar. Bei beiden Strukturen handelt es sich um zwischenzeitlich stark überprägte **Meteoritenkrater**.

12.5 Alpenvorland

Der Raum zwischen dem Nordrand der Alpen, dem Südrand von Schweizer Jura und der Schwäbisch-Fränkischen Alb sowie der Böhmischen Masse wird als Alpenvorland bezeichnet. Als nördliche Vortiefe des sich heraushebenden Gebirgskörpers der Alpen nimmt es seit dem Alttertiär dessen Abtragungsschutt, die **Molasse**, auf, die nach den jeweiligen vorherrschenden Ablagerungsbedingungen in Meeres- und Süßwassermolasse untergliedert wird. Vom Liegenden zum Hangenden ergibt sich die Abfolge Untere Meeresmolasse – Untere Süßwassermolasse – Obere Meeresmolasse – Obere Süßwassermolasse. Die Mächtigkeit der Molassesedimente nimmt von Süden nach Norden ab. In der Nähe des Alpenrandes werden mehr als 5000 m erreicht. Als Zeuge des miozänen Obermolassemeeres ist auf der Schwäbischen Alb dessen ehemalige Uferlinie, die Klifflinie, erhalten geblieben. Im Quartär wurden weiträumig **Moränen** und **Schotter** der alpinen Vergletscherungen abgelagert. Analog zur Norddeutschen Vereisung lässt sich in Süddeutschland eine würmzeitlich geformte Jungmoränenlandschft von einer Altmoränenlandschaft unterscheiden, die im Zuge älterer Vereisungen angelegt und später periglazial überprägt wurde.

Glaziale und periglaziale Formung

Für die **pleistozänen Kaltzeiten** werden nach Penck (1909) fünf eigenständige, aus dem alpinen Eisstromnetz in das Alpenvorland ausgreifende **Gletscher** (von Osten nach Westen: Salzach-Gletscher, Inn-Chiemsee-Gletscher, Isar-Loisach-Gletscher, Iller-Lech-Gletscher, Rhein-Gletscher) differenziert. In ihren **Zungenbecken** wurde das wenig widerständige Molassematerial teilweise glazial ausgeschürft, so dass diese Gebiete aufgrund ihrer verhältnismäßig tiefen Lage noch heute durch eine große Anzahl an

Seen und Sümpfen gekennzeichnet sind. Die glazial übertieften Zungenbecken werden von **Endmoränenwällen** umgeben, die den Verlauf der äußeren Begrenzung der Gletscherzungen nachzeichnen. Dort, wo die Endmoränenwälle unterbrochen sind, floss das Schmelzwasser der Gletscher aus und schüttete die vorgelagerten Schotterebenen auf. Diese entsprechen genetisch den Sanderflächen Norddeutschlands, sind allerdings grobkörniger ausgebildet.

An den die Gletscher in Richtung Donau entwässernden Flüssen des Alpenvorlands entwickelten sich aufgrund der pleistozänen Klimawechsel **Schotterterrassen-Treppen** mit Akkumulation im Hochglazial und Erosion im Spät- und Interglazial. Penck (1909) unterschied vier Akkumulationsterrassen, denen er jeweils ein Hochglazial zuordnete, und benannte sie nach Alpenvorlandflüssen mit besonders charakteristischer Ausprägung der Schotterakkumulationen – von alt nach jung – als **Günz-**, **Mindel-**, **Riss- und Würmeiszeit**. Die Entwässerung der alpinen Gletscher erfolgte über die Donau als quasi natürliches Urstromtal, das allerdings nicht wie bei den Eisvorstößen im Norddeutschen Tiefland Eisrandlagen nachzeichnet, sondern sich am Verlauf der das Alpenvorland im Norden begrenzenden Hochgebiete orientiert. Im Zuge des spät- und postglazialen Abschmelzens wurden die Endmoränenbögen stark zerschnitten und es bildeten sich die nach ihrer Form benannten **Trompetentälchen** (s. Kap. 7.3). Pencks Modell der vier Eisvorstöße wurde später ergänzt und erweitert, jedoch steht eine abschließende Parallelisierung des Alpenvorland-Quartärs mit der nordeuropäischen Vereisung nach wie vor aus.

Im **periglazialen Formungsbereich** außerhalb der würmzeitlichen Vereisung, den Altmoränengebieten und glazifluvialen Schotterflächen, erfolgten **frostdynamische Prozesse** sowie **äolische Transport- und Akkumulationsvorgänge**. Aus den Niederterrassenfeldern wurden Schluffe und Feinsande ausgeblasen und an anderer Stelle, häufig auf den Hochterrassen, wieder abgesetzt. Im heutigen Landschaftsbild zeigen sich die kaltzeitlich-periglazialen Prozesse in Form von **asymmetrischen Tälern** und **weiträumiger Lössbedeckung**. Die geomorphologische Formung seit Beginn des Holozäns bleibt auf den Ausgleich der Flusslängsprofile, Deltabildung in den Voralpenseen und die Bildung von Mooren beschränkt.

12.6 Alpen

Die Alpen erstrecken sich in einem asymmetrischen, nordkonvexen Bogen von der Nordküste des Ligurischen Meeres bei Nizza bis nach Wien, tauchen dort unter das Wiener Becken ab und finden östlich davon ihre Fortsetzung in den Karpaten. Der südöstliche Teil biegt dagegen nach Südosten um und geht so in die Dinariden Sloweniens und Kroatiens über. An der ligurischen Küste bei Genua verbindet eine S-förmige Struktur die Alpen mit dem Apennin. Üblicherweise werden die Alpen in **Westalpen**, **Ostalpen** und **Südalpen** untergliedert. Der deutsche Alpenanteil beträgt lediglich 2,2% der gesamten Fläche der Alpen und ist maximal 35 km breit. Dennoch treten in diesem kleinen Ausschnitt alle Prozesse und Formen auf, die für Hochgebirge typisch sind und deren Ursache in der jungen, **kräftigen Hebung** und der **intensiven Zertalung** beruht.

Geologisch-tektonische Entwicklung

Als junges, tektonisch komplex gebautes Hochgebirge zeigt die Struktur des Gebirgskörpers alle tektonischen Prozesse und Formen, die den Vorstellungen der Theorie der Plattentektonik entsprechen und damit von Sea Floor Spreading mit Bildung ozeanischer Kruste, Subduktion mit Krustenverdickung, Deckenüberschiebung bis zum Magmatismus reichen. Bis zur Oberkreide befand sich im Raum der heutigen Alpen der Tethysozean. Die **Tethys** besaß bei einer Breite von über 1000 km mehrere Tiefseebecken und einen Mittelozeanischen Rücken, an dem Sea Floor Spreading stattfand. Schon im Mesozoikum begann sich die Bewegungsrichtung von Lithosphärenplatten zu ändern. So drängte die afrikanische Platte zunehmend nach Norden, wodurch im Bereich der Tethys kompressive Kräfte wirkten und der Ozean in der Folgezeit auf $^1/_5$ seiner ursprünglichen Breite zusammengepresst wurde. Durch diese Konvergenz erfolgte eine **horizontale Aufspaltung der Lithosphäre**. Der untere Krustenteil wurde subduziert, die im oberen Teil abgelösten Gesteinsschichten entlang von horizontalen bis schwach geneigten Gleitbahnen über große Distanzen verlagert, zum Teil als tektonische Decken übereinander gestapelt, und Gesteine in Form von Faltungen und Verbiegungen plastisch deformiert. Durch die orogenetischen Prozesse, die mit einer Krustenverkürzung einherging, wurde bis zu 25 km leichte Obere Erdkruste übereinander gestapelt. Nach dem Prinzip der Isostasie (s. Kap. 2.2) begann dieses Krustenpaket sich langsam herauszuheben. Die **Hebung des Deckenstapels** erfolgte im ausgehenden Oligozän und frühen Miozän, nachdem die Überschiebungen und Faltungen weitgehend abgeschlossen waren. Für die jährlichen Hebungsraten wird ein Betrag von etwa 0,8 mm angenommen. Gleichzeitig setzten mit der Hebung **Erosionsprozesse** ein. Im Norden wurde das Abtragungsmaterial im Molassebecken (nordalpines Molassebecken), das am Alpenrand beinahe 6 km Mächtigkeit erreicht, angehäuft, und etwa gleichmächtige Akkumulationen erfolgten im Po-Becken am Alpensüdrand. Teile der Molasse des nördlichen Vorlandes wurden in die Faltung mit einbezogen. Der Hohe Peißenberg in Oberbayern besteht aus gefalteter Molasse. Aufgrund der tektonischen Beanspruchung liegt dort tertiäre (Braun-)kohle als Steinkohle vor. Der Übergang von der gefalteten zur ungefalteten Molasse bildet die tektonische Grenze der Alpen. Die naturräumliche und die geomorphologische Grenze dagegen liegen 5–20 km südlich der tektonischen.

Präglaziales Relief

Das präglaziale Relief der Alpen ist bereits tief zertalt gewesen. Kennzeichnend waren ausgeglichenere und sanftere Formen, die typischen schroffen und zugeschärften Hochgebirgsformen entwickelten sich erst später durch die Glazialerosion im Pleistozän. Alpenteile mit Hochflächencharakter werden vielfach als Ergebnis tertiärer Flächenbildung angesehen. Als Relikte früherer Landoberflächen gelten die Augenstein- und die Raxlandschaft. Aufgrund des komplexen morphologischen Gefüges sind allerdings viele Gesichtspunkte der tertiären Reliefentwicklung nach wie vor nicht geklärt.

Glaziale Formung

Durch die Vereisungen der **pleistozänen Kaltzeiten** wurden die Alpen nachhaltig überprägt. So sind die charakteristischen Hochgebirgsformen maßgeblich ein Ergebnis der im Pleistozän wirksamen glazialen, glazifluvialen und periglazialen Prozesse. In den Glazialzeiten des Pleistozäns lag die **Schneegrenze** bei rund 1000–1200 m über NN und damit mehr als 1000 m unterhalb ihres heutigen Niveaus. In den höheren Lagen bildeten sich Kargletscher und die Altflächenreste entwickelten sich durch die Akkumulation von Schnee und folgender Firn- und Gletschereisbildung zu Nährgebieten der Talgletscher. Die voreiszeitlichen, fluviatil gestalteten Kerbtäler bildeten sich durch die Tätigkeit des Gletschereises zu Trogtälern oder U-Tälern um. Auch die **Tallängsprofile** wurden glazial überprägt. Neben Gefälle- oder Talstufen entwickelten sich die Seitentäler an den Einmündungen zum Haupttal zu Hängetälern. Vielfach entstanden im Postglazial an den Hängetalmündungen Kerbtäler oder Klammen mit Wasserfällen. Darüber hinaus wurden **Wasserscheiden** durch die Arbeit des Eises tiefer gelegt oder verlagert und Pässe ausgeweitet. Ein typisches Merkmal glazialer Erosion ist die stark gesteinsabhängige Übertiefung von Talabschnitten, die talwabwärts von Schwellen abgeschlossen sind. Übertiefungen wurden später zum Teil durch Schmelzwasserablagerungen wieder verfüllt. Vielfach findet sich Moränenmaterial von spät- und postglazialen Eisvorstößen. Die jüngste Moräne, die bereits deutlich vor dem heutigen Eisrand liegt, datiert aus dem Zeitraum um 1850.

Aktuelle Formung

Heute sind die Alpen eine Region höchster **fluvialer Aktivität**. Auch **gravitative Massenbewegungen** wie Felsstürze, Rutschungen und Muren wirken insbesondere in den Talabschnitten mit glazial übersteilten Talwänden, Wildbäche transportieren große Sedimentfrachten talwärts. Glaziale und periglaziale Prozesse wirken auch heute, wenngleich mit geringerer Intensität und auf einen kleineren Höhenspielraum begrenzt als im Spätglazial. Allerdings hat in den Alpen Deutschlands insbesondere die glaziale Formung nur noch eine sehr untergeordnete Bedeutung, da die Gletscheroberflächen von Schnee- und Höllentalferner im Wettersteingebirge und Blaueis- und Watzmanngletscher in den Berchtesgadener Alpen auf weniger als 80 ha geschrumpft sind. In der jüngeren Vergangenheit werden die geomorphologischen Formungsprozesse in hohem Maß **anthropogen** (z.B. Almwirtschaft, Straßen- und Wegebau, Tourismus) beeinflusst.

Literaturverzeichnis

ABELE, G. 1994: Felsgleitungen im Hochgebirge und ihr Gefahrenpotential. In: Geogr. Rdsch. 46, S. 414–420.

ABELE, G. 1997: Rockslide movement supported by the mobilisation of Groundwater-saturated valley floor Sediments. In: Ztschr. f. Geomorph. 41, S. 1–20.

ABRAHAMS, A.D. u. A.J. Parsons (Hrsg.) 1994: Geomorphology of desert environments. London (Chapman & Hall).

AG Boden 2005: Bodenkundliche Kartieranleitung. Hannover (Schweizerbart'sche Verlagsbuchhandlung).

AHNERT, F. 1981: Über die Beziehung zwischen quantitativen, semiquantitativen und quantitativen Methoden in der Geomorphologie. In: Ztschr. f. Geomorph., N.F. Suppl.-Bd. 39, S. 1–28.

AHNERT, F. 1987: Geomorphological models – theoretical and empirical aspects. In: Catena, Suppl.-Bd. 10.

AHNERT, F. 1994: Equilibrium, Scale and Inheritance in Geomorphology. In: Geomorphology, 11, S. 125–140.

AHNERT, F. 2009: Einführung in die Geomorphologie. 4. Auflage. Stuttgart (Ulmer).

AK Geomorphologie (Hrsg.) 2006: Die Erdoberfläche – Lebens- und Gestaltunsgraum des Menschen. Deutscher Arbeitskreis für Geomorphologie). In: Z. Geomorph., N.F. Suppl.-Bd. 148.

ALLEN, P.A. 1997: Earth Surface Processes. Oxford (Blackwell Science).

ANDERSON, B.G. u. BORNS, H.W. 1994: The Ice Age World. An Introduction to Quarternary History and Research with Emphasis on North America and Northern Europe during the last 2.5 Million Years. Oslo (Scandinavian University Press).

ANDRES, W. 1989: The Central German Uplands. In: Catena Suppl.-Bd. 15, S. 25–44.

ANDRES, W. 1998: Terrestrische Sedimente als Zeugen natürlicher und anthropogener Umweltveränderungen seit der letzten Eiszeit. In: Verhandlungen zum 51. Dt. Geographentag Bonn. Stuttgart (Steiner).

AUERSWALD, K 1993: Bodeneigenschaften und Bodenerosion. Wirkungswege bei unterschiedlichen Betrachtungsmaßstäben. Berlin, Stuttgart (Borntraeger).

AURADA, K.D., BILLWITZ, K. u. LAMPE, R. (Hrsg.) 1998: Abbildung von Prozessen und Strukturen in Geosystemen. In: Ztschr. f. Geomorph., N.F. Suppl.-Bd. 112.

BAADE, J., GÜNDRA, H. u. ARMBRUSTER, H. 1996: Vergleich von gemessenen und kalkulierten Bodenerosions- und Sedimenttransferraten im Einzugsgebiet des Oberen Biddersbach, Kraichgau, SW-Deutschland. In: Heidelberger Geogr. Arb. 104, S. 188–201.

BAGNOLD, R.A. 1941: The physics of blown and desert dunes. London (Methuen & Co.).

BAGNOLD, R.A. 1953: Forme des dunes de säble et regime des vents. In: Actions Eoliennes, Cent. Nat. de la Recherche. Sci., Coll. Int. Paris 35, S. 23–32.

BAGNOLD, R.A. 1980: An empirical correlation of bed-load transport rates in flumes and natural rivers. In: Proccedings of the Royal Society, 372A, S. 453–473.

BAHLBURG, H. u. BREITKREUZ, C. 2008: Grundlagen der Geologie. 3. Auflage. Stuttgart (Enke).

BARSCH, D. 1969: Studien und Messungen an Blockgletschern in Macun, Unterengadin. In: Ztschr. f. Geomorph., Suppl.-Bd. 8, 11–30.

BARSCH, D. u. MÄUSBACHER, R. 1993: Flüsse und Flusslandschaften. Die Erfassung der fluvialen Dynamik. In: Geogr. Rdsch. 45, S. 736–745.

BARSCH, D. 1996: Rockglaciers. Indicators for the present and former geoecology in High Mountain Environments. Heidelberg (Springer).

BARSCH, D. u. STÄBLEIN, G. 1989: Geomorphological mapping in the Federal Republique of Germany – the GMK 25 and the GMK 100. In: Catena Suppl.-Bd. 15, S. 343–347.

BAUER, J., ENGLERT, W., MEIER, U., MORGENEYER, F. u. WALDECK, W. 2001: Physische Geographie. Hannover (Schroedel).

BAUMHAUER, R., BUSCHE, D. u. SPONHOLZ, B. 1989: Reliefgeschichte und Paläoklima des saharischen Ost-Niger. In: Geogr. Rdsch. 41,9, S. 493–499.

BAUMHAUER, R. 1990: Lagerungsverhältnisse von Basalt und Braunkohlentertiär am Südrand der Langen Rhön und im südlichen Vogelsberg. In: Ztschr. dt. geol. Ges. 141, S. 79–86.

BAUMHAUER, R. u. HAGEDORN, H. 1990: Problems of Groundwater capture in the Kawar (Niger). In: Applied Geography and Development, 36, S. 99–109.

BAUMHAUER, R. 1991: Palaeolakes of the south central Sahara – Problems of palaeoclimatological interpretation. In: Hydrobiologica 214, S. 347–357.

BAUMHAUER, R. 2007: Die geologische und tektonische Entwicklung Deutschlands. In: Glaser, R.,

Gebhardt, H., Schenk, W. (Hrsg.) Geographie Deutschlands, S. 99–107. Darmstadt (WBG).

BAUMHAUER, R. (2010): Scarpfoot Depressions in South-Central Sahara – state of knowledge and critical review. – Zeitschrift für Geomorphologie 54,3, S. 377–392.

BAUMHAUER, R. u. GLASER, U. 1994: Zur Entwicklung der postglazialen Sedimentation im Bereich des Liefdefjordes (NW-Spitzbergen). In: Ztschr. f. Geomorph. N.F. Suppl. 97, S. 65–74.

BAUMHAUER, R., MOREL, A. u. TILLET, T. 1997: Southern Central Sahara: Air-Ténéré-Djado-Kawar. In: Tillet T. (Hrsg.) Sahara – Palaeoenvironments and Prehistoric Populations in the upper Pleistocene, Paris (L'Harmattan).

BECHT, M. u. WETZEL, K.-F. 1994: Untersuchungen zur aktuellen fluvialen Morphodynamik im Lainbachtal. In: Barsch, D. et al. (Hrsg.): Messungen in fluvialen Systemen. Berlin, S. 139–157.

BENN, I.B. u. EVANS, D.J.A. 1998: Glaciers and Glaciations. London (Arnold).

BESLER, H. 1992: Geomorphologie der ariden Gebiete. Erträge der Forschung. Darmstadt (WBG).

BESLER, H. 1996: Granulometrische Sandtypen im Wüstenvergleich (Häufigkeitsverteilungen als Informationsträger). In: Ztschr. f. Geomorph. N.F. 40, S. 23–46.

BESLER, H. 1997: Periods of aeolian activity and stability in the Great Sand Sea in Egypt. In: Zentralbl. f. Geol. u. Paläontol., Teil I, S. 23–39.

BESLER, H. 2000: Dünen als Klimaarchive. In: Geogr. Rdsch. 52, H. 9, S. 30–35.

BIBUS, E. u. KÖSEL, M. 1997: Palööböden und periglaziale Deckschichten im Rheingletschergebiet von Oberschwaben und ihre Bedeutung für Stratigraphie, Reliefentwicklung und Standort. In: Tübinger Geowiss. Arb. Reihe D: Geoökolgie und Quartärforschung 3.

BIBUS, E. u. STRAHL, M. 2000: Zur Gliederung und Altersstellung der bayerischen Hochterrassen nördlich des Donauriedes. In: Ztsch. f. Geomorph. 44, S. 145–164.

BILLWITZ, K. 1997: Allgemeine Bodengeographie, Allgemeine Geoökologie. In: Hendl, M. u. Liedtke, H. (Hrsg.): Lehrbuch der Allgemeinen Physischen Geographie. Gotha (Perthes), S. 233–327 u. S. 635–720.

BLACKWELDER, E. 1933: The Insolation Hypothesis of Rock Weathering. In: American J. of Sci. 26, S. 97–113.

BLAND, W. u. ROLLS, D. 1998: Weathering. An introduction to the scientific principles. London/New York (Oxford University Press).

BLÄTTLER, R., HAGEDORN, H., BUSCHE, D. u. BAUMHAUER, R. 1995: Sedimentary behavior of the alpine Ruetz River (Stubai Valley, Tyrol, Austria) in historical times. In: Ztschr. f. Geomorph., N.F. Suppl.100, S. 101–113.

BLEICH, K.E. 1998: Zur Deutung und Bedeutung von Paläoböden im (süddeutschen) Löß. In: Eiszeitalter und Gegenwart 48, S. 50–56.

BLOOM, A.L. 1978: Geomorphology. A Systematic Analysis of Late Cenozoic Landforms. New Jersey (Prentice-Hall).

BLUME, H. 1971: Probleme der Schichtstufenlandschaft. Darmstadt (WBG).

BLUME, H. (Hrsg.) 1976: Strukturbetonte Reliefs. In: Ztschr. f. Geomorph., N.F. Suppl.-Bd. 24.

BLUME, H. 1985: Klimabezogene Deutung rezenter und reliktischer Eigenschaften von Wüstenböden. In: Geomethodica 10, S. 91–121.

BLUME, H., FELIX-HENNINGSEN, P., FISCHER, W.R., FREDE, H.-G., HÖRN, R., u. STAHR, K. 2008: Handbuch der Bodenkunde. Landsberg (ECOMED).

BLÜMEL, W.D. 1981: Pedologische und geomorphologische Aspekte der Kalkkrustenbildung in Südwestafrika und Südostspanien. In: Karlsruher Geogr. Hefte 10.

BLÜMEL, W.D. (Hrsg.) 1994: Geowissenschaftliche Spitzbergen-Expedition 1990–1992. (SPE 90–92). In: Ztschr. f. Geomorph., N.F. Suppl.-Bd. 97.

BLÜMEL, W.D. (Hrsg.) 1997: Äolische Dynamik: Formen und Prozesse. In: Ztschr. f. Geomorph., N.F. Suppl.-Bd. 111.

BLÜMEL, W.D. 1999: Physische Geographie der Polargebiete. Studienbücher der Geographie. Stuttgart (Teubner).

BÖGLI, A. 1964: Mischungskorrosion – ein Beitrag zum Verkarstungsproblem. In: Erdkunde 18, S. 83–92.

BÖGLI, A. 1978: Karsthydrogeographie und physische Speläologie. Berlin, Heidelberg, New York (Springer).

BÖSE, M. 1989: Methodisch geographische Studien und paläomorphologische Untersuchungen zum Pleistozän südlich der Ostsee. In: Berliner Geogr. Abhdl. 51.

BORK, H.-R. 1983: Die holozäne Relief- und Bodenentwicklung in Lößgebieten – Beispiele aus dem südöstlichen Niedersachsen. Braunschweig. In: Catena Suppl.-Bd. 3.

BORK, H.-R. 1988: Bodenerosion und Umwelt. Landschaftsgenese und Landschaftsökologie 13.

BORK, H.-R., BORK, H., DALCHOW, C., FAUST, B., PIORR, H.-P. u. SCHATZ, T. 1998: Landschaftsentwicklung in Mitteleuropa. Gotha, Stuttgart (Klett-Perthes).

BORK, H.-R. u. DALCHOW, C. 2000: Reliefaufnahme. In: Barsch, H., Billwitz, K. u. Bork, H.-R.: Arbeitsmethoden in Physischer Geographie und Geoökologie. Gotha (Klett-Perthes), S. 143–172.

BOULTON, G.S. 1979: Processes of glacier erosion on different substrata. In: J. of Glaciology, 23, S. 15–38.

BREMER, H. 1971: Flüsse, Flächen- und Stufenbildung in den Tropen. In: Würzburger Geogr. Arb. 35, 194 S.

BREMER, H. 1977: Reliefgenerationen in den feuchten Tropen. In: Würzburger Geogr. Arb. 45, S. 25–38.

BREMER, H. (Hrsg.) 1978: Zur Landschaftsentwicklung der Eifel. In: Kölner Geogr. Arb. 36.

BREMER, H. 1989: Allgemeine Geomorphologie. Methodik – Grundvorstellungen – Ausblick auf den Landschaftshaushalt. Berlin, Stuttgart (Borntraeger).

BREMER, H. 1989: Allgemeine Geomorphologie. Berlin (Borntraeger).

BREMER, H. 1989: On the geomorphology of the South German Scarplands. In: Catena, Suppl.-Bd. 15, S. 45–67.

BREMER, H., SCHNÜTGEN, A. u. SPÄTH, H. 1981: Zur Morphogenese in den feuchten Tropen. Verwitterung und Reliefbildung am Beispiel von Sri Lanka. Stuttgart (Borntraeger).

BRIDGES, E.M. 1994: World Geomorphology. 2. Auflage. Cambridge (Cambridge University Press).

BROSCHE, K.-U. 1997: Wirkungen des pleistozänen kaltzeitlichen Klimas, insbesondere des Bodenfrostes, in den Sedimenten des östlichen Ostfalen (Eiskeile, Löß-Flugsand, asymmetrische Täler). Stuttgart (Nagele u. Obermiller). In: Eiszeitalter und Gegenwart 47, S. 89–106.

BRÜCKNER, H. 1998: Coastal research and geoarchaeology in the Mediterranean region. In: Kelletat, D.H. (Hrsg.): German geographical coastal research – The last decade. Institute for Scientific Cooperation, Tübingen and Committee of the Federal Republic of Germany for the Int. Geographical Union, Tübingen, S. 235–258.

BRÜCKNER, H. 2000: Küsten – sensible Geo- und Ökosysteme unter zunehmendem Stress. In: Petermanns Geogr. Mitt., Pilotheft, S. 6–21.

BRUNNACKER, K. 1982: Äolische Deckschichten und deren fossile Böden im Periglazialbereich Bayerns. In: Geol. Jb. F. 14, S. 15–25.

BRUNOTTE, E. u. GARLEFF, K. 1989: Structural landforms and planation surfaces in Southern Lower Saxony. In: Catena, Suppl.-Bd. 15, S. 151–164.

BROWN, R.J.E. 1970: Permafrost in Canada. Toronto (University of Toronto Press).

BUCH, M.W. u. ZÖLLER, L. 1990: Gliederung und Thermolumineszenz-chronologie der Würmlösse im Raum Regensburg. In: Eiszeitalter und Gegenwart 40, S. 63–84.

BÜDEL, J. u. HAGEDORN, H. (Hrsg.) 1975: Reliefgenerationen in verschiedenen Klimaten. In: Ztschr. f. Geomorph., Suppl.-Bd. 23, 162 S.

BÜDEL, J. 1977: Klima-Geomorphologie. Berlin-Stuttgart (Borntraeger).

BULL, W. 1991: Geomorphic responses to climatic change. Oxford (Univ. Press).

BURGER, D. 1982: Reliefgenese und Hangentwicklung im Gebiet zwischen Sayn und Wied. In: Kölner Geogr. Arb. 42.

BUSCHE, D. u. SPONHOLZ, B. 1988: Karsterscheinungen in nichtkarbonatischen Gesteinen der Republik Niger. Würzburger Geogr. Arb. 59, S. 9–43.

BUSCHE, D. 1998: Die zentrale Sahara. Oberflächenformen im Wandel. Gotha (Perthes).

CARSON, M.A. u. KIRKBY, M.J. 1972: Hillslope Form and Process. Cambridge Geographical Studies 3, Cambridge (Cambridge Univ. Press).

CARTER, R.W.G. 1988: Coastal environments. An introduction to the physical, ecological and cultural Systems of coastlines. London (Academic Press).

CARTER, R.W.G. u. WOODROFFE, C.D. (Hrsg.) 1994: Coastal evolution. Cambridge (Cambridge University Press).

CHOW, V.T. (Hrsg) 1964: Handbook of applied hydrology. New York (McGraw-Hill).

CHOW, V. T, MAIDMENT, D.R. u. MAYS, L.W. 1988: Applied Hydrology. New York (McGaw Hill).

COOKE, R.U., WARREN, A. 1973: Geomorphology in Deserts. London (Chapman & Hall).

COOKE, R.U., WARREN, A. u. GOUDIE, A. 1993: Desert Geomorphology. London (UCL Press).

CROZIER, M.J. 1986: Landslides: causes, consequences & environment. London (Croom Helm).

CROZIER, M.J. u. MÄUSBACHER, R. (Hrsg.) 1999: Magnitude and frequency in Geomorphology. In: Ztschr. f. Geomorph., N.F. Suppl.-Bd. 115.

DAVIS, R.A. 1985: Coastal sedimentary environments. New York (Springer).

DAVIS, W.M. 1899: The geographical cycle. In: Geol. Journal 14, S. 481–504.

DAVIS, W.M. 1912: Die erklärende Beschreibung der Landformen. Leipzig, Berlin.

DAWSON, A.G. 1992: Ice age earth. London (Routledge).

DERBYSHIRE, E. (Hrsg.) 1976: Geomorphology and climate. London (Wiley & Sons).

DERBYSHIRE, E. 1983: Geomorphological Processes. London (Butterworth).

DIKAU, R. 2004: Die Bewertung von Naturgefahren als Aufgabenfeld der Angewandten Geomorphologie. In: Z. Geomorph., N.F. Suppl.-Bd. 136, S. 181–193.

DIKAU, R. 2006: Komplexe Systeme in der Geomorphologie. In: Mitt. Österr. Geog. Ges. 148, S. 125–150.

DIKAU, R., BRUNDSEN, D., SCHROTT, L. u. IBSEN, M.L. 1996: Landslide recognition. Chichester (Wiley & Sons).

DONGUS, H. 1970: Über die Schotter des jungtertiären Albdonausystems und einige geomorphologische Konsequenzen aus ihrer Lage, ihrer Korngröße und ihrer Zusammensetzung. In: Ber. z. dt. Landeskunde, 44, S. 245–266.

DONGUS, H. 1980: Die geomorphologischen Grundstrukturen der Erde. Stuttgart (Teubner).

DONGUS, H. 2000: Die Oberflächenformen Südwestdeutschlands. Geomorphologische Erläuterungen zu Topographischen und Geologischen Übersichtskarten. Berlin, Stuttgart (Borntraeger).

DVWK 1991: Hydraulische Berechnung von Fließgewässern. Merkblätter zur Wasserwirtschaft 220, (DK 551.51/54 Fließgewässer; DK 532.543 Hydraulik), Hamburg, Berlin (Parey).

EBERLE, J., EITEL, B. u. BLÜMEL, W.D. 2007: Deutschlands Süden vom Erdmittelalter zur Gegenwart. Heidelberg (Spektrum).

EGLI, M., WERNLI, M., BURGA, C., KNEISEL, C., MAVRIS, C., VALBOA, G., MIRABELLA, A., PLÖTZE, M. & W. HAEBERLI, 2011: Fast but spatially scattered smectite-formation in the proglacial area Morteratsch: An evaluation using GIS. In: Geoderma 164, S. 11–21.

EHLERS, J. 1983: Glacial deposits in North-West Europe. Rotterdam (Balkema).

EHLERS, J. 1990: Gliederung der eiszeitlichen Ablagerungen in Norddeutschland. In: Liedtke, H. (Hrsg.): Eiszeitforschung, Darmstadt (WEG), S. 159–172.

EHLERS, J. 1994: Allgemeine und historische Quartärgeologie. Stuttgart (Enke).

EHLERS, J. 2011: Das Eiszeitalter. Heidelberg (Springer).

EISBACHER, G.H. 1996: Einführung in die Tektonik. 2. Auflage. Stuttgart (Enke).

EISSMANN, E. 1994: Grundzüge der Quartärgeologie Mitteldeutschlands (Sachsen, Sachsen-Anhalt, Südbrandenburg, Thüringen). In: Altenburger Naturwissenschaftliche Forsch. 7, S. 55–135.

EITEL, B. 1999: Bodengeographie. In: Das Geogr. Seminar. Braunschweig (Westermann).

EITEL, B. u. BLÜMEL, W.D. 1997: Gesteinsverwitterung durch Calciumcarbonat: Beispiele aus Namibia. In: Würzburger Geogr. Arb. 92, S. 253–268.

EMBLETON, C. (Hrsg.) 1984: Geomorphology of Europe. Weinheim (Verlag Chemie).

EMBLETON, C. (Hrsg.) 1988: Applied geomorphological mapping: methodology by example. In: Ztschr. f. Geomorph., N.F. Suppl.-Bd. 68.

ENGELHARD, W.V. 1973: Die Bildung von Sedimenten und Sedimentgesteinen. Sediment-Petrologie, Teil III, Stuttgart (Schweizerbart'sche Verlagsbuchhandlung).

ERGENZINGER, P. 1998: Chaos and order, the geometry of gravel bed braided rivers. In: Catena, Suppl.-Bd. 10, S. 85–95.

FELIX-HENNINGSEN, P. 1990: Die mesozoisch-tertiäre Verwitterungsdecke im Rheinischen Schiefergebirge. Aufbau, Genese und quartäre Überprägung. Berlin, Stuttgart (Borntraeger).

FELIX-HENNINGSEN, P. u. BLEICH, K. 1996: Böden und Bodenmerkmale unterschiedlichen Alters. In: Blume, H.-P. et al. (Hrsg.) 1996: Handbuch der Bodenkunde, Landsberg (ECOMED), I, 4.5.1.

FISCHER, H. (Hrsg.) 1999: Massenbewegungen und Massentransporte in den Alpen als Gefahrenpotential. Berlin, Stuttgart (Borntraeger).

FISCHER, K. 1976: Das Formenbild der Allgäuer Alpen. In: Verband dt. Höhlen- und Karstforscher 22, S. 43–48.

FISCHER, K. 1990: Höhlenniveaus und Altreliefgenerationen in den Berchtesgadener Alpen. In: Mitt. d. Geogr. Ges. München 32, S. 1–14.

FORD, D. u. WILLIAMS, P. 2007: Karst Hydrology and Geomorphology. London (Chapman & Hall).

FOWLER, C.M.R. 2005: The solid earth. 2. Auflage. Cambridge (Cambridge Univ. Press).

FRÄNZLE, O. 1988: Periglaziale Formung der Altmoränengebiete Schleswig-Holsteins. In: Berliner Geogr. Abh. 47, S. 23–35.

FRAEDRICH, W. 1996: Spuren der Eiszeit. Landschaftsformen in Europa. Berlin, Heidelberg (Springer).

FRENCH, H. 1995: The Periglacial Environment. 2. Auflage. London (Longman).

FRIEDMANN, A. 1998: Pollenanalytische Untersuchungen im Wasenweiler Ried (Südbaden). In: Mäckel, R. u. Friedmann, A. (Hrsg.): Wandel der Geo-Biosphäre in den letzten 15000 Jahren im südlichen Oberrheintiefland und Schwarzwald. In: Freiburger Geogr. H. 54.

FRISCH, W. u. MESCHEDE, M. 2007. Plattentektonik. 2. Auflage. Darmstadt (WBG).

FRÜHAUF, M., BARTMUß, H.J. u. SCHELLBACH, A. 1993: Der Ostharz – Geographische Geschichte einer mitteldeutschen Landschaft. In. Mitt. d. Geogr. Gesell. zu Lübeck 58, S. 11–49.

FÜCHTBAUER, H. (Hrsg.) 1988: Sedimente und Sedimentgesteine. Stuttgart (Schweizerbart'sche Verlagsbuchhandlung).

FURRER, G. 1991: 25000 Jahre Gletschergeschichte – dargestellt an einigen Beispielen aus den Schweizer Alpen. In: Neujahrsblatt Naturforsch. Ges. Zürich 193.

GELLERT, J.F. u. DEMEK, J. 1976: Handbuch der geomorphologischen Detailkartierung. Wien (Hirt).

GELLERT, J.F. 1990: Verebnungsflächen und Gebirgsstockwerke als Leithorizonte der regionalen Morphochronologie und Morphotektonik. In: Ztschr. f. Geomorph. N.F. 34, S. 335–353.

GERLACH, R. 1990: Die Flußdynamik des Mains unter dem Einfluß des Menschen seit dem Spätmittelalter. In: Forsch. zur deutschen Landeskunde 234.

GERRARD, A.J. 1981: Soils and Landforms, An Integration of Geomorphology and Pedology. London (Allen & Unwin).

GEYER, O.F. u. GWINNER, M.P. 2011: Geologie von Baden-Württemberg. Stuttgart (Schweizerbart'sche Verlagsbuchhandlung).

GEYH, M.A. 2005: Handbuch der physikalischen und chemischen Altersbestimmung. Darmstadt (WBG).

GLADE, T. u. DIKAU, R. 2001: Gravitative Massenbewegungen: Vom Naturereignis zur Naturkatastrophe. In: Petermanns Geogr. Mitt. 145(6), S. 42–55.

GLATTHAAR, D. u. LIEDTKE, H. 1984: Die tertiäre Reliefentwicklung zwischen Sieg und Lahn, ein Beitrag zur Entstehung der Oberflächenformen im Rheinischen Schiefergebirge. In: Ber. zur dt. Landeskunde, 58, S. 129–146.

GOHL, D. 1972: Karte 1:1000000: Deutsche Landschaften und Formen – Bau und Formen. Frankfurt (BfLR, IfAG) In: Forsch. zur dt. Landeskunde, 184.

GOLDICH, S.S. 1938: A study in rock weathering. In: Journal of Geology 46.

GOUDIE, A.S. 1995: The Changing Earth. Rates of Geomorphological Processes. Oxford (Blackwell).

GOUDIE, A.S. (Hrsg.) 1998: Geomorphologie. Ein Methodenhandbuch für Studium und Praxis. Berlin, Heidelberg (Springer).

GOUDIE, A.S. u. VILES, H.A. 2010: Geomorphology and Landscape: A very short introduction. Oxford (Oxford University Press).

GREGORY, K.J. u. WALLING, D.E. 1973: Drainage basin, form and process. London (Edward Arnold).

GREGORY, K.J. u. GOUDIE, A.S. 2011: Handbook of Geomorphology. London (Sage).

GROTZINGER, J., JORDAN, T.H., PRESS, F., SIEVER, R. 2006: Understanding Earth. 5. Auflage. New York, Basingstoke (Palgrave Macmillan).

GRUBE, F. 1990: Morphogenese und Sedimentation in NW-Deutschland. In: Liedtke, H. (Hrsg.): Eiszeitforschung. Darmstadt (WBG), S. 220–230.

GRUNERT, J. 1983: Geomorphologie der Schichtstufen am Westrand des Murzuk-Beckens (Zentrale Sahara). Stuttgart (Borntraeger) In: Relief, Boden, Paläoklima 2.

GRUNERT, J. (Hrsg.) 1992: Geomorphology of the Tropics with special reference to South Asia and Africa. In: Ztschr. f. Geomorph., N.F. Suppl.-Bd. 91.

GRUNERT, J. u. HARDENBICKER, U. 1991: Hangrutschungen im Bonner Raum. Ihre Genese und Kartierung für Planungszwecke. Berlin, Stuttgart (Borntraeger). In: Ztschr. f. Geomorph., N.F. Suppl.-Bd. 89, S. 35–48.

GUDE, M u. BARSCH, D. 2005: Assessment of the geomorphic hazards in connection with permafrost occurrence in the Zugspitze area (Bavarian Alps, Germany). Geomorphology 66 (1–4), S. 85–93.

HABBE, K.A. 1989: Die pleistozänen Vergletscherungen des süddeutschen Alpenvorlandes – Ein Resümee. In: Mitt. d. Geogr. Ges. München, 74, S. 27–51.

HAEBERLI, W., HALLET, B., ARENSON, L., ELCONIN, R., HUMLUM, O., KÄÄB, A., KAUFMANN, V., LADANYI, B., MATSUOKA, N., SPRINGMAN, S. u. VONDER MÜHLL, D. 2006: Permafrost creep and rock glacier dynamics. In: Permafrost and Periglacial Processes 17, S. 189–214.

HAGEDORN, H. 1968: Über äolische Abtragung und Formung in der Südost-Sahara. Ein Beitrag zur Gliederung der Oberflächenformen in der Wüste. In: Erdkunde 22, S. 257–269.

HAGEDORN, H. 1987: Wüstenforschung. In: Geogr. Rdsch. 39, 7–8, S. 376–385.

HAGEDORN, H. 1988: Äolische Abtragungsformen im Massiv von Termit (NE-Niger). In: Würzburger Geogr. Arb. 69, S. 277–287.

HAGEDORN, J. u. POSER, H. 1974: Räumliche Ordnung der rezenten geomorphologischen Prozesse und Prozesskombinationen auf der Erde. In: Abh. der Akademie der Wissenschaften in Göttingen, Math.-Phys. Klasse, 3. Folge, 29, S. 426–439.

HAGEDORN, J. (Hrsg.) 1995: Late Quarternary and present-day fluvial processes in Central Europe. Berlin, Stuttgart (Borntraeger). In: Ztschr. f. Geomorph., N.F. Suppl.-Bd. 100.

HANTKE, R. 1978, 1980, 1983: Eiszeitalter. Die jüngste Erdgeschichte der Schweiz und ihre Nachbargebiete. Thun (Ott Verlag), in 3 Bänden.

HARTGE, K.-H. u. HÖRN, R.1993: Einführung in die Bodenphysik. Stuttgart (Enke).

HASSENPFLUG, W. 1998: Bodenerosion durch Wind. In: Richter, G. (Hrsg.): Bodenerosion. Analyse und Bilanz eines Umweltproblems. Darmstadt (WBG), S. 69–82.

HEINE, K. 1998: Climate change over the past 135,000 years in the Namib Desert (Namibia) de-rived from proxy data. In: Palaeoecology of Africa 25.

HEMPEL, L. 1988: Rezente und fossile Mesoformen der Abtragung und Aufschüttung von Schichtkammlandschaften im Teutoburgerwald. In: Berliner Geogr. Abh. 47, S. 37–47.

HENGL, T. u. REUTER, H.I. 2009: Geomorphometry. Amsterdam (Elsevier).

HERGET, J. 2000: Klimaänderungen in Mitteleuropa

seit dem Tertiär. In: Petermanns Geogr. Mitt. 4, S. 56–65.

HIGGINS, C. G. u. COATES, D. R. (Hrsg.) 1990: Groundwater Geomorphology. The Role of Subsurface Water in Earth-Surface Processes and Landforms. Boulder, Colorado, USA (The Geological Society).

HILGART, M 1995: Die geomorphologische Entwicklung des Altmühl- und Donautales im Raum Dietfurt-Kelheim-Regensburg im jüngeren Quartär. In: Forsch. zur dt. Landeskunde 242.

HJULSTRÖM, F. 1935: Studies of the morphological activity of rivers as illustrated by the river Fyris. In: Bull. of the Geological Institute, University of Uppsala, 25, S. 221–527.

HÖLLERMANN, P. 1976: Probleme der rezenten geomorphologischen Höhenstufung im Rahmen einer vergleichenden Hochgebirgsgeographie. In: 40. Deutscher Geographentag Innsbruck 1975. Tagungsbericht u. wiss. Abhdl., Wiesbaden (Steiner), S. 61–75.

HORTON, R. 1945: Erosional development of streams and their drainage basins, hydrophysical approach to quantitative morphology. In: Bull. of the Geological Society of America, 56, S. 275–370.

HÜSER, K., BLÜMEL, W. D. u. EITEL, B. 1998: Landschafts- und Klimageschichte des südwestlichen Afrikas. In: Geogr. Rdsch. 50, S. 238–244.

JÄKEL, D. u. DRONIA, H. 1976: Ergebnisse von Boden- und Gesteinstemperaturmessungen in der Sahara. Berliner Geogr. Abhdl. 24, S. 55–64.

JERZ, H. 1993: Das Eiszeitalter in Bayern – Erdgeschichte, Gesteine, Wasser, Boden. Stuttgart (Schweizerbart'sche Verlagsbuchhandlung).

KARRASCH, H. 1970: Das Phänomen der klimabedingten Reliefasymmetrie in Mitteleuropa. In: Göttinger Geogr. Abh. 56.

KARTE, J. 1979: Räumliche Abgrenzung und regionale Differenzierung des Periglaziärs. In: Bochumer Geogr. Arb. 35.

KARTE, J. 1990: Das Ensemble der periglaziären Formen in dreidimensionaler Sicht. In: Liedtke, H. (Hrsg.): Eiszeitforschung. Darmstadt (WBG), S. 238–249.

KELLER, E. A. u. MEEHORN, W. N. 1978: Rhythmic spacing and origin of pools and riffles. In: Bulletin of the Geological Society of America, 89, S. 723–730.

KELLER, R. 1961: Gewässer und Wasserhaushalt des Festlandes. Berlin.

KELLETAT, D. 1995: Atlas of Costal Geomorphology and Zonality. In: Journal of Coastal Research, Spec. Issue, 13.

KELLETAT, D. u. PSUTY, N. P. (Hrsg.) 1996: Field Methods and Models to Quantify Rapid Coastal Changes. In: Ztschr. f. Geomorph., N. F. Suppl.-Bd. 102.

KELLETAT, D. (Hrsg.) 1998: German Geographical Coastal Research – The last Decade. Tübingen (Inst. for Scietific Cooperation).

KELLETAT, D. 1999: Physische Geographie der Meere und Küsten. Stuttgart (Teubner).

KIRKBY, M. J. (Hrsg.) 1994: Process Models and Theoretical Geomorphology. Chichester (Wiley & Sons).

KLEBER, A. 1987: Die jungtertiäre und ältestquartäre Entwicklung von Flächen und Tälern im nördlichen Vorland der Südlichen Frankenalb. In: Bayreuther Geowiss. Arb. 10.

KLENGEE, K. J. u. PASEK, J. 1974: Zur Terminologie von Hangbewegungen. In: Zs. Angew. Geologie 20, H. 3,8., S. 128–132.

KLOSTERMANN, J. 1999: Das Klima im Eiszeitalter. Stuttgart (Schweizerbart'sche Verlagsbuchhandlung).

KNEISEL, C., HAEBERLI, W. u. BAUMHAUER, R. 2000: Comparison of spatial modelling and field evidence of glacier/permafrost relations in an Alpine permafrost environment. In: Annals of Glaciology 31, S. 269–274.

KNEISEL, C. 2003: Sporadic and discontinous mountain permafrost occurrence in the Upper Engadine, eastern Swiss Alps. In: Proceedings of the 8th International Conference on Permafrost, Zurich, Switzerland, S. 561–566.

KNEISEL, C. 2004: New insights into mountain permafrost occurrence and characteristics in glacier forefields at high altitude through the application of 2D resistivity imaging. – Permafrost and Periglacial Processes, 15, S. 221–227.

KNEISEL, C. 2005: Detecting mountain permafrost and hazard assessment of debris flows through the application of electrical resistivity tomography – a case study from the Swiss Alps. In: Ztsch. f. Geomorph., N. F. Suppl.-Bd. 138, S. 1–10.

KNIGHTON, D. 1998: Fluvial Forms and Processes. A new perspective. London (Arnold).

KOSTREWZSKI, A. u. HAGEDORN, J. 1999: Vergletscherungen in europäischen Mittelgebirgen. In: Ztschr. f. Geomorph., N. F. Suppl.-Bd. 113.

KRAUTER, E. 1994: Hangrutschungen und deren Gefährdungspotential für Siedlungen. Geogr. Rsch. 46, S. 422–428.

KUBINIOK, J. 1988: Kristallinvergrusung an Beispielen aus Südostaustralien und deutschen Mittelgebirgen. In: Kölner Geogr. Arb. 48.

KUHLE, M. 1991: Glazial-Geomorphologie. Darmstadt (WBG).

KUHN, N. J., SCHÜTT, B. u. R. BAUMHAUER 2011: Managing the impact of climate change on the hydrology of the Gallocanta Basin, NE-Spain. In: Journal of Environmental Management 92, 2. S. 275–283.

LANCASTER N. u. NICKLING, W. G. 1994: Aeolian Sediment Transport. In: Abrahams, A. D. u. A. J. Parsons (Hrsg.): Geomorphology of desert environments. London (Chapman & Hall), S. 447–473.

LEHMEIER, F. 1988: Zum Formenschatz der Schichtkammlandschaft im Niedersächsischen Bergland (insbesondere im Ith-Hils-Bergland). In: Berliner Geogr. Abh. 47, S. 49–61.

LEHMKUHL, F. 1989: Geomorphologische Höhenstufen in den Alpen unter besonderer Berücksichtigung des nivalen Formenschatzes. In: Göttinger Geogr. Abh. 88.

LEOPOLD, L.B. u. MADDOCK, T. 1953: The hydraulic geometry of stream channels and some physiogeographic implications. In: USGS Prof. Paper 252.

LESER, H. 1988: Schichtstufen und Talrandstufen in Südwestdeutschland. In: Berliner Geogr. Abh. 476, S. 129–147.

LESER, H. 2003: Geomorphologie. 8. Auflage. In: Da Geographische Seminar. Braunschweig (Westermann).

LESER, H. u. METZ, B. 1988: Vergletscherungen im Hochschwarzwald. In: Berliner Geogr. Abh. 47, S. 155–175.

LIEDTKE, H. 1989: The landforms in the north of the Federal Republic of Germany and their development. In: Catena Suppl.-Bd. 15, S. 11–24.

LIEDTKE, H. (Hrsg.) 1990: Eiszeitforschung. Darmstadt (WBG).

LIEDTKE, H. u. MARCINEK, J. (Hrsg.) 1995: Physische Geographie Deutschlands. Gotha (Perthes).

LIVINGSTONE, I. (Hrsg.) 1999: Aeolian Geomorphology. In: Ztschr. f. Geomorph., N.F. Suppl.-Bd. 116.

LOUIS, H. u. FISCHE, K. 1979: Allgemeine Geomorphologie. In: Schmithüsen, J. (Hrsg.): Lehrbuch der Allgemeinen Geomorphologie. Berlin, New York (de Gruyter).

LÖWE, I.J. u. WALKER, M.J.C. 1997: Reconstructing Quarternary Environments. Harlow (Addison Wesley Longman).

LÜTTIG, G. 1999: Geschiebestatistische Anmerkungen zur Quartärstratigraphie des nordischen Vereisungsgebietes. In: Eiszeitalter und Gegenwart, 49, S. 144–163.

MÄCKEL, R. u. FRIEDMANN, A. 1998: Wandel der Geo-Biophäre in den letzten 15000 Jahren im südlichen Oberrheintiefland und Schwarzwald. In: Freiburger Geogr. H. 54.

MÄUSBACHER, R. 1985: Die Verwendbarkeit der Geomorphologischen Karte 1:25000 (GMK 25) der Bundesrepublik Deutschland für Nachbarwissenschaften und Planung. In: Berliner Geogr. Abh. 40.

MÄUSBACHER, R. u. SCHULTE, A. (Hrsg.) 1996: High Mountain Geomorphology. In: Ztschr. f. Geomorph., N. F. Suppl.-Bd. 104.

MÄUSBACHER, R., BAADE, J. u. GUDE, M. (Hrsg.) 2000: Geomorphologische Prozessforschung. In: Ztschr. f. Geomorph., N. F. Suppl.-Bd. 121.

MATTHESS, G. u. UBELL, K. 1983: Allgemeine Hydrogeologie – Grundwasserhaushalt. Stuttgart (Borntraeger).

MENSCHING, H 1957: Geomorphologie der Rhön und ihres südlichen Vorlandes. In: Würzburger Geogr. Arb. 4/5, S. 47–88.

MENSCHING, H. 1990: Desertifikation – Ein weltweites Problem der ökologischen Verwüstung in den Trockengebieten der Erde. Darmstadt (WBG).

MENZIES, J. 1995: Modern glacial environments. Oxford (Butterworth-Heinemann).

METZ, B. 1992: Glaziale Formen und Formungsprozesse im Schwarzwald. Schwarzwald und Oberrheintiefland. In: Freiburger Geogr. H. 36, S. 57–80.

MILIMAN, J. D. 1997: Fluvial Sediment discharge to the sea and the importance of regional tectonics. In: Ruddiman, W. F. (Hrsg.): Tectonic uplift and climate change. New York (Plenum Press), S. 239–257.

MORISAWA, M. 1968: Streams – their dynamics and morpholgoy. New York (McGraw-Hill).

MÜLLER, J. 1996: Grundzüge der Naturgeographie von Unterfranken. Gotha (Perthes).

MURCK, B.W., SKINNER, B.J. u. PORTER, S. C. 1995: Environmental Geology. New York (Wiley & Sons).

OLLIER, C.D. 1981: Tectonics and Landforms. New York (Longman).

OWENS, P. N. u. SLAYMAKER, O. 2004: Mountain Geomorphology. London (Arnold).

PASSARGE, S. 1926: Geomorphologie der Klimazonen oder Geomorphologie der Landschaftsgürtel. Petermanns Geogr. Mitt. 72, S. 173–175.

PFEFFER, K.H. 1993: Zur Genese tropischer Karstgebiete auf den Westindischen Inseln. In: Ztschr. f. Geomorph., Suppl.-Bd. 93, S. 137–158.

PFEFFER, K.H. 2005: Mediterraner Karst und tropischer Karst. Geographische Rdsch. 6, S. 12–16.

PFEFFER, K. H. 2010: Karst. Studienbücher der Geographie. Stuttgart (Bornträger).

PRESS, F. u. SIEVER, R. 2008: Allgemeine Geologie. 5. Auflage. Heidelberg (Springer).

RICHARDS, K. 2004: River form and process in alluvial channels. London (Metheun).

RÖSNER, U. 1990: Die Mainfränkische Lößprovinz. Sedimentologische, pedologische und morphodynamische Prozesse der Lößbildung während des Pleistozäns in Mainfranken. In: Erlanger Geogr. Arb. 51.

RÖSNER, U. 1995: Zur quartären Landschaftsentwicklung in den Trockengebieten Syriens. Relief, Boden, Paläoklima 10.

ROHDE, H. 1977: Sturmfluthöhen und säkularer Wasserstandsanstieg an der deutschen Nordseeküste. In: Die Küste, 30, S. 52–143.

ROHDENBURG, H. 1968: Zur Deutung der quartären Taleintiefung in Mitteleuropa. In: Die Erde, 99, S. 279–304.

ROHDENBURG, H. 1970: Morphodynamische Aktivitäts- und Stabilitätszeiten statt Pluvial- und Interpluvialzeiten. In: Eiszeitalter und Gegenwart, 21, S. 81–96.

ROHDENBURG, H. 1970a: Hangpedimentation und Klimawechsel als wichtigste Faktoren der Flächen- und Stufenbildung in den wechselfeuchten Tropen. In: Ztschr. f. Geomorph., 14, S. 58–78.

ROHDENBURG, H. 1971: Einführung in die klimagenetische Geomorphologie. Gießen (Lenz).

ROHDENBURG, H. 1989: Landschaftsökologie – Geomorphologie. Darmstadt (Catena).

ROSENKRANZ, E. 1978: Die Reliefgliederung am Ostrande des Thüringer Beckens. In: Petermanns Geogr. Mitt., 122, S. 29–36.

ROSGEN, D. 1996: Applied River Morphology. Pagosa Springs (Wildland Hydrology).

ROTHER, K. 1995: Die eiszeitliche Vergletscherung der deutschen Mittelgebirge im Spiegel neuerer Forschungen. In: Petermanns Geogr. Mitt., 139, S. 45–52.

SCHAEFER, A. 2005: Klastische Sedimente – Fazies und Sedimentstratigraphie. München (Elsevier).

SCHAEFER, I. 1981: Die Glaziale Serie – Gedanken zum Kernstück der alpinen Eiszeitforschung. In: Ztschr. f. Geomorph., N.F. 25, S. 271–289.

SCHAEFER, I. 1995: Das Alpenvorland im Zenit des Eiszeitalters. Forschungen in seinem Kerngebiet zwischen Riß und Lech. 2 Bände, Stuttgart (Steiner).

SCHEFFER, F., SCHACHTSCHABEL, P., HARTGE, K.H., BLUME, H.P., BRÜMMER, G., SCHWERTMANN, U., HORN, R., KÖGEL-KNABNER, I., WILKE, B.M. u. STAHR, K. 2009: SCHEFFER/SCHACHTSCHABEL: Lehrbuch der Bodenkunde. 16. Auflage. Heidelberg (Spektrum).

SCHEIDEGGER, A.E. 2004: Morphotectonics. Berlin (Springer).

SCHELLNHUBER, H.-J. u. STERR, H. 1993: Klimaänderung und Küste. Berlin (Springer).

SCHIRMER, W. 1981: Holozäne Mainterrassen und ihr pleistozäner Rahmen. (Exkurison G am 25.4.1981). In: Jahresber. Mitt. oberrhein. geol. Ver. N.F. 63, S. 103–115.

SCHLICHTING, E. 1993: Einführung in die Bodenkunde. 3. Auflage. Berlin (Parey).

SCHLÜCHTER, C. 1986: The Quarternary Glaciations of Switzerland, with special reference to the Northern Alpine Foreland. In: Slbrava, V., Bowen, D.Q.A. Richmond, G.M. (Hrsg.): Quarternary Glaciations in the Northern Hemispere, In: Quarternary Sci. Reviews 5, S. 413–419.

SCHMIDT, K.-H. 1984: Der Fluss und sein Einzugsgebiet. Hydrogeogeographische Forschungspraxis. Wiss. Paperbacks Geographie, Wiesbaden (Steiner).

SCHMIDT, K.-H. 1996: Messung und Bewertung der zeitlichen und räumlichen Variabilität des Schwebstofftransports. In: Heidelberger Geogr. Arb. 104, S. 352–372.

SCHMIDT, K.-H., de PLOEY, J. (Hrsg.) 1992: Functional geomorphology. Landform analysis and models. In: Catena Suppl.-Bd. 23.

SCHMINCKE, H.U. 2000: Vulkanismus. 2. Auflage. Darmstadt (WBG).

SCHMITTHENNER, H. 1954: Die Regeln der morphologischen Gestaltung im Schichtstufenland. In: Petermanns Geogr. Mitt. 98, S. 3–10.

SCHNEIDER-SLIVA, R., SCHAUE, D. u. GEROLD, G. (Hrsg.) 1999: Angewandte Landschaftsökologie. Grundlagen und Methoden. Berlin, Heidelberg (Springer).

SCHREINER, A. 1992: Einführung in die Quartärgeologie. Stuttgart (Schweizerbart'sche Verlagsbuchhandlung).

SCHRÖDER, B. 1998: Känozoische Landschaftsgeschichte am Ostrand der Rhön – Vulkan- und Subrosionsschlote als Hauptindikatoren. In: Bochumer Geogr. Arb. Sonderreihe 13, (Festschr. für Liedtke, H.), S. 80–85.

SCHWARZBACH M. 1974: Das Klima der Vorzeit. Eine Einführung in die Paläoklimatologie. 3. Auflage. Stuttgart (Enke).

SCHÜTT, B. 1993: Der Stoffhaushalt der Kall/Nordeifel – Untersuchungen zum Wasserhaushalt, Schwebstoffhaushalt und Haushalt gelöster Stoffe in einem Flußeinzugsgebiet auf silikatischen Gesteinen. In: Aachener Geogr. Arb. 27.

SCHÜTT, B. 1998: Reconstruction of palaeoenvironmental conditions by investigation of Holocene playa-sediments in the Ebro Basin, Spain: Preliminary results. In: Geomorphology 23, S. 273–383.

SCHULTE, A. 1995: Hochwasserabfluß, Sedimenttransport und Gerinnebettgestaltung an der Elsenz im Kraichgau. In: Heidelberger Geogr. Arb. 98.

SCHUMM, S. A. 2003: The fluvial System. Caldwell (Blackburn Press).

SCHUNKE, E. 1968: Die Schichtstufenhänge im Leine-Weser-Bergland in Abhängigkeit vom geologischen Bau und Klima. In: Göttinger Geogr. Abh. 34.

SCHWAB, M. 1997: Geologische Grundlagen. In: Hendl, M. u. Liedtke, H. (Hrsg.): Lehrbuch der Allgemeinen Physischen Geographie, 33-140. Gotha (Perthes).

SCHWAB, G. u. LUDWIG, A.O. 1996: Zum Relief der Quartärbasis in Norddeutschland. Bemerkungen zu einer neuen Karte. In: Zs. geol. Wiss. 24, S. 343–349.

SEMMEL, A. 1991: Relief, Gestein, Boden. Grundlagen der Physischen Geographie I. Darmstadt (Wiss. Buchgesell.).

SEMMEL, A. 1993: Grundzüge der Bodengeographie. Stuttgart (Teubner).

SEMMEL, A. 1994: Periglazialmorphologie. In: Erträge der Forschung 231. Darmstadt (WBG).

SEMMEL, A. 1996: Geomorphologie der Bundesrepublik Deutschland. Grundzüge, Forschungsstand, aktuelle Fragen – erörtert an ausgewählten Landschaften. In: Erdkundliches Wissen, H. 30. Wiesbaden (Steiner).

SEUFFERT, O. 1976: Formungsstile im Relief der Erde. Programmierung, Prozesse und Produkte der Morphodynamik im Abtragungsbereich. In: Braunschweiger Geogr. Studien, Sonderheft 1.

SEUFFERT, O. 1981: Zur Theorie der Fließwassererosion. Geoökodynamik 2, S. 141–164.

SIMON, T. 1987: Zur Entstehung der Schichtstufenlandschaft im nördlichen Baden-Württemberg. In: Jh. Geol. Landesamt Baden-Württemberg, 29, S. 145–167.

SKOWRONEK, A. 1987: Böden als Indikator klimagesteuerter Landformung in der zentralen Sahara. In: Relief, Boden, Paläoklima 5.

SLAYMAKER, O. (Hrsg.) 1995: Steepland Geomorphology. Cichester (Wiley & Sons).

SLAYMAKER, O., SPENCER, T., EMBLETON-HAMANN, C. 2009: Geomorphology and Global Environmental Change. Cambridge (Cambridge University Press).

SMITH, B.J. 1994: Weathering Processes and Forms. In: Abrahams, A.D. u. A.J. Parsons (Hrsg.): Geomorphology of desert environments. London (Chapman & Hall), S. 39–63.

SPONHOLZ, B. 1994: Silicate karst associated with lateritic formations (examples from eastern Niger). In: Catena 21, S. 269–278.

STÄBLEIN, G. 1984: Regionale Geomorphologie. Berl. Geogr. Abh. 36, S. 11–16.

STÄBLEIN, G. u. MÖLLER, K. 1986: Subrosionsformen im Bereich des Meißners in Nordhessen. In: Geol. Jb Hessen, S. 295–310.

STAHR, K. et al. 2008: Bodenkunde und Standortlehre. Stuttgart (UTB).

STERR, H. 1991: Natürliche und anthropogene Gestaltung der Ostseeküste Schleswig-Holsteins. In: Wasser und Boden 43, S. 6–10.

STERR, H. u. PREU, Chr. (Hrsg.) 1996: Beiträge zur aktuellen Küstenforschung, Aspekte – Methoden – Perspektiven. In: Vechtaer Studien zur Angewandten Geographie und Regionalwissenschaft, 18, S. 53–64.

STINGL, H. u. GARLEFF, K. 1987: Neue Ergebnisse zum alten Thema „Struktur- und Skulpturformen". In: Ztschr. f. Geomorph., N.F. Suppl.-Bd. 66, S. 65–71.

STINGL, H., VEIT, H. u. JOHN, B. 1995: Zeitliche und räumliche Variabilität solifluidaler Prozesse und ihre Ursachen. In: Ztschr. f. Geomorph., N.F. Suppl.-Bd. 99, S. 107–122.

STRAHLER, A.N. 2004: Introduction to Physical Geographie. New York, London (Wiley & Sons).

STRAHLER, A.H. u. STRAHLER, A.N. 2005: Modern Physical Geography. New York, Chichester (Wiley & Sons).

STRUNK, H. 1990: Das Quartärprofil von Hagelstadt im Bayerischen Tertiärhügelland. In: Eiszeitalter und Gegenwart, 40, S. 85–96.

STRUNK, H. 1997c: Dating of geomorphological processes using dendrogeomorphological methods. In: Catena 31, S. 137–151.

SUGDEN, D.E. u. JOHN, B.S. 1976: Glaciers and landscape: a geomorphological approach. London (Arnold).

SUMMERFIELD, M.A. 2000: Geomorphology and Global Tectonics. New York, Chichester (Wiley & Sons).

THOMAS, M.F. 1996: Geomorphology in the tropics. New York, Chichester (Wiley & Sons).

THOMAS, M.F. 2001: Landscape sensitivity in time and space – an introduction. In: Catena, 42, S. 83–98.

THORNES, J.B. u. BRUNSDEN, D. 1977: Geomorphology and Time. London (Longman).

THORNES, C.E. 1988: Introduction to a theoretical geomorphology. Boston.

TINAPP, C., MELLER, H., BAUMHAUER, R. u. OEXLE, J. 2000: Geoarchäologische Untersuchungen zur holozänen Reliefentwicklung in der südlichen Leipziger Tieflandsbucht. In: Die Erde 131, S. 89–106.

TINAPP, C., MELLER, H. u. BAUMHAUER, R. 2008: Holocene accumulation of colluvial and alluvial sediments in the Weiße Elster river valley in Saxony, Germany. In: Archaeometry 50,4, S. 696–709.

TRICART, J. 1974: Structural Geomorphology. London (Longman).

TRICART J. u. A. CAILLEUX 1962–69: Traite de géomorphologie. Paris. Bd. 1: Introduction à la geomorphologie climatique (1965). Bd. 2: Le modèle des regions periglaciaires (1967). Bd. 3: Le modèle glaciaire et nival (1962). Bd. 4.: Le modele des régions séches (1969). Bd. 5: Le modèle des régions chaudes, forets et savanes (1965).

TRICART, J. u. CAILLEUX, A. 1972: Introduction a la Géomorphologie Climatique. Harlow (Longman).

TROLL, C. 1924: Der diluviale Inn-Chiemseegletscher – Das geographische Bild eines typischen Alpenvorlandgletschers. In: Forsch. zur dt. Volkskunde 23, S.1–121.

TSOAR, H. u. PYE, K. 1987: Dust transport and the question of desert loess formation. In: Sedimentology 34, S. 139–154.

VALENTIN, H. 1952: Die Küsten der Erde. In: Petermanns Geogr. Mitt., Ergänzungsheft Nr. 246.

VEIT, H. 2002: Die Alpen – Geoökologie und Landschaftsentwicklung. Stuttgart (Ulmer).

VILLIGER, E. 1986: Untersuchungen zur Flußgeschichte von Aare-Donau/Alpenrhein und zur Entwicklung des Malm-Karsts in Südwestdeutschland. In: Jahresh. Geolog. Landesamt Baden-Württemberg 11, S. 141–203.

VÖLKEL, J. u. MAHR, A. 1997: Neue Befunde zum Alter der periglazialen Deckschichten im Vorderen Bayerischen Wald. In: Ztschr. f. Geomorph., N.F. 41, S. 131–137.

VOGT, H. 1992: Le relief en Alsace. Etude geomorphologique du rebord suboccidental du Fosse rhenan. Strasbourg (Oberlin).

VON ENGELHARDT, W. 1973: Die Bildung von Sedimenten und Sedimentgesteinen. Sediment-Petrologie Teil III. Stuttgart (Nägele u. Obermiller).

VON RICHTHOFEN, F. 1886: Führer für Forschungsreisende. Anleitung zu Beobachtungen über Gegenstände der physischen Geographie und Geologie. Neudruck 1901. Hannover (Verlag von Gebr. Jänecke).

WAGNER, G. 1960: Einführung in die Erd- und Landschaftsgeschichte mit besonderer Berücksichtigung Süddeutschlands. Öhringen (Hohenlohische Buch.).

WALTER, R. 1995: Geologie von Mitteleuropa. Stuttgart (Borntraeger).

WEGENER, A. 1915: Die Entstehung der Kontinente und Ozeane. Braunschweig. 4. Aufl. 1929.

WIEMER, R. u. GURWELL, B. 1991: Die Ostseeküste in Mecklenburg-Vorpommern. In: Wasser u. Boden 43.

WILLIAMS, M.A.J., DUNKERLEY, D.E., de DEKKER, P. u. STOKES, T.J. 1993: Quarternary Environments. London (Arnold).

WILLIAMS, P.W. (Hrsg.) 1997: Tropical and Subtropical Karst. In: Ztschr. f. Geomorph., N.F. Suppl.-Bd. 108.

WLNKLER, S. 1996: Frührezente und rezente Gletscherstandsschwankungen in Ostalpen und West-/Zentralnorwegen. In: Trierer Geogr. Studien 15.

WINKLER, S. et al. 1997: Glaziale Dynamik in Westnorwegen – Ablauf und Ursachen des aktuellen Gletschervorstoßes am Jostedalsbreen. In: Petermanns Geogr. Mitt. 141, S. 43–63.

WINKLER, S. u. HAGEDORN, H. 1999: Lateralmoränen – Morphologie, Genese und Beziehung zu Gletscherstandsschwankungen (Beispiele aus Ostalpen und West-/Zentralnorwegen). In: Ztschr. f. Geomorph. N.F. Suppl-Bd. 113, S. 69–84.

WINKLER, S. u. NESJE, A. 1999: Moraine formation at an advancing temperate glacier, Brigsdalsbreen, western Norway. In: Geografiska Annaler 81 A, S. 17–30.

WINKLER, S. 2002: Von der „Kleinen Eiszeit" zum „globalen Gletscherrückzug" – eignen sich Gletscher als Klimazeugen? In: Abhl. der Mathematisch-naturwissenschaftlichen Klasse Nr. 3, Akademie der Wissenschaften und der Literatur Mainz.

WIRTHMANN, A. 1994: Geomorphologie der Tropen. 2. Auflage. Darmstadt (WBG).

WOLDSTEDT, P. u. DUPHORN, K. 1974: Norddeutschland und angrenzende Gebiete im Eiszeitalter. Stuttgart (Koehler).

WÜTHRICH, C. u. THANNHEISER, D. 2002: Die Polargebiete. Braunschweig (Westermann).

ZEESE, R. 1972: Die Talentwicklung von Kocher und Jagst im Keuperbergland. In: Tübinger Geogr. Studien 49.

YAIR, A. a. BERKOWICZ, S. M. 1989: Climatic and nonclimatic controls of aridity. The case of the northern Negev of Israel. In: Catena Suppl-Bd. 14, S. 145–158.

ZELLER, J. 1967: Flußmorphologische Studie zum Mäanderproblem. In: Geographica Helvetica, 22, S. 57–95.

ZLENERT, A. 1992: Grundzüge der Großformenentwicklung Südwestdeutschlands. Heidelberg.

ZÖLLER, L. 1985: Geomorphologische und quartärgeologische Untersuchungen im Hunsrück-Saar-Nahe-Raum. In: Forsch. zur dt. Landeskunde 225.

ZOLITSCHKA, B. 1990: Spätquartäre jahreszeitlich geschichtete Seesedimente ausgewählter Eifelmaare. Paläolimnologische Untersuchungen als Beitrag zur spät- und postglazialen Klima- und Besiedlungsgeschichte. In: Documenta naturae, 60.

Register